艺术与设计系列

BUILDING

DECORATION MATERIALS & PRODUCTION

建筑装饰材料与制作

傅 娜 主编
蔡鲁祥 许 倩 参编

中国电力出版社
CHINA ELECTRIC POWER PRESS

内容提要

建筑装饰材料与制作是艺术设计专业、建筑装饰专业的必修课程，了解建筑装饰材料以及相关构造的制作，对于后期的建筑装饰设计会有很大的帮助。本书采用正文配图解的全新形式，图文并茂，深入浅出，便于初学者掌握；运用理论与实践相结合的编写方式，选用建筑装饰材料相关优秀案例，通过案例式教学，便于读者掌握相关知识。本书共分为5章，主要介绍了建筑装饰概述、楼地面装饰材料与构造、墙面装饰材料与构造、顶棚装饰材料与构造和其他装饰材料与构造等内容。

本书既可作为建筑装饰设计、施工专业教材，也可作为建筑设计师、环境设计师的自学参考书。

图书在版编目（CIP）数据

建筑装饰材料与制作 / 傅娜主编. —北京：中国电力出版社，2020.1

（艺术与设计系列）

ISBN 978-7-5198-3753-2

Ⅰ.①建… Ⅱ.①傅… Ⅲ.①建筑材料—装饰材料 Ⅳ.①TU56

中国版本图书馆CIP数据核字（2019）第218854号

出版发行：中国电力出版社

地　　址：北京市东城区北京站西街19号（邮政编码100005）

网　　址：http://www.cepp.sgcc.com.cn

责任编辑：乐　苑　王　倩（ian_w@163.com）

责任校对：黄　蓓　常燕昆

责任印制：杨晓东

印　　刷：北京瑞禾彩色印刷有限公司

版　　次：2020年1月第一版

印　　次：2020年1月北京第一次印刷

开　　本：889毫米×1194毫米　16开本

印　　张：9.5

字　　数：227千字

定　　价：58.00元

版权专有　侵权必究

本书如有印装质量问题，我社营销中心负责退换

前　言

PREFACE

经济的发展促使城市化进程不断加快，同时也使得建筑行业的发展速度越来越快，建筑装饰作为建筑业的重要组成一样面临着巨大的变化。建筑装饰设计作为建筑物质功能和精神功能得以实现的关键，在设计过程中必须根据建筑物的使用性质、所处环境和相应标准，综合运用现代物质手段、科技手段和艺术手段，创造出功能合理、舒适优美、符合人的生理和心理需求，能够使使用者心情愉快，便于其学习、工作、生活和休息的室内外环境。

在当今时代，建筑装饰行业必须快速适应新时代建筑行业的发展需求，并适应建筑装饰行业新的变化。建筑装饰设计师需要不断学习新的知识，尝试新的方式，不断提高和改善自身的专业知识和专业素养，为建筑装饰行业培养更多的专业技术人才。

如今，建筑装饰设计要求更加严格，每种装饰材料都需精心选购、仔细了解，每种装饰构造的环节也都要严格把控，这就需要装修从业人员对建筑装饰材料及建筑装饰构造进行更加深入的学习。本书从建筑装饰构造概述开始，对地面、墙面、顶棚等装饰材料与制作进行了详细的描述和讲解，让初学者能够简单快速地学习到建筑装饰构造中的精髓。

其中地面装饰材料与构造讲解了地面的功能与组成，并使用图解的形式对整体地面、板材地面、木质地面、人造软质制品地面以及楼地面特殊部位进行了具体的讲解；墙面装饰材料与构造讲解了墙面装饰的功能及其分类，并讲述了抹灰类墙面、涂刷类墙面、贴面类墙面、裱糊类墙面、镶板类墙面、其他材料墙面及墙体特殊节点的装饰构造的具体制作手法；顶棚装饰材料与构造通过对直接式顶棚、抹灰类吊顶、板材类吊顶以及顶棚特殊部位的详细解说，让读者对顶棚构造有了更深层次的认知。

此外，本书中还讲解了隔墙、花格、特殊门窗以及柜台家具的具体制作方式，并在每一章配备有相对应的案例解析，每个案例均为精挑细选，都是实际施工经验和现场拍摄的图片，真实生动，让学习者能够体会到学习的乐趣。

本书的编写注重理论与实践相结合，融合了建筑装饰新材料、新技术、新工艺、新规范以及新成果，意在让学者能学到当代的装修知识。本书在编写时得到了广大同事、同学的帮助，在此表示感谢。黄溜、万丹、汤留泉、董豪鹏、曾庆平、杨清、袁倩、万阳、张慧娟、彭尚刚、张达、童蒙、柯玲玲、李文琪、金露、张泽安、湛慧、万财荣、杨小云、吴翰、董雪、丁嘉慧、黄缘、刘洪宇、张风涛、杜颖辉、肖洁茜、谭俊洁、程明、彭子宜、李紫瑶、王灵毓、李婧妤、张伟东、聂雨洁、于晓萱、宋秀芳、蔡铭、毛颖、任瑜景、闫永祥、吕静、赵银洁。

本书配有课件文件，可通过邮箱designviz@163.com获取。

编者

目 录

CONTENTS

第一章

建筑装饰概述

学习难度： ★★★☆☆

重点概念： 建筑装饰设计重要性、建筑装饰设计相关因素、饰面构造、配件构造

章节导读： 建筑装饰是为了保护建筑物的主体结构，完善建筑物的物理性能、使用功能和美化建筑物，是对建筑物的内、外表面及空间进行各种处理的过程。建筑装饰构造是指建筑物除主体构造以外，使用建筑装饰材料对建筑物内外与人接触的部分、肉眼所能看得见的部分进行装潢和修饰的构造做法。建筑装饰构造是一门综合性的技术学科，它应该与建筑、艺术、结构、材料、设备、施工、经济等方面密切配合，并提供合理的建筑装饰构造方案，既是作为建筑装饰设计中综合技术方面的依据，又是实施建筑装饰设计至关重要的手段，而且它本身也是建筑装饰设计的组成部分。

第一节　建筑装饰设计的重要性

建筑装饰水平的高低是人们评价一个建筑物总体质量乃至其内部质量优劣的重要依据。优秀的建筑装饰设计及施工能够完善一个建筑设计的总体构想，甚至弥补某些不足；欠佳的建筑装饰设计及施工可能会完全改变一个建筑设计方案的初衷，效果会适得其反，甚至影响正常使用。

一、建筑装饰的重要性

随着生活水平的提高，人们对自己建筑空间已不仅从数量上提出了更高的要求，而且从质量上也提出了更高的要求，要求环境美观且有一定的舒适度。由于有着各种使用要求的建筑物经二次装饰后，都被赋予了各自鲜明的性格特征，如住宅、歌舞厅和商场等，因此建筑装饰也就成为了现代建筑工程中的不可缺少的组成部分，其重要性不言而喻。

虽然建筑装饰工程是建筑主体结构工程的配套完善工程，但是它所涉及的建筑装饰材料的品种却十分繁多，所采用的构造方法细致而又复杂多样，装饰后所形成的效果往往是在使用过程中才被人们直接观察到、感受到，甚至触摸到，尤其是建筑物的外装饰，对建筑总体形象及环境气氛的形成，具有十分重要的作用（图1-1、图1-2）。

二、建筑装饰构造设计的重要性

建筑装饰构造设计是建筑装饰设计中的一个不可缺少的重要组成部分，是建筑装饰设计落到实处的具体细化处理，是构思转化为实物的技术手段。没有良好的、切合实际的建筑装饰构造方案设计，即使有最好的构思，用最好的装饰材料，也不可能构成一个完美的空间。最佳的建筑装饰构造设计，应该充分利用各种建筑装饰材料的有关特性，结合现有的施工技术，用最少的成本、最有效的手法，来达到构思所要表达的效果。

★ 小贴士

装饰手法决定效果

同样一个主体框架，采用两种不同风格的装饰手法，可以获得截然不同的两种效果。如果说建筑主体工程构成了建筑物的骨架，那么通过装饰后的建筑物则形成了有血有肉的有机整体，最终以丰富、完善的面貌呈现出来。

图1-1 客厅装饰构造

客厅装饰构造要根据整体空间构造和设计风格来选择装饰材料。

图1-2 大连贝壳博物馆构造

大连贝壳博物馆构造形似贝壳，外部金属结构包体，十分坚固、美观。

图1-1 | 图1-2

图1-3 建筑材料——轻质隔墙板

轻质隔墙板具有较好的综合性能，且材料成本低，是建筑装饰中普遍采用的材料。

图1-4 建筑材料——石膏

石膏具有良好的隔声、隔热和防火性能，材料表面一般呈白色。

图1-5 建筑材料——板材

板材用量较多，在使用时要注意做好防潮措施，存储时最好在其底部垫上防水板。

图1-6 建筑材料——瓦

瓦是用于屋顶铺设的一种建筑材料，形状有拱形、平直形及半圆形等，可根据需求选购。

图1-3	图1-4
图1-5	图1-6

三、建筑装饰材料的地位

建筑装饰材料是构成装饰工程的物质基础和质量保证的重要前提，其质量直接影响装饰工程的装饰效果和质量。建筑装饰材料在装饰工程中用量大，材料费用占比高，因此，装饰材料的选用、使用以及管理，对装饰工程的成本有很大影响。正确地选择和使用建筑装饰材料，并充分利用建筑材料的各种功能，可以大大降低装饰工程的成本（图1-3～图1-6）。

建筑装饰材料与装饰工程设计、施工工艺密切相关，装饰工程设计人员、工程施工人员必须掌握相关专业的知识，也是保证施工质量的前提条件。装饰工程中许多技术问题的突破，都与建筑装饰新材料的出现息息相关，装饰材料性能的改进、应用等，都会推进装饰工程技术的进步。因此，从事装饰工程的相关技术人员要及时了解装饰材料的发展状况、新型建筑装饰材料的性能以及施工工艺特点，合理地进行装饰工程的设计及相应的施工组织。

★ 补充要点

建筑装饰构造的设计原则

（1）满足建筑物室内外空间装饰装修的相应功能要求；

（2）满足建筑物室内外空间的精神功能要求；

（3）确保建筑物的主体结构及建筑构件坚固耐久、安全可靠；

（4）装饰装修材料的选择应合理；

（5）建筑装饰装修工程的施工应方便可行；

（6）满足建筑装饰装修工程经济合理的要求。

第二节　建筑装饰设计的相关因素

建筑装饰构造设计是建筑装饰设计的最后一道工序，至此，建筑装饰的设计构思将通过建筑装饰施工图的方式准确无误地表达出来。很多初步设计时还未来得及考虑的因素，例如不同

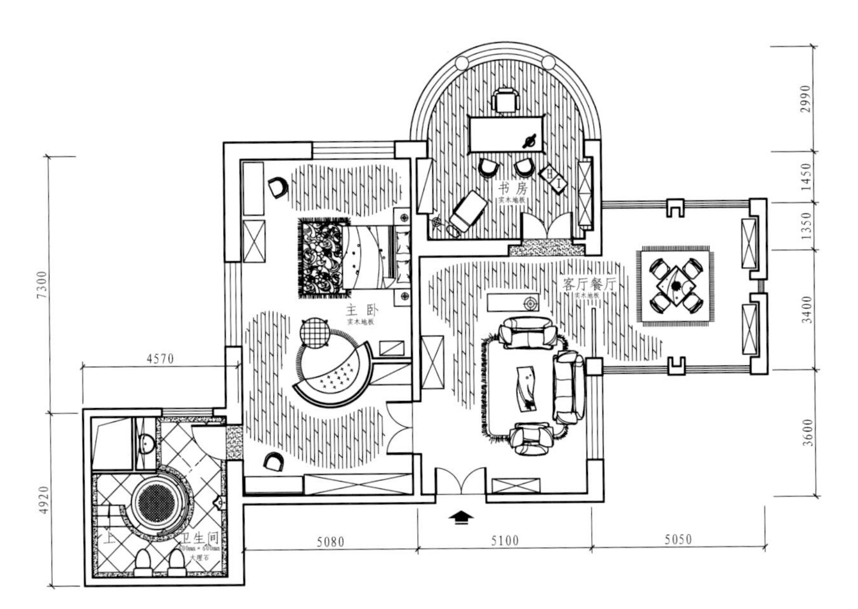

图1-7 酒店套房平面布置图

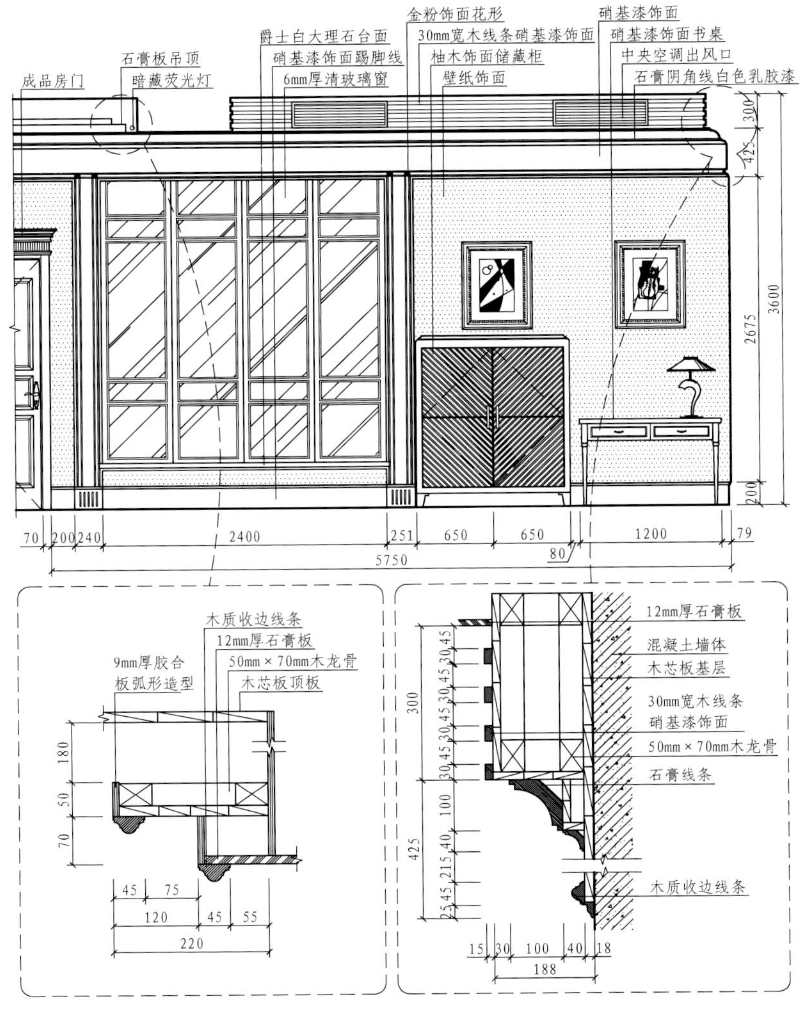

图1-8 酒店客房构造设计节点大样图

工种之间的协调关系，具体材料的选用与连接，细部尺寸的量化及施工的方式方法等，在这一阶段都必须一一考虑到。这是一项细致而又复杂的工作，没有相应的基础知识及实践经验，一般是很难胜任这份工作的。而建筑装饰构造设计的最终成功与否，也必须通过使用来检验。

我们周围有很多成功的典范，但也不乏失败的例证。许多建筑装饰工程在交付使用时毫无破绽，但是时间一久，问题百出。例如，酒店大厅的顶棚由于基层处理不周而开裂，高级宾馆客房靠卫生间的一面墙壁因防潮处理不善而发霉等。因此，建筑装饰设计人员，应该具有良好的职业道德，本着客户至上的原则，精心设计，坚决杜绝不负责任、敷衍了事的现象发生（图1-7、图1-8）。

★ 补充要点

人为因素对装饰构造的影响

人们在从事生产、生活活动时，往往会对私人会所设计具有一定的影响，如化学腐蚀、火灾、机械振动、爆炸等人为因素的影响等，因此在进行会所构造设计时，必须针对这些影响因素，采取相应的防火、防爆、防震以及防腐等构造措施，以防止会所遭受的损失。

综上所述，在进行建筑装饰构造设计时，设计师应考虑下列相关因素的影响。

一、功能实用性因素

1. 建筑空间的使用要求

建筑装饰构造设计应该将满足人们日常生活、生产或工作的要求放在首位。建筑物主要是供人使用的，如何创造一个既舒适，又能满足人们的各种生理要求，同时还能给人以美感的空间环境，是建筑装饰构造设计的永恒课题。

由于人类活动的多样化，人们会根据使用需要建造不同类型的建筑空间，这也造就了建筑装饰的多样化，大到各种类型的公共建筑，例如酒店、舞厅、展览厅、商场等，它们的使用要求不同，装饰效果也各有不同；小到一个住宅中的房间，例如卧室、起居室、卫生间及厨房等，装饰时会根据功能空间用途的不同而选用不同的装饰材料，并做不同的构造设计处理，即便同样是卧室，由于使用对象不同，也会有较大的差异。

此外，由于每一个人的气质修养不同、民族文化背景不同、生活习惯不同，因而都会对自己所处的环境提出相应的要求，而使用要求对建筑装饰的这种影响，在某些特殊的空间中表现得非常明显（图1-9、图1-10）。

2. 保护建筑主体结构免损害

建筑是百年大计，如何延长建筑物的使用年限，从古到今都是人们关心的问题。如果建筑主体结构直接暴露在空气中，木、竹等有机纤维材料就会由于微生物的入侵而被腐蚀，石块、砖就会风化，水泥制品就会疏松，钢铁构配件就会由于氧化而锈蚀。

因此，在建筑装饰上常常采用油漆、抹灰等覆盖式的装饰构造进行处理。一方面能提高建筑防水、防火、防锈、防酸及防碱的能力；另一方面，也可以保护建筑主体结构不直接受到机械外力的磨损。在一些重点部位，还需要特殊处理。例如外墙地面处的勒脚，内墙近楼地面处的踢脚，墙裙、阳角处的护角线以及窗台、门窗套等。一旦覆盖层受到破坏，可在不更换结构构件的情况下直接重做装饰，使建筑物焕然一新。

3. 给人以美观性享受

人类生活离不开建筑，建筑也是最为昂贵的消费品之一。建筑被誉为凝固的音乐，而建筑设计师正是创造优美乐章的人，可以说，建筑本身就是一件放大的特殊艺术品。建筑艺术的特殊性主要表现在两个方面：一是建筑有实用功能；二是建筑拥有四度空间，所谓四度空间，就是加入时间的概念，人们可以随着时间的推移，从不同的角度和空间去欣赏任何一个建筑物（图1-11、图1-12）。

图1-9 书画展厅

书画展厅除具备基本的展示功能外，还应具备基本的审美功能，营造一个舒适的书香之境。

图1-10 商场构造

商场构造每个层级之间分类明显，依据外部环境的不同，每层主打的风格也会有所不同。

图1-11 卢浮宫

具有艺术美感的卢浮宫，占地大，造型奇特，极具观赏价值。

图1-12 故宫

具备视觉美感的故宫，著名的旅游景点，无形中能给人一种古朴、庄严的感觉。

图1-9	图1-10
图1-11	图1-12

图1-13 阳光明媚中的广州电视塔

图1-14 夜色中五彩斑斓的广州电视塔

图1-15 建筑外部装饰

建筑外部装饰能够给人比较直观的视觉享受，在材料的运用和色彩的搭配上要统筹全局。

图1-16 建筑内部装饰

建筑内部装饰更多的是注重营造舒适的氛围，各个界面的材料选择和色彩选择均要统一。

图1-13	图1-14
图1-15	图1-16

建筑艺术的这种表现力，也被称为建筑的精神功能。建筑形象是功能、技术和艺术的综合体，它能反映出人们所处的时代和生活特色。建筑空间通过装饰，可以形成某种气氛或体现出某种意境。例如，住宅是温馨的，政府办公楼是端庄严肃的，娱乐场所则是欢快而又热烈的。建筑的室内外装饰设计，分别从不同的角度表达和完善了设计师的意图，而装饰构造设计则是运用材料和技术手段将这些想法落到了实处（图1-13、图1-14）。

由于建筑空间有内部空间和外部空间之分，所以建筑装饰也相应地划分为内部装饰和外部装饰。这两者施工要求不同，限制性条件和出发点不同，则从用料选择到细部构造的设计也就不尽相同。内部空间装饰因部位不同，主要可分为地面装饰、墙面装饰和顶棚装饰；室外空间装饰的重点，一般是对外墙立面的处理，此外，还必须考虑屋顶、檐口、地面等处，以便整个环境和谐一致。

当然，对于一座建筑物的室内外空间处理，绝不能单纯地割裂开来，一个工程如果被分为若干块承包给不同的装饰公司，那么从设计过程起各工种间就缺乏交流、沟通，最后整体效果必定面目全非，势必与期望值相去甚远。因此，要想获得较好的效果，必须统筹兼顾，全盘考虑，从整体到局部，从外部空间到内部空间都应精心设计，一气呵成（图1-15、图1-16）。

二、安全耐久性因素

建筑空间是人类自我保护、赖以生存的场所。如果没有安全保障，建筑的其他功能就会荡然无存。虽然建筑装饰可以不断更新，但是建筑物一旦竣工并被人使用后，要使它停止正常运转往往很不容易，此外还会带来一定的经济损失。这一点对于一些重要的公共场所尤为重要，所以，延长装饰使用的耐久性，对使用者来说具有非常重要的现实意义。

1. 建筑装饰材料的合理选择

根据使用部位和作用的不同，在选择不同强度和刚度的建筑装饰材料时，材料的性能必须安全可靠，有一定的耐久性。对建筑装饰材料的基本性能一知半解而滥用建筑装饰材料，或者以次充好，用劣质的建筑装饰材料替代优质品，这些都可能造成安全事故。

2. 结构方案处理合理可靠

（1）处理好建装饰结构方案与建筑主体结构的关系。由于装饰所用的材料，大多依附于建筑主体结构之上，所以必须先确定主体结构是否能承受得住这些附加荷载。例如，花岗石楼面的荷载要比普通木楼面大得多，如果主体结构计算时楼面荷载所留余地较小，就不能使用。

（2）将附加荷载传递给主体结构。例如，顶棚、玻璃幕墙等选用什么材料做骨架，需要多大尺寸，以及如何与主体连接等，都必须通过计算后做出合理安排（图1-17、图1-18）。

（3）避免在装饰过程中对结构构件的破坏。例如，随意拆除墙体、在楼面上加隔墙或在楼板上乱打孔洞等，这些都会在一定程度上造成建筑主体结构的损害。

3. 构造节点处理合理可行

为了保证建筑装饰的安全、可靠、经久耐用，人们在长期的生产实践中，根据所使用材料的特性以及所处部位的不同，已经摸索出了许多行之有效的构造连接做法。这些做法经过科学分析后，整理成书面资料被推广应用，通常称之为标准做法。建筑装饰设计人员在掌握了其原理后，可以选用标准做法或加以改造，应用到具体工程中去。当然，标准做法不可能包罗万象，而且它本身也在随着建筑装饰业的发展而不断地得到改进和更替。例如，玻璃幕墙技术，在我国直到20世纪80年代后期才开始被普遍采用（图1-19、图1-20）。

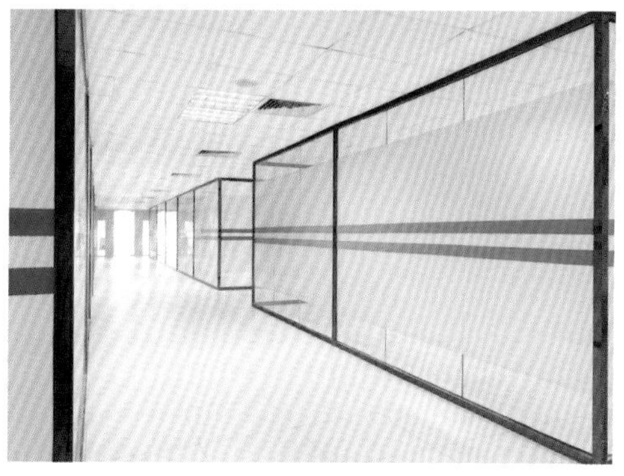

图1-17 钢结构顶棚

钢结构顶棚强度高，塑性和韧性都比较好，密封性和稳固性也比较好，是建筑装饰常用的材料。

图1-18 顶棚龙骨

龙骨可以起到很好的支撑作用，且龙骨可塑性高，可以依据需要造型，稳固性强。

图1-19 玻璃幕墙外部

图1-20 玻璃幕墙内部

图1-21 建筑中合理的隔墙和过道

图1-22 防火逃生梯

图1-17	图1-18
图1-19	图1-20
图1-21	图1-22

图1-23 装饰材料——布艺软包材料

布艺软包材料可用于墙面构造填充，具有比较好的隔声和吸声性能。

图1-24 装饰材料——木质材料

木质材料品种丰富，选购时要注意查看其综合性能是否达到建筑要求。

图1-23 | 图1-24

构造节点处理的合理性，是建立在精心设计的前提之下的，它需要设计人员在统筹全局的基础上，对细节问题做出详尽的安排。例如，顶棚与墙面交接处、墙面与地面交接处以及各类变形缝处等。

4. 满足消防疏散要求

（1）注意建筑装饰设计与原建筑设计的协调一致，如果在建筑装饰中对原建筑设计中的交通疏散、消防处理随意改变，将会带来严重后果。例如，加隔墙会减少疏散口或延长疏散通道；减隔墙会增加防火分区面积；装饰处理会使疏散通道或楼梯宽度变窄，移动或遮挡消防设备等，这些都会成为事故隐患（图1-21）。

（2）建筑装饰方案必须符合有关消防规范。并征得消防部门的同意，现代装饰特别是高档装饰，较多地使用了木材、装饰布、不锈钢等易燃或易导热的材料，故应按消防规范的要求采取调整或处理措施（图1-22）。

★ 小贴士

场景需求决定装饰构造

影剧院观众厅的内墙壁与顶棚的装饰，通常是由其声学要求来决定的，不同的部位需要采用不同的装饰材料以及相应的装饰构造措施。例如，电子计算机房，为了便于管道布线，通常将地面装饰成可拆装的活动夹层地板，但是地板必须进行防静电处理。

三、建筑装饰材料因素

建筑装饰材料是建筑装饰工程的物质基础，也是表现室内装饰效果的基本要素。建筑装饰材料由于受产量、产地、加工难易程度和产品性能等诸多因素的影响，其价格档次不同。中低档价格的建筑装饰材料，普及率较高，应用广泛。高档价格的建筑装饰材料，特别是名贵建筑装饰材料在装饰中一般起点缀作用，常用于视觉中心等重点部位。

高档价格的建筑装饰材料的运用关键在于构思和创意，简单堆砌并不能形成一个好的建筑；中低档价格的建筑装饰材料，只要运用得当、搭配合理，也能达到雅俗共赏的装饰效果。我国地大物博，各地区都有丰富的、独具特色的建筑材料，因此，利用产地优势，就地取材，既可创造建筑装饰特色，又能节省投资（图1-23、图1-24）。

目前，人工合成的建筑装饰材料层出不穷，由于它们具有性能优良、色泽丰富、易于加工、价格适中等众多优点，因此应用十分广泛。这些种类繁多的人工合成建筑装饰材料，不仅给建筑装饰行业带来了广阔的发展前景，改变了原来品种单调、挑选余地少的局面，而且也给建筑装饰设计师更多的选择。

例如，各种拼花面砖和人造大理石取代了天然大理石，人造板材取代天然木材；塑料代替金属制品等。在外墙面装饰上，近年来国内较多地使用面砖和马赛克，旨在一劳永逸，实际上陈旧后不易更新，而且重量大、运输成本高，制作起来费工费料，因此它有可能逐步被外墙涂料所取代。

建筑装饰材料的加工性能，是建筑装饰构造的设计依据之一。建筑装饰材料的发展更新，也带来了建筑装饰构造方法的变更。例如，各种胶粘材料的出现以及尼龙或金属膨胀螺栓的运用等，它们可以代替预埋件、预留孔的复杂构造，从而大大地简化了固定装饰的方法。

四、协调发展性因素

建筑装饰过程可以说是对建筑空间的再创造过程，尤其是室内装饰，其设计工作在以往可以由一个或若干个室内设计师或艺术家统揽，但是在今天却已经变得很不现实了。建筑装饰已经变得日益复杂，并且逐渐成为一个现代技术的综合体，其中充满着各种各样的现代化设备，尤其是一些大中型的公共建筑，它们的结构空间大、功能要求多、装饰标准高，各种设备之间的关系错综复杂。

因此，建筑装饰的目的之一，就是要将各种设施有机地组合在一起。例如，给排水设施、采暖通风与空调设施、照明与各类用电设施、通信设施等，它们各有各的技术要求，建筑装饰设计师必须通过构造手法，处理好它们之间以及它们与装饰效果之间的关系。并且合理安排好各类外露部件，如出风口、灯具等的位置，采取相应的固定、连接措施，使它们与主体结构相辅相成、融为一体。

五、施工技术性因素

建筑装饰施工是整个建筑工程中的最后一道主要工序，通过施工，将构想变为现实。构造细部设计正是为正确施工而提供可靠依据。只有将细部构造交代清楚，施工操作才能准确无误。从另一个角度，施工也是检验构造设计合理与否的标准之一。

因此，建筑装饰设计人员必须深入现场，通过观察与实践，了解常见的和最新的施工工艺和技术，并结合现实条件构思设计，才能形成行之有效的构造方案，避免不切实际和不必要的浪费，这对于保证工程质量、缩短工期、节省材料、降低总造价等具有十分重要的意义。

六、经济因素

由于建筑物的不同，使用性质、使用对象以及经济条件的不同，使得不同单体的建筑装饰造价标准差异很大。这种差异比起主体结构的土建造价之间的差异，要大得多。

因此，如何掌握建筑装饰标准并控制整体造价，是建筑装饰设计人员必须要考虑的问题（表1-1）。

表1-1

材料价格部分预算表

序号	项目名称	单位	数量	单价（元）	合计（元）	材料工艺及说明
			一、基础工程			
1	墙体拆除	m^2	4.30	50	215.00	拆墙、渣土装袋，全包
2	沙发背景墙修补平整	m^2	2.40	90	216.00	轻质砖，水泥砂浆砌筑修补，防裂网覆盖，人工、辅料，全包
3	门框、窗框找平修补	项	1.00	1000	1000.00	全房门套窗套基层修饰、改造、修补、复原，人工、辅料，全包
4	地面基层处理	m^2	113.00	32	3616.00	地面防潮、防尘、固化三合一界面剂滚涂3遍，至地面高300mm，全包
5	卫生间回填	m^2	9.00	55	495.00	轻质砖渣回填，华新牌水泥砂浆找平，深320mm，全包
6	窗台阳台护栏拆除	m	4.90	25	122.50	窗台阳台护栏拆除，华新牌水泥砂浆界面修补，全包
7	客厅推拉门拆除	m^2	3.30	25	82.50	客厅推拉门拆除，华新牌水泥砂浆界面修补，全包
8	落水管包管套	根	5.00	155	775.00	成品水泥板包管套，卫生间1、卫生间2、厨房，全包
9	施工耗材	项	1.00	1000	1000.00	电动工具损耗折旧，耗材更换，钻头、砂纸、打磨片、切割片、脚手架梯、墨线盒、操作台、编织袋、泥桶、水桶水箱、扫帚、铁锹、劳保用品等，全包
	合计				7522.00	
			二、水电工程			
1	给水管铺设	m	82.00	35	2870.00	金牛牌PPR管给水管，联塑牌PVC排水管，墙地面开槽，安装、固定、封槽，全包
2	排水管铺设	m	28.00	45	1260.00	联塑牌PVC排水管，墙地面开槽，安装、固定、封槽，全包
3	强电铺设	m	276.00	25	6900.00	飞鹤牌BVR铜线，照明插座线路$2.5mm^2$，空调线路$4mm^2$，暗盒，红蓝双色穿线管，对现有电路进行改造，全包
4	弱电铺设	m	18.00	25	450.00	飞鹤牌电视线、网线，暗盒，全包
5	灯具安装	项	1.00	600	600.00	全房灯具安装，放线定位，固定配件，修补，全包
6	洁具安装	项	1.00	600	600.00	全房洁具安装，放线定位，固定配件，修补，全包
7	设备安装	项	1.00	500	500.00	全房五金件、辅助设备安装，放线定位，固定配件，修补，全包
	合计				13 180.00	

当然，少花钱多办事是最好的原则，装饰并不意味着多花钱和多用贵重材料，但是，节约也不是单纯地降低标准。正因为如此，建筑装饰构造不仅要解决各种不同建筑装饰材料的选择和使用问题，更为重要的是要在相同的经济和建筑装饰材料的条件下，用最少的造价和最低档的建筑装饰材料，通过不同的构造处理手法，来取得丰富的装饰效果，创造出令人满意的环境。

第三节　建筑装饰类型

从建筑装饰的构造上来看，建筑装饰可以划分为饰面构造和配件构造两大类。

一、饰面构造

饰面构造，又称覆盖式构造，是指覆盖在建筑构件表面，起保护和美化构件作用的构造。饰面构造主要是处理好面层与基层的连接构造方法，它在装饰构造中占有相当大的比重，是一个普遍性的问题。例如，木墙裙与砖墙的连接，木楼面与钢筋混凝土楼板的连接，吊顶与结构层之间的连接等，都属于此类问题。

1. 饰面构造与位置的关系

饰面总是附着于建筑主体结构构件的外表面，一方面由于构件的位置不同，外表面的方向不同，使得饰面具有不同的方向性，构造处理也不同。例如，顶棚处于楼板、屋面板的下部，墙饰面处于墙的内、外两侧，因此顶棚、墙面的饰面构造都具有防止脱落伤人的要求；地面饰面铺贴于楼地面结构层的上部，构造处理要求耐磨、易清洁等，如图1-25所示。

另一方面，由于所处部位的不同，虽然选用相同的材料，构造处理方法也会不一样。例如，大理石墙面要求采用钩挂式的构造方法，以保证连接牢靠；大理石楼地面由于处于结构层上部，一般不会构成威胁，只要采用铺贴式构造即可。因此，正确处理好饰面构造与位置的关系是至关重要的。

2. 饰面构造的基本要求

（1）连接牢靠。饰面层附着于结构层，如果构造措施处理不当，面层材料与基层材料膨胀系数不一，黏结材料的选择不当或受风化，都将会使面层剥落。饰面的剥落不仅影响美观和使用，还有可能伤人。因此，饰面构造首先要求装饰材料在结构层上必须附着牢固、可靠，严防开裂剥落。

图1-25 饰面部位构造要求

建筑的外观具有一定的造型，且设计师为该造型赋予了一定含义。

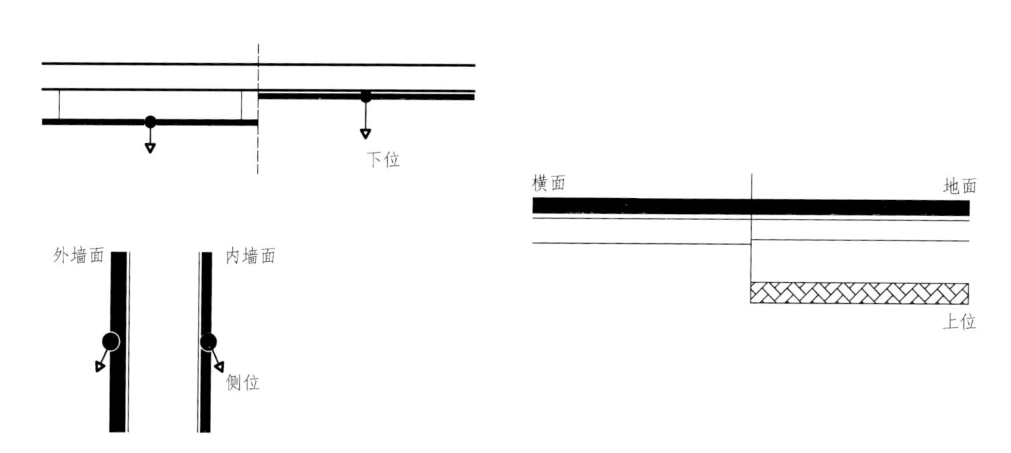

图1-26 涂刷类饰面

涂刷类饰面所选用的材料可分为溶剂型涂料、乳液型涂料、水溶性涂料及粉末涂料等几类。

图1-27 抹灰类饰面

抹灰类饰面根据部位的不同可将其分为外墙抹灰、内墙抹灰和顶棚抹灰。

图1-26 | 图1-27

大面积现场施工抹灰面，如各种砂浆、水刷石、水磨石等，往往会由于材料的干缩或冷缩出现开裂，手工操作，也容易形成色彩不匀、表面不平等缺陷。因此，在进行构造处理时，往往要建设成分隔条，使其分为大小合适的若干块，既方便施工，又有利于日后的维修。

（2）厚度与分层。饰面构造往往分为若干个层次，由于饰面层的厚度与材料的耐久性、坚固性成正比，因此在构造设计时必须保证它具有相应的厚度。但是，厚度的增加又会带来构造方法与施工技术的复杂化，这就需要对饰面层进行分层施工或采取其他的构造加固措施。例如，抹灰类墙面，一般外抹灰层的厚度平均为15~25mm，内抹灰层的厚度平均为15~20mm。

为了保证抹灰牢固，表面平整，避免裂缝、脱落，便于操作，在标准较高的建筑装饰中，抹灰按底层、中层、面层抹灰三部分进行，底层抹灰主要起与基层黏结和初步找平的作用。在大量的民用建筑装饰中，一般只做底层抹灰和面层抹灰即可。

（3）均匀与平整。饰面的质量标准除要求附着牢固外，还应该均匀、平整、色泽一致、清晰美观。要达到这些效果，必须从选择到施工，都要严格把关，施工也必须严格遵循有关规范规程。

3. 饰面构造的分类

根据建筑装饰材料的加工性能和饰面部位的特点不同，饰面构造可分为罩面类饰面构造、贴面类饰面构造和钩挂类饰面构造三大类。

（1）罩面类饰面构造。罩面类饰面构造分为涂刷和抹灰两类。

1）涂刷类饰面。涂刷类饰面又分为涂料饰面与刷浆饰面。涂料饰面是指将建筑涂料涂敷于建筑构配件表面，并能与基层材料很好地黏结而形成完整的保护面，又称涂层或涂膜。目前，建筑涂料品种繁多，在建筑装饰工程中，经常需要根据使用部位、基层材质、使用要求、施工周期及涂料特点等因素进行选用。刷浆类饰面是用水质涂料涂刷到建筑物抹灰层或基层表面所形成的饰面（图1-26）。

2）抹灰类饰面。抹灰饰面是民用建筑物中用以保护与装饰主体工程而采用的最基本的装饰手段之一，抹灰砂浆的常见组成成分有胶凝材料、细骨料、纤维材料、颜料、胶料及各类掺和剂等（图1-27）。

★ 小贴士

设计师要考虑各方面因素

在装饰工程实践中某一种部位的某一个饰面都可能有多种构造方法，这就要求设计师在设计中从工程的造价、材料的特性、工艺技术、施工复杂程度、机械加工的难易程度及施工环境的可行性等多方面综合比较，选择确定采用其中较优的一种构造做法，才能达到理想的装饰效果。

（2）贴面类饰面构造。贴面类饰面构造主要可以分为铺贴、裱糊及钉嵌三种。

1）铺贴。常用的各种贴面材料有瓷砖、面砖、陶瓷锦砖等，为加强黏结力，常在其背面开槽用水泥砂浆粘贴在墙上，地面可用20mm×20mm的小瓷砖至500mm×500mm的大型石板用水泥砂浆铺贴（图1-28）。

2）裱糊。饰面材料呈薄片或卷材状，如粘贴于墙面的塑料壁纸、复合壁纸、墙布、绸缎等，地面则粘贴油地毡、橡胶板或各种塑料板等，这些材料可直接贴在找平层上（图1-29）。

3）钉嵌。自重轻或厚度小、面积大的板材，如木制品、石棉板、金属板、石膏、矿棉、玻璃等，可直接钉固于基层或加助压条、嵌条、钉头等固定，也可用涂料粘贴（图1-30）。

（3）钩挂类饰面构造。钩挂的方法有系挂和钩挂两种。系挂用于较薄的石材或人造石等材料，厚度为20～30mm，在板材上方的两侧钻小孔，用铜丝、钢丝或镀锌铁丝将板材与结构层上的预埋铁件连接，板与结构间灌砂浆固定（图1-31）。花岗石等饰面材料，如果厚度在40～150mm，常在结构层包砌，块材上口可留槽口，用与结构固定的铁钩在槽内搭住，这种方法称为钩挂（图1-32）。

二、配件构造

配件构造，又称装备式构造、型构造，是指通过各种加工工艺，将建筑装饰材料制成装饰配件，然后再现场安装，以满足使用和装饰要求的构造。

根据建筑装饰材料的加工性能，配件的成型方法主要有以下三种。

1. 塑造与铸造

（1）塑造。塑造是指对在常温、常压下呈可塑状态的液态材料，经过一定的物理、化学变化过程的处理，使其逐渐失去流动性和可塑性而凝结成固体。目前，建筑装饰上常用的可塑材

图1-28	图1-29	图1-30
图1-31	图1-32	

图1-28 铺贴

铺贴前基层表面要清理干净，并检查材料是否有明显缺陷，铺贴时注意干贴和湿贴的不同。

图1-29 裱糊

裱糊类材料施工要注意对齐纹理，施工后要排除材料与基层之间的气泡，保证其使用性。

图1-30 钉嵌

板材钉嵌时要注意控制好孔间距和施工力度，钉嵌后要做好防护措施，以免钉材生锈或板材断裂。

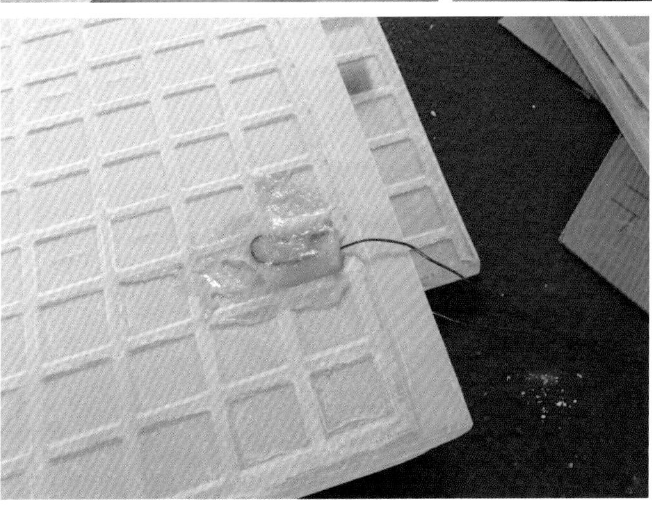

图1-31 系挂

系挂时孔洞大小要合适并统一，施工时要与预埋铁件连接紧固。

图1-32 钩挂

钩挂使用频率较高，适用于体积较大的石材，注意处理好铁钩与槽口之间的关系。

图1-33 石棉板加工

石棉板属于比较好的保温材料，密封性能也较好。

图1-34 金属薄板加工

金属薄板可切割加工，加工后应用范围较广。

图1-35 钢板加工

钢板加工后能够进行焊接、镶钉，且钢板本身就具有比较好的硬度。

图1-36 窗套

窗套要具备一定的装饰性与观赏性，属于水泥制品。

图1-37 砖砌壁橱

砖砌壁橱兼具美观性和实用性，属于陶土制品。

图1-38 搁板

搁板透明度较高，具有一定的实用性，硬度适中，属于玻璃制品。

图1-33	图1-34	图1-35
图1-36	图1-37	图1-38

料有水泥、石灰、石膏等。这一类材料取材方便，能在常温下进行物理、化学变化，还可与砂石等地方材料胶凝成整体。

（2）铸造。生铁、铜、铝等可熔金属常采用铸造成型的工艺，在工厂制成各种花饰、零件，然后到现场进行安装。

2. 加工与拼装

木材与木制品具有可锯、刨、削、凿等加工性能，还能通过粘、钉、开榫等方法，拼装成各种配件。一些人造材料，如石膏板、碳化板、矿棉板、石棉板等具有与木材相类似的加工性能与拼装性能；金属薄板、铝板、镀锌钢板、各种钢板网等具有剪、切、割的加工性能，并兼有焊、钉、卷、铆的结合拼装性能（图1-33～图1-35）。

★ 补充要点

铺贴需要专业技术

铺贴技术性极强，在辅助材料备齐、基层处理较好的情况下，1名施工员1天能完成5～8m²的铺贴面积。陶瓷墙砖的规格不同、使用的黏结材料不同、基层墙面的管线数量不同等，都会影响施工工期，此外，选用的材料优劣也会一定程度上影响施工进度。

3. 搁置与砌筑

水泥制品、陶土制品、玻璃制品等，往往通过一些黏结材料，将这些分散的块材，相互搁置垒砌，并胶结成完整的砌体。建筑装饰上常用搁置与砌筑构造的配件，主要有花格、隔断、窗台、窗套、砖砌壁橱和搁板等（图1-36～图1-38）。

第四节　案例解析：现代建筑装饰材料构造分析

现代建筑构造越来越具有创新精神，新颖独特并且富有生机，随着城市化进程的加快，急切需要一些具有设计理念的建筑出现在城市，增添城市活力。

一、商业楼

1. 建筑外观图（图1-39 ~ 图1-41）

2. 建筑构造分析

建筑采用类蜂巢式建筑，这种蜂巢式建筑物能提高有效使用面积，它结构稳定、施工期短、工效高。建筑表面采用了高温喷火技术，表面经过高温后会产生颗粒和爆裂效果（图1-42 ~ 图1-45）。

现代建筑的发展趋势目前呈现高度现代化，随着科学技术的发展，在建筑设计中采用了一切现代科技手段，于设计中达到最佳声、光、色、形的匹配效果，实现高速度、高效率、高功能，创造出理想的、值得人们赞叹的空间环境。

图1-39 建筑外观（一）

图1-40 建筑外观（二）

建筑外观从侧面观赏建筑，能够看到建筑层级分明，有主有次。

图1-41 建筑外观（三）

建筑外观从正面观赏建筑，能够看到建筑具有一定的对称性。

图1-42 建筑内部

左：从内部观赏建筑，能够清楚地看到建筑所用的材料与不同的建筑构造。

图1-43 建筑构造细节

建筑的支撑柱选用综合性能较好的石材，且顶棚构造比较简单。

图1-44 建筑构造表面

图1-45 建筑构造墙面细节

图1-39	图1-40	图1-41
	图1-42	图1-43
	图1-44	图1-45

图1-46 陈列室总览局部

陈列室内的室内照明、陈设主要起辅助作用，陈列室的格局也应开阔设计。

图1-47 建筑内部

外侧的陈列空间由于人流量较大，需要有足够的行走空间。

图1-48 会议室

陈列室配备的会议室同样需要比较好的隔声能力，以便更好地沟通。

图1-49 楼梯

楼梯采用承载力比较好的结构制作，表面没有过多的装饰，只与灯光搭配，显得整洁、有质感。具有坚硬感与复古气息，透露出材质原本的纹理与质感。

图1-50 休闲空间

陈列空间内还具备休闲空间，可以转换视觉，获得更多新鲜感。同时，在色彩装饰上，采用紫色、黄色作为整个空间的主要配色，中和了灰色与白色的单调感。

图1-46	
图1-47	图1-48
图1-49	图1-50

二、陈列室

陈列室的设计应该要有利于展品的陈列布置，并为观众创造良好舒适的参观环境，它必须有合理的平面布局和参观路线，还需具备良好的采光和照明，有适宜的空间尺度和与展品相适应的室内装修（图1-46~图1-50）。

本章小结：

建筑装饰为现代生活增添了光彩，为公众生活、工作提供更多的实用功能。同时，还能很好地丰富公众的精神世界，提高公众的审美水平。而为了保持这种效果，相关的工作人员也必须更加用心，了解建筑装修的基本知识，才能在今后的装饰设计工作中游刃有余。

第二章

楼地面装饰材料与构造

学习难度：★★★☆☆

重点概念：楼地面功能与组成、整体地面、板材地面、木质地面、人造软质制品地面、楼地面特殊部位

章节导读：楼地面是对楼层地面（简称楼面）和底层地面（简称地面）的总称，它是建筑装饰中的一个重要部位，因此楼地面的装饰构造是非常重要的。依据制造材料的不同，楼地面有不同的划分，施工的方法以及注意事项会有所不同，这些都需要设计人员对其十分了解。在本章的学习过程中要注意学习在何种装饰中需要用到何种材料的楼地面构造，并熟练掌握各种楼地面材料的功能和用途。

图2-1 楼地面装饰

图2-2 楼地面装饰

图2-3 办公室铺设地毯

办公室铺设地毯可以很好地隔绝固体传声，同时地毯也具有比较好的装饰作用。

图2-4 篮球场铺设橡胶

篮球场铺设橡胶一是可以减少剧烈的运动对地面的摩擦，二是橡胶丰富的色彩也能激发运动热情。

第一节　楼地面的功能与组成

楼面与地面由于使用要求基本相同，在基本构造组成上有很多共同之处，所以人们常把楼面也称为地面，但是，楼面与地面支撑结构的性质不同，因而它们又各有特点，具体表现在楼板结构的弹性变形较小，地面承重层的弹性变形较大（图2-1、图2-2）。

一、楼地面的功能

1. 保护支体结构物

楼地面在一定程度上缓解了外力对结构构件的直接作用，能起到一种保护套的作用。对于地面而言，由于基层（一般为素土夯实）的抗集中荷载能力小且易变形，为保证并提高地面基层的承重强度，还必须设置垫层，垫层是承受并传递地面上部荷载的必不可少的构造层。

从结构承重的角度上看，楼板的面层与地面的面层不尽相同，因此楼板的面层应尽量减轻其自重。例如，砖、石块和混凝土板面层等，均不宜用作楼板面层。但是，楼板必须依靠面层来耐磨损、防磕碰，以及防止水渗漏，防止楼板内钢筋锈蚀等。

2. 满足正常使用要求

人们使用建筑的楼面和地面，因建筑区域的不同而有不同的要求，一般要求坚固、耐磨、平整、不易起灰和易于清洁等。对于人们长时间停留和居住的空间，要求面层具有较好的蓄热性和弹性；对于厨房和卫生间等区域，则要求有良好的耐火和耐水性。此外，对一些标准较高的建筑物以及特殊用途的空间，往往还会有其他更加严格的要求。

（1）隔声要求。隔声主要是对楼面而言的。在大量的居住建筑里，隔声要求要依经济条件及特殊要求而定。某些大型建筑，如医院、广播室、录音室等要求安静、无噪声，因此需要考虑隔声问题。隔声包括隔绝空气传声和固体传声两个方面，其中后者更为重要。一般来说，由上层房间传至下层房间的噪声，主要是楼层构件的固体传声，楼层构件的隔声量要求在40～50dB。

空气传声的隔绝方法，首先是避免地面有裂缝、孔洞，其次还可增加楼板层的容重，或采用层叠结构，层叠结构处理恰当，可以收到隔绝空气传声和固体传声的综合效果。

至于隔绝固体传声，首先应是防止在楼板上出现过多的冲击能量，在有特殊要求的公共建筑里，可利用富有弹性的铺面材料做面层，即弹性地面，如橡胶、软木砖及地毯等，利用这些材料来吸收一些冲击能量；同时，在结构或构造上，也可采取间断的方式来隔绝固体传声（图2-3、图2-4）。

（2）吸声要求。在标准较高、使用人数较多的公共建筑中，需要有效地控制室内噪声。一般来说，表面致密光滑、刚性较大的地面，如大理石地面等，对于声波的反射能力较强，基本上没有吸声能力；各种软质地面，可以起到较大的吸声作用，如化纤地毯的平均吸声系数就达到55%。

（3）防水、防潮要求。对于一些特别潮湿的房间，如浴室、卫生间、厨房等，如果防潮、防渗漏问题处理不好，不仅影响到自身的卫生和坚固性，同时也会给相邻房间的使用带来不利影响，因而要求楼面具有不透水性。为此，除支承构件采用钢筋混凝土外，还可设置具有防水性能的各种铺面，如锦砖、水磨石等（图2-5、图2-6）。

（4）热工要求。水磨石、大理石等地面的热导率较高，而木地面、塑料地面的热导率低，在不采暖的建筑中，一般楼层构造不会考虑热工问题。但起居室、卧室等房间，从满足人们卫生需要和舒适要求的角度出发，无论楼面还是地面的铺面材料，均不需采用传热系数过小的材料，如水磨石、缸砖、锦砖等，因为这些材料，在冬季容易传导人们足部的热量而使人感到不适。在采暖或空调建筑中，当上、下两层温度不同时，应在楼地面垫层中放置保温材料，以减少能量损失，并使楼地面的温度与该房间的温度相差不超过规定的数值。

（5）弹性要求。当一个不太大的力作用于一个刚性较大的物体，如混凝土楼板时，根据作用力与反作用力的原理可知，此时楼板会将作用于它上方的力全部反作用于施加这个力的物体之上。与此相反，如果是有一定弹性的物体，如橡胶板，则反作用力要小于原来所施加的力。因此，一些装饰标准较高的建筑中的室内地面，如演出舞台和篮球比赛场等，应尽可能地采用具有一定弹性的材料作为地面的装饰面层，以使人产生安全感和舒适感。而对于一般性的住宅、办公、教学等建筑，若因经济条件限制而不可能采用弹性地面时，也应尽可能采用具有一定弹性的材料做地面，这样做会使人感觉比较舒适。

3. 满足正常使用要求

楼地面装饰往往是一个装饰工程中的重点部位，因为它离人们最近，人们时刻可以看到它、感受它。楼地面的美观与否，是由多方面的因素共同促成的。

因此，必须考虑到诸如空间的形态、整体的色彩协调、装饰图案、质感效果、家具饰品的配套，人在空间中的活动规律、心理感受等因素。地面因使用需求，一般不做凹凸质感或线型，铺陶瓷锦砖、水磨石、拼花木地板的地面或其他软地面，表面光滑平整而且又有独特的质感，能获得良好的装饰效果（图2-7、图2-8）。

图2-5 | 图2-6

图2-5 锦砖地面

锦砖地面具有较好的防滑和防水性能，锦砖纹理和色彩都比较丰富，可以很好地装饰建筑空间。

图2-6 水磨石

水磨石防水性能较好，且不易渗水，可用于楼地面铺装，既能满足功能需求，同时也能装饰楼地面。

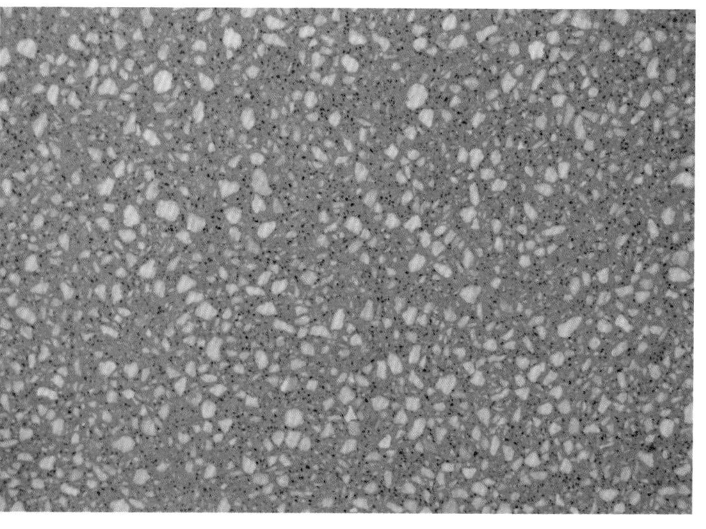

图2-7 室内拼花地砖

室内拼花地砖铺装工艺比较复杂，造价比较高，但装饰效果良好。

图2-8 室外广场地砖

室外广场地砖采用不同色泽和纹理的地砖进行拼色、拼花铺装，可使广场更具文化美感。

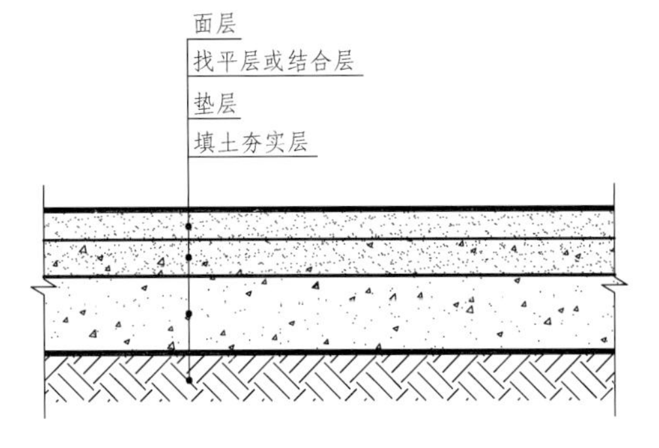

图2-9 底层地面的组成

底层地面主要包括填土夯实层、垫层、找平层及面层。

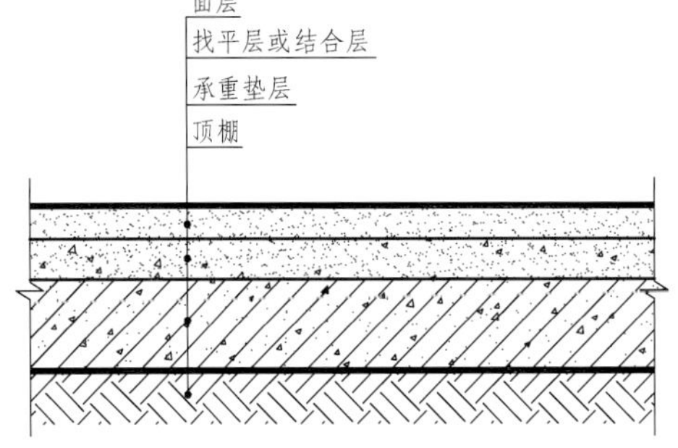

图2-10 楼层地面的组成

楼层地面主要包括天棚、承重基层、找平层及面层。

图2-7	图2-8
图2-9	图2-10

★ 小贴士

楼地面装饰的内容

楼地面装饰包括楼面装饰和地面装饰两部分，两者的主要区别是其饰面承托层不同。楼面装饰面层的承托层是架空的楼面结构层，地面装饰面层的承托层是室内回填土。楼面饰面要注意防渗漏问题，地面饰面要注意防潮问题。

二、楼地面的组成

楼地面一般由基层、垫层和面层三部分组成（图2-9、图2-10）。

1. 基层

基层的作用是承受其上面的全部荷载，它是楼地面的基体。因此，要求基层要坚固、稳定。地面的基层多为素土或加入石灰、碎砖的夯实土，应分层夯实，一般每铺300mm厚应夯实一次。楼面的基层是楼板。

2. 垫层

垫层位于基层之上、面层之下，是承受和传递面层荷载的构造层。楼层的垫层还具有隔声和找坡的作用。根据材料性质的不同，垫层分为刚性垫层和非刚性垫层，其中非刚性垫层又称柔性垫层。

刚性垫层的整体刚度大，受力后不产生塑性变形。刚性垫层一般采用C7.5～C10混凝土；非刚性垫层整体刚度小，受力后会产生塑性变形，一般由松散的材料组成，如砂、碎石、炉渣、矿渣及灰土等。

3. 面层

面层，又称表层或铺地，是楼地面的最上层，它是人们生活、生产或工作直接接触的结构层次，也是地面承受各种物理、化学作用的表面层。因此，根据不同的施工要求，面层的构造也各不相同。但是，无论何种构造的面层，都应具有耐磨、不起尘、平整、热工、隔声、防水及防潮等性能。

三、楼地面分类

楼地面可以根据其饰面层所采用材料的不同来命名和分类，如水泥地面、水磨石地面、大理石地面等。这种分类方法比较直观易懂，但由于材料品种繁多，因而显得过细、过多，缺乏归纳性。

楼地面也可以根据构造方法和施工工艺的不同来分类，可分为整体地面、板材地面、木质地面和人造软质制品地面等。例如，现浇水磨石地面属于整体地面，而预制水磨石板材地面则属于板材地面。

第二节 整体地面

整体地面按照构造材料的不同主要可以分为水泥地面、现浇水磨石地面、现浇美术水磨石地面及菱苦土地面。

一、水泥地面

水泥地面构造简单、坚固、能防水、造价较低，在一般的民用建筑中采用较多。但是，水泥地面的吸热系数大，冬天感觉冷，在空气相对湿度较大时容易产生凝结水，而且表面起灰，不易清洁。

水泥地面最简单的做法，通常又称之为“随捣随抹光法”，是在混凝土垫层浇好后，用铁辊压浆，待水泛到表面时再撒干水泥，然后用抹泥刀抹光。这种做法经济实惠，但是水泥表面较薄，容易磨损。

水泥地面经常采用的做法是在结构层上抹水泥砂浆，一般分为双层和单层两种。双层的做法是用15～20mm厚1：3水泥砂浆打底做结合层，面层用5～10mm厚1：1.5～1：2水泥砂浆抹面。

单层的做法是只在基层上抹一层15～20mm厚1：2.5水泥砂浆，抹平后待其终凝前，再用抹泥刀抹光。双层的施工虽然较复杂，但开裂较少。

在水泥中掺入一些颜料，可以做成不同颜色的地面，但是由于普通水泥本身呈灰色，因而做出的地面颜色都较深（图2-11）。图2-12是掺有氧化铁红的矾红水泥地面的构造，一些有防滑要求的水泥地面，还可将面层做成各种纹样的粗糙表面，这种地面，称为防滑水泥地面。

★ 小贴士

水泥材料受潮后的鉴别与处理

判断建筑装饰所用的水泥是否受潮以及受潮后如何处理，可参照表2-1中的具体事项。

表2-1　　受潮水泥的鉴别与处理方法

受潮程度	水泥外观状态	水泥手感	水泥强度变化	处理方法
轻微	表面无明显变化，具有流动性	手感正常，无细粒	降低不超过5%	无影响，使用不改变
初期	凝聚有小细粒，易散	手感正常，无细粒	降低15%以下	可用于要求不严格的部位

续表

受潮程度	水泥外观状态	水泥手感	水泥强度变化	处理方法
中度	细度变粗，有松块	球粒可捏成细粉	降低15%～20%	粉块压碎后可用于要求不严格部位
较重度	有少量硬块，但质地较松	球粒不可捏成细粉	降低30%～50%	筛子筛去细粒，硬块粉碎、磨细后可用于要求较低的工程部位
严重	有许多硬块，且难以压碎	手捏硬块，无变化	降低5%以上	不可再用作水泥，但可混入新水泥中做混合材料使用

二、现浇水磨石地面

水磨石地面，又称“磨石子地面”，它是将天然石料（大理石或中等硬度的石料，如白云石等）的石屑与水泥浆拌和在一起，抹浇结硬再经磨光、打蜡而成的。

水磨石地面具有与天然石料近似的耐磨性、耐久性、耐酸碱性，表面光洁，不易起灰，有良好的抗水性，但是导热性强，并且比水泥地面更易反潮。水磨石地面常用于厕所、厨房或公共的门厅、过道、楼梯和有关房间。

现浇水磨石地面的构造，一般分为两层，底层用1：3～1：4水泥砂浆做成12～20mm厚找平打底，面层是由85%的石屑和15%的水泥浆构成（图2-13）。现浇水磨石地面的厚度，应随着石子粒径的变化而变化。当石子粒径为4～12mm时，其厚度为10～15mm；当石子粒径在12mm以上时，厚度也随着增加（图2-13）。

另外，现浇水磨石地面也可用大于30mm的石粒，甚至用破碎大理石构成不同风格的花纹，水磨石面层不得掺砂，否则容易出现孔隙。

图2-11 深色的水泥地面

图2-12 矾红水泥地面构造

图2-13 现浇水磨石楼地面构造

图2-11 | 图2-12
图2-13

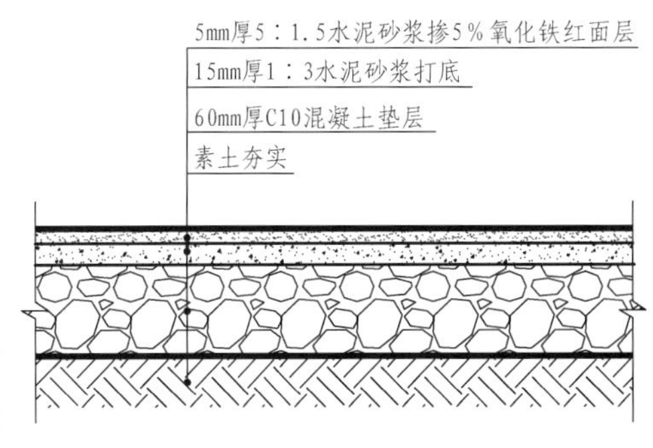

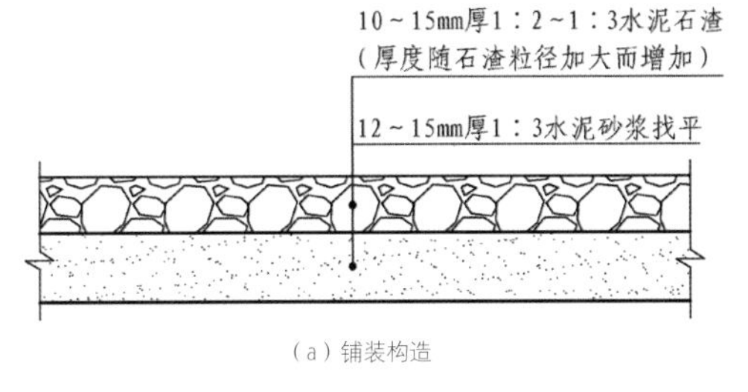

（a）铺装构造

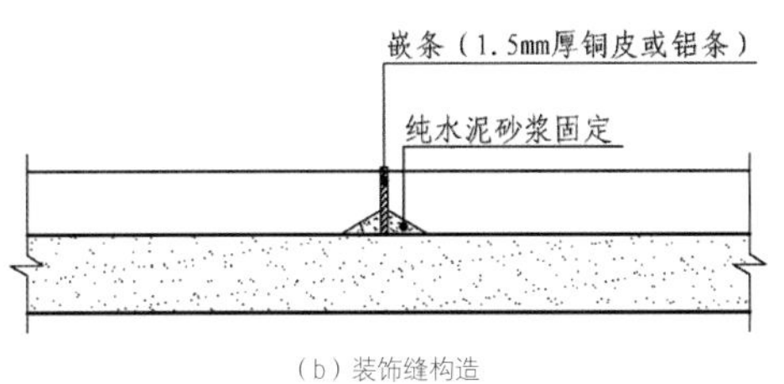

（b）装饰缝构造

三、现浇美术水磨石地面

美术水磨石是采用白水泥加颜料，或彩色水泥与大理石屑制成的。由于所用石屑的色彩、粒径、形状、级配不同，可构成不同色彩、纹理的图案，既可以用白水泥、彩色石粒，也可以用彩色水泥和彩色石粒。由于美术水磨石质地均匀稳定，加工简便，价格低于天然石，所以常常代替大理石作为公共建筑中人流较多的门厅地面或墙面装饰。

现浇美术水磨石地面是在施工现场进行拌料、浇抹、养护和磨光。现浇时，采用嵌条进行分格，可选用2～3mm厚的铜条、铝条或玻璃条，分格大小随设计而异，亦可按设计要求做成各种花纹或图案，应注意防止因气温而产生不规则裂缝。此外，现浇美术水磨石地面现场工期短、劳动量小，但厚度大、自重较重、分块不自由且造价较高，在选用时应综合考虑。

★ 补充要点

为了提高水泥地面的耐磨性，降低表面粗糙度（有时可用来代替水磨石地面），通常会采用干硬性水泥做原料，有的还用磨光机磨光或者另以石屑做骨料，即水泥石屑地面，又称瓜米石地面或豆石地面。此外，还可以在一般水泥地面上涂抹氟硅酸或氟硅酸盐溶液，称为氟化水泥地面，也可涂一层塑料涂料，如过氯乙烯涂料等。

四、菱苦土地面

菱苦土的主要成分是氧化镁，将菱苦土轧成粉末后用氯化镁溶液来调剂，即可制作菱苦土地面。菱苦土地面是用菱苦土、木屑、氯化镁溶液、滑石粉及矿物颜料掺配，铺抹在垫层上，经压光、养护、磨光、打蜡而成。

菱苦土与木屑之比为1：2，厚度为12～15mm，如果采用分层时，上层厚度应为8～10mm，下层厚度应为12～15mm，下层菱苦土与木屑之比为1：4。菱苦土地面分为单层、双层和预制块三种（图2-14）。

菱苦土地面应采用刚性垫层，一般情况下可采用混凝土垫层，楼层面层采用菱苦土地面时，可以直接做在钢筋混凝土楼板上。若是楼板面不平，可用1：3水泥砂浆做找平层，然后在其上铺菱苦土面层。

菱苦土地面保温性能较好，有一定弹性、耐火、不导电、不易起尘，而且具有能钉、易施工等优点，适用于人们经常活动的空间以及对弹性要求的房间。但是，它不耐水，不宜用在有水或各种液体经常作用及地面温度经常处于36℃以上的房间。

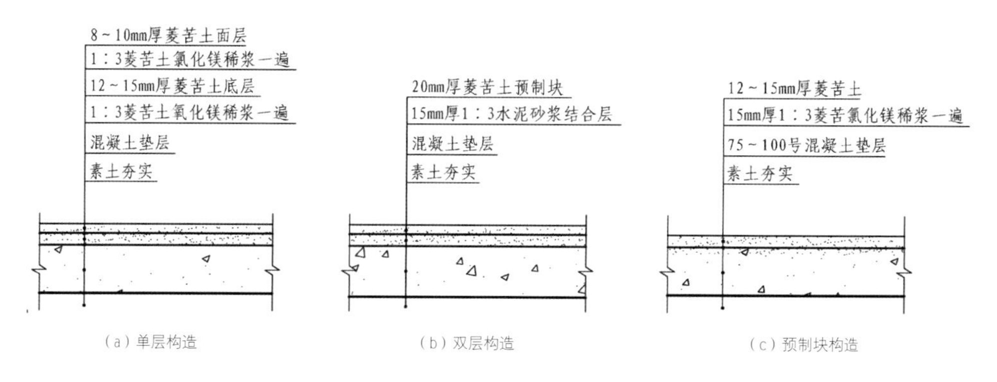

（a）单层构造　（b）双层构造　（c）预制块构造

图2-14 菱苦土地面构造

图2-15 成膜的菱苦土

菱苦土无臭，具有良好的耐火绝缘性能，沸点高达3600℃，熔点高达2852℃。菱苦土可以与水很好地融合在一起，成膜后呈现米白色，可根据需要创造不同的造型。菱苦土未制作前应储存于干燥环境中，在运输过程中也要避免受潮。

图2-16 水磨石地面

水磨石地面表面光滑、美观，具有比较好的综合性能，造价较低。

图2-17 水泥砖地面

水泥砖地面构造比较简单，表面坚固耐用，价格比较低廉，但表面容易起尘。

图2-15
图2-16 | 图2-17

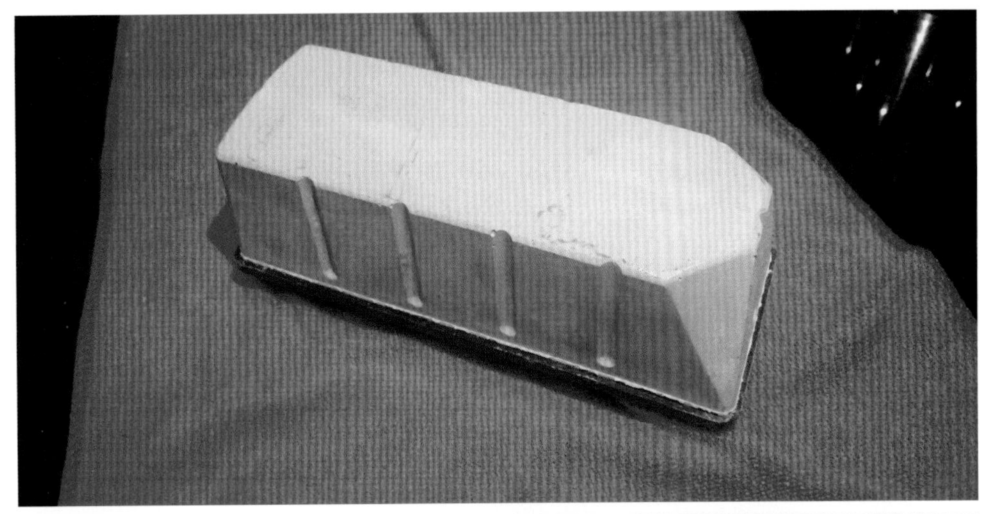

菱苦土本身呈微黄色，地面可做成红色、黄色，地面制作好待硬化稳定后，需用磨光机磨光打蜡，但由于其中的氯离子起漂白作用，故菱苦土地面容易褪色（图2-15）。此外，菱苦土地面制作较困难，且质量没有保障，因此应用不广。

第三节　板材地面

板材地面，是指用胶结材料将预加工好的板材地面材料，如预制水磨石板、大理石板、花岗石板、缸砖、陶瓷锦砖、水泥砖等。用铺砌或粘贴的方式，使之与基层连接固定所形成的地面。具有花色多、品种全，经久耐用，易于保持清洁等优点，但有造价偏高、工效偏低等缺点（图2-16、图2-17）。

板材地面属于中、高档装饰，目前在我国应用十分广泛。但是，在应用中应注意这类地面属于刚性地面，不具有弹性、保温及消声等性能，因此，虽然板材地面的装饰等级比较高，但是必须要根据其材质特点来使用。

板材地面通常用于人流较大，对耐磨损、保持清洁等方面要求较高的场所，或者用于比较潮湿的地方。

一般来说，除在南方较炎热的地区外，不易用于居室、宾馆客房，也不适宜用于人们要长时间逗留、行走或需要保持高度安静的地方。板材地面要求铺砌和粘贴平整，一般胶结材料既起胶结作用又起找平作用，也有先做找平层再做胶结层的。常用的胶结材料有水泥砂浆、沥青玛琋脂等，也有用砂或细炉渣作为结合层的。

一、陶瓷锦砖地面

陶瓷锦砖又称马赛克地面，是由一种小瓷砖镶铺而成的地面。根据它的花色品种，可以拼成各种花纹，故名锦砖。这种砖表面光滑，质地坚实，色泽多样，比较经久耐用，并且耐酸、耐碱、耐火、耐磨、不透水、易清洗。陶瓷锦砖经常被用于浴厕、厨房、化验室等处的地面。

马赛克的形状较多，正方形的一般为15～39mm，厚度为4.5mm或5mm。在工厂内预先按设计的图案拼好，然后将其正面粘贴在牛皮纸上，成为300mm×300mm或600mm×600mm的大张，块与块之间留有1mm的缝隙。在施工时，先在基层上铺一层15～20mm厚的1：3～1：4水泥砂浆，将拼合好的马赛克纸板反铺在上面，然后用滚筒压平，使水泥砂浆挤入缝隙。待水泥砂浆初凝后，用水及草酸洗去牛皮纸，最后剔正，并用白水泥浆嵌缝。此外，马赛克也可用沥青玛琋脂粘贴，但是很容易将马赛克表面弄脏，因此施工时必须留心。

陶瓷锦砖花色繁多，拼花组合千变万化，不同的拼花造型可以创造出不同的室内环境气氛。产品加工工艺先进，温润细腻、花色成熟、品种繁多、图案鲜艳、纹理丰富多变，设计精致时尚，不仅具有吸水率低、抗龟裂等优秀性能，且还不透底，相当环保。

二、陶瓷地面砖地面

陶瓷地面砖，是用瓷土加上添加剂经制模成型后烧结而成的，它具有表面平整细致、质地坚硬、耐磨、耐压、耐酸碱、吸水率小，可擦洗、不脱色、不变形，色彩丰富、色调均匀，可拼出各种图案等特点。新型的仿花岗石地砖，还具有天然花岗岩石的色泽和质感，经削磨加工后，表面光亮如镜，而且面砖的尺寸精度高，边角加工规整，是一种高级瓷砖地面材料（图2-18）。

陶瓷地面砖不仅适用于各类公共场所，而且也逐步被引入家庭地面装饰。经抛光处理的仿花岗岩地石，具有华丽高雅的装饰效果，可用于中、高档室内地面装饰（图2-19、图2-20）。陶瓷地面砖的性能及适用场合，可参考表2-2。

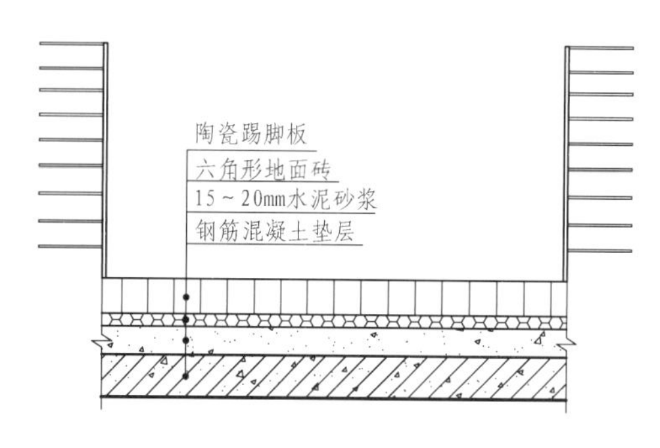

图2-18 陶瓷地面砖铺地

图2-19 陶瓷地面砖表面纹样

陶瓷地面砖表面具有丰富的表面纹样以及多种选择的色彩，这使得陶瓷地砖的使用率不断增加。

图2-20 陶瓷地面砖的使用

陶瓷地砖综合性能比较好，可用于办公场所、家庭、酒店等区域内。

图2-18
图2-19 | 图2-20

表2-2　陶瓷地面砖的性能及适用场合

品种	图示	性能	适用场合
彩釉砖		吸水率不大于10%，炻器材质，强度高，化学稳定性、热稳定性好，抗折强度不小于20MPa	室内地面铺贴和室内外墙装饰
釉面砖		吸水率不大于22%，精陶材质，釉面光滑，化学稳定性良好，抗折强度不小于17MPa	多用于厨房、洗手间
仿石砖（包括广场砖）		吸水率不大于5%，外观似花岗石粗磨板或剁斧板，具有吸声、防滑和特别装饰功能，抗折强度不低于25MPa	适用于室内地面及外墙装饰，庭园小径地面铺贴和广场地面
仿花岗岩抛光地砖		吸水率不大于1%，质地酷似天然花岗岩，外观似花岗石抛光板，抗折强度不低于27MPa	适用于宾馆、饭店、剧院、商业大厦、娱乐场所等室内大厅走廊的地面、墙面
瓷质砖		吸水率不大于2%，烧结程度高，耐酸耐碱，耐磨程度高，抗折强度不小于25MPa	特别适用于人流量大的地面、梯级铺贴
劈开砖		吸水率不大于8%，表面不挂釉的，其风格粗犷，耐磨性好；有釉面的则花色丰富，抗折强度大于18MPa	室内外地面、墙面铺贴，釉面劈开砖不宜用于室外地面
红地砖		吸水率不大于8%，具有一定吸湿防潮性	适宜地面铺贴

陶瓷地面砖分无釉哑光、彩釉抛光两大类。它的形状也很丰富，以正方形与长方形较为常见。正方形的一般边长为150～300mm，厚度为8～15mm，砖背面有凹槽，使石块能与结构层黏结牢固。房间四周踢脚板可用陶瓷地面砖制成。陶瓷地面砖铺贴时，所用的胶结材料一般为1：3水泥砂浆，厚15～20mm，砖块之间有3mm左右的灰缝，铺砌时，必须注意平整，保持纵横平直，并以水泥砂浆嵌缝（图2-21、图2-22）。

图2-21 陶瓷地面砖施工过程

陶瓷地面砖施工前要清理基层，瓷砖铺设后要用专用锤子进行加固。

图2-22 陶瓷地面砖施工后的效果

陶瓷地面砖有四方形，同时也可加工成六边形，装饰效果更有特色。

图2-21 | 图2-22

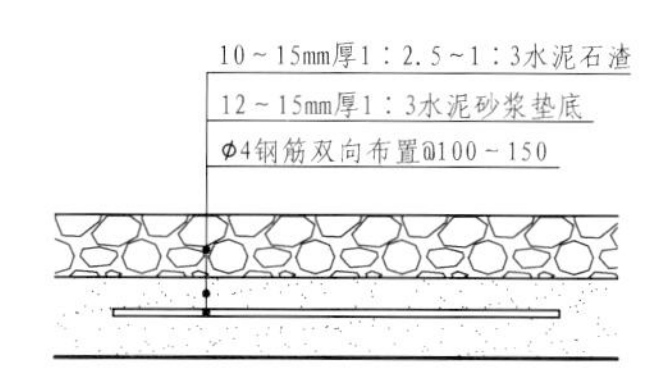

图2-23 预制水磨石板构造

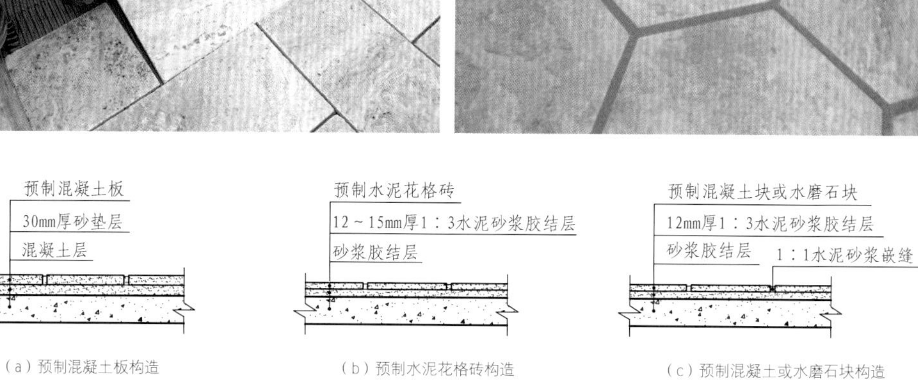

（a）预制混凝土板构造　（b）预制水泥花格砖构造　（c）预制混凝土或水磨石块构造

图2-24 预制块地面构造

★ 补充要点

新型锦砖铺装

新型锦砖是指表面没有粘贴保护纸的锦砖，但是背面粘贴着透明网，铺贴方法与普通的墙面砖一致，直接上墙铺贴即可。新型锦砖多与普通墙面砖搭配铺装，在铺装基础上应当预先采用水泥砂浆找平，将铺装界面基层垫厚，再采用黏结剂或硅酮玻璃胶将锦砖粘贴至界面上，最后将填缝剂擦入锦砖缝隙，待干后将表面清洗干净。新型锦砖铺装后表面不需要揭网或揭纸，其中小块锦砖不会随意脱落，这也提高了施工效率与施工质量。花色品种也很丰富，价格也随之上涨，适用于局部墙面、构造点缀装饰。此外，还可以根据需要选购仿锦砖纹理的墙面砖，其图样纹理与锦砖类似。

三、预制板、预制块地面

常见的预制板、预制块地面，主要有预制水磨石板、混凝土块、大阶砖及水泥花砖等,其尺寸一般为（200～500）mm×（200～500）mm，厚20～50mm。图2-23为预制水磨石板，它与现浇水磨石相比，能够提高施工机械化水平，减轻劳动强度，提高质量，缩短现场工期，但是它的厚度较大、自重大，价格也较高。

预制板、预制块与基层的连接方式，一般有两种，一是当预制板、预制块尺寸大而厚时，往往在板块下干铺一层20～40mm厚的沙子，待校正平整后，在预制板、预制块之间用沙子或砂浆填缝；另一种是当预制板、预制块小而薄时，则采用12～20mm厚的1：3水泥砂浆胶结在基层上，胶结后再以1：1水泥砂浆嵌缝（图2-24）。前者施工简单，易于修换，造价较低，但不易平整，后者则坚实、平整，但造价较高。

四、花岗石地面

花岗石与大理石等天然石材，一般具有抗拉性能差、容重大、传热快、易产生冲击噪声、开采加工困难、运输不便以及价格昂贵等缺点，但是由于它们具有良好的抗压性能和硬度、质地坚实、耐磨、耐久、外观大方稳重，因而至今仍为许多重大工程所使用（图2-25）。

花岗石属于高档建筑装饰材料，用于室外地面的花岗石，为了防滑，一般不进行磨光，而是选用凿琢成点状或条纹的表面。由于花岗石硬度大，加工缓慢，铺贴困难，因此它是价格最昂贵的地面铺材之一，多用于纪念性建筑或人流很多的公共建筑主出入口等处（图2-26～图2-28）。

花岗石常加工成条形或块状，厚度较大，约50～150mm，其面积尺寸是根据设计分块后进行订货加工的。花岗石在铺设时，相邻两行应错缝，错缝为条石长度的1/2～1/3。铺设花岗石地面的基层有两种，一种是砂垫层，另一种是混凝土或钢筋混凝土基层，铺设时还需考虑好坡度的设置问题，要避免反水，且花岗石面层要能与施工基层紧密结合才可，在色彩的选择上，连缝隙处的色彩都需一一考虑到。此外，混凝土或钢筋混凝土面常常要求用砂或砂浆找平层，厚为30～50mm，且砂垫层应在填缝以前进行洒水拍实整平。

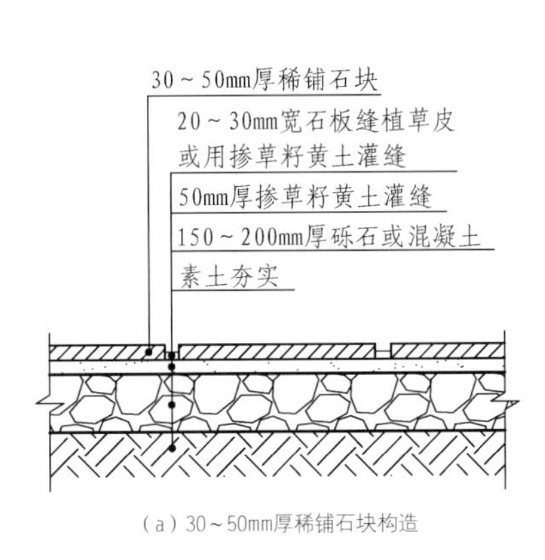

（a）30～50mm厚稀铺石块构造

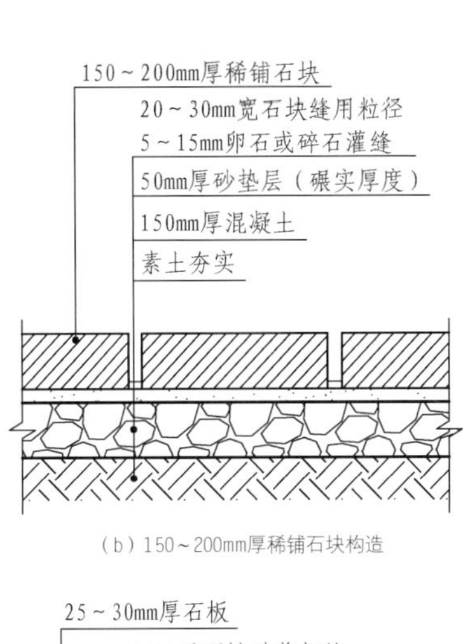

（b）150～200mm厚稀铺石块构造

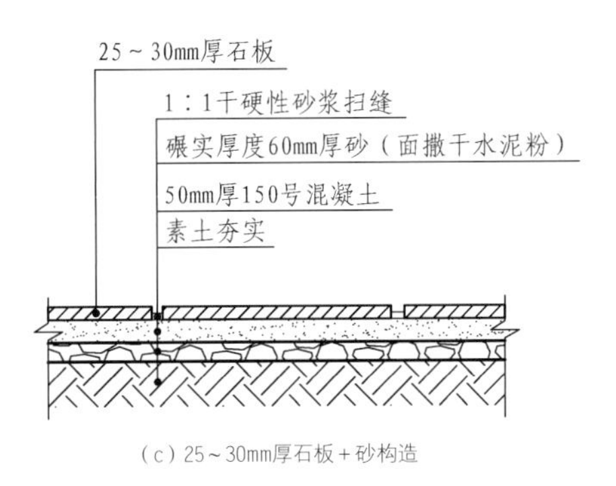

（c）25～30mm厚石板＋砂构造

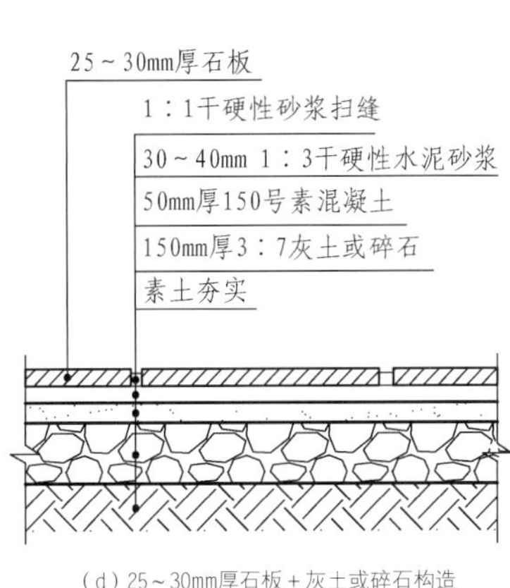

（d）25～30mm厚石板＋灰土或碎石构造

图2-25 花岗石地面构造

图2-26 应用于公园主通道

图2-27 应用于标志建筑物主通道

图2-28 应用于商业大厦主通道

五、大理石地面

大理石的硬度比花岗石稍差，所以它比花岗石更易于雕琢磨光，且大理石具有斑驳纹理、色泽鲜艳美丽。当大理石暴露于大气中时，由于空气中的二氧化碳遇水时将生成亚硫酸，然后变成硫酸，与大理石中的重要成分方解石起反应，表面生成石膏易溶于水，这会使大理石表面很快失去光泽，变得粗糙多孔而降低了硬度。因此，大理石不宜用于室外装饰，如果将大理石用于室外装饰，其表面应加涂层处理（图2-29）。

大理石可根据不同色泽、纹理等组成各种图案，通常在工厂加工成20～30mm厚的板材，每块大小一般为300mm×300mm ～500mm×500mm。方整的大理石地面，多采用紧拼对接，接缝不大于1mm，铺贴后用纯水泥扫缝，不规则形的大理石铺地接缝较大，可用水泥砂浆或水磨石钳缝。大理石铺砌后，表面应粘贴纸张或覆盖麻袋加以保护，待结合层水泥强度达到60%～70%后，方可进行细磨和打蜡。

★ 补充要点

马赛克地面铺贴方法——造型法

马赛克地面的外形多种多样，可运用各类镶嵌方法，拼出或具象或抽象的造型图案。华丽的黄色仿金属马赛克地面，绚丽的色彩格外抢眼，在灯光的照耀下更为突出。墙面复古花纹同色系瓷砖将这份惊艳从地面延伸到墙面，整体谐调性也会增强。

六、活动地板

活动地板，又名装配式地板，是由各种不同规格、型号和材质的面板块、龙骨、支架等组合拼装而成的架空地面（图2-30）。

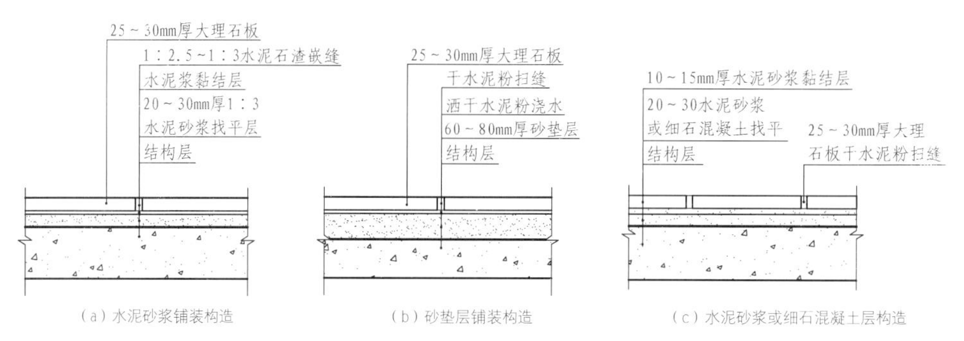

图2-29 大理石地面构造

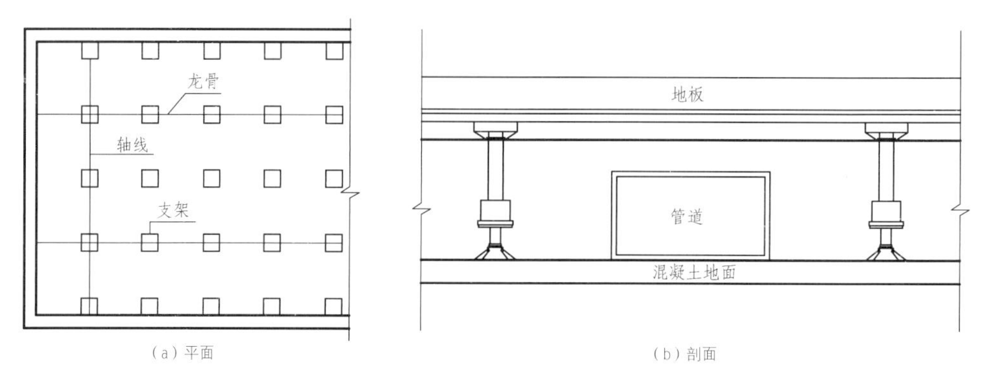

图2-30 活动夹层地板布置示意图

图2-31 全钢活动地板铺设

全钢活动地板铺设时需要找准水平度，各部件之间要连接紧密，板与板之间的缝隙要控制好。

图2-32 活动地板应用

由于活动地板施工简单且快捷，一般应用于大面积场所，例如大办公区。

图2-31 | 图2-32

活动地板的架空空间可敷设各种电缆、管线、空调静压送风，并能设置通风口。活动地板平整、光洁、装饰性好，预制、安装、拆卸方便，它适用于仪表控制室，计算机房，变电站控制室，广播、邮电用房，自动化办公室以及高级宾馆会议厅等（图2-31、图2-32）。

活动夹层地板在施工之前要做好水平标志，以控制铺设的高度和厚度，可采用竖尺、拉线、弹线等方法。施工时要注意活动地板所有的支座柱和横梁应构成框架一体，并与基层连接牢固，在门口处或预留洞口处还应符合设置构造要求，四周侧边应用耐磨硬质板材封闭或用镀锌钢板包裹，胶条封边应符合相应的耐磨要求。

第四节　木质地面

木地面，是指表面由木板铺钉或胶合而成的地面，它不仅具有良好的弹性、蓄热性和接触感，而且还具有不起灰、易清洁、不反潮等特点。因此，常用于高级住宅、宾馆、剧院舞台等室内装饰中。

木地面有普通条木地面、硬条木地面和拼花木地面三种。常用的硬木地板的规格与树种，见表2-3。

表2-3　常用硬木地板的规格与树种

类别	图示	层次	规格/mm			常用树种	附注
			厚	长	厚		
长条地板		面	12~18	>800	30~50	硬杂木、柞木、色木、水曲柳	无
		底	25~50	>800	75~150	杉木、松木	无
拼花地板		面	12~18	200~300	25~40	水曲柳、核桃木、柞木、柳安、柚木、麻栎	单层硬木拼花仅能用于实铺法
		底	25~30	>800	75~150	杉木、松木	

图2-33 长条地板应用

长条地板应用于卧室时可以沿采光方向铺设，整体感会更好，且有延伸空间的效果。

图2-34 长条地板应用

长条地板应用于室外空间时可以沿行走方向铺设，方便清洁，也能起到指引方向的作用。

图2-35 架空式木地面

图2-33 | 图2-34
图2-35

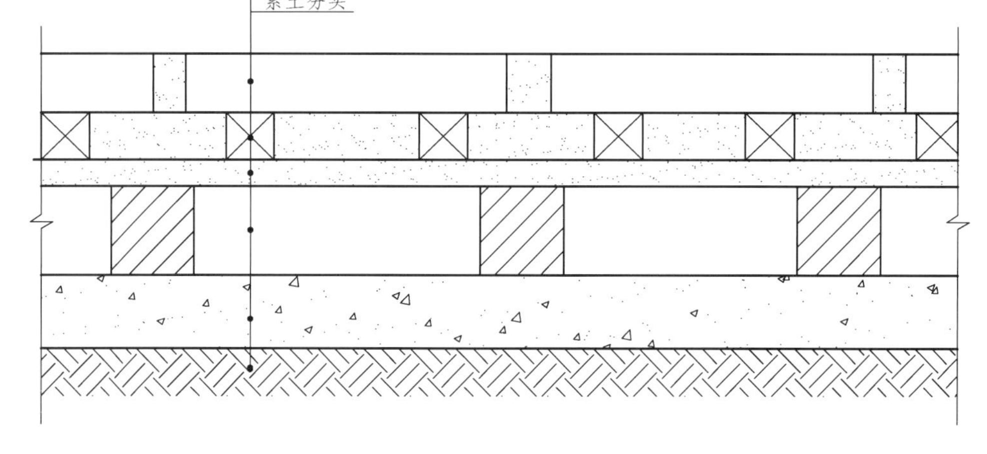

长条地板应顺应房间采光方向铺设，走道则沿行走方向铺设，以避免暴露施工中留下的凹凸不平的缺陷，也可减少磨损，方便清扫（图2-33、图2-34）。拼花地板可以在现场拼装，也可以在工厂预制成200mm×200mm ～400mm×400mm的板材，然后运到工地进行铺钉。拼装应选用耐水、防腐的胶水黏结。由于构造方式不同，木地面通常有架空式地面、实铺式地面、弹性地面、弹簧地面和软木及木制品地面等做法，其中，应用较广泛的是实铺式地面。

一、架空式木地面

架空式木地面，主要是指支撑木地面的龙骨架空搁置，使地面下有足够的空间便于通风，以保持干燥，防止龙骨腐烂损坏。当房间尺寸不大时，龙骨两端可直接搁在砖墙上；当房间尺寸较大时，为了减少龙骨挠度，充分利用小料或短料以节约木材，常在房间地面下增设地垄墙或柱墩来支撑龙骨（图2-35）。

龙骨可以用圆木，也可以用方料，圆木直径为ϕ100～ϕ120，方木为（50～60）mm×（100～120）mm，中距400mm。为了保证龙骨端头均匀传力，需在龙骨支点处垫一通长的垫木，一般称沿游木，在墩柱处的垫木改用50mm×120mm×120mm的垫块。为防止垫木腐烂，需做防腐处理，并于垫木下方干铺一层油毡。

木楼面的处理同架空木地面，木龙骨跨度常在3000～4500mm，再大者需另设横梁支撑龙骨。龙骨多为方料，截面尺寸为（50～75）mm×（200～300）mm，中距400mm。为加强木龙骨的稳定性和整体性，常在龙骨之间沿跨度方向每隔1200～1500mm用35mm×35mm的木条交叉成剪刀状钉于龙骨之间，俗称剪刀撑（图2-36）。

板与板的拼接有企口缝、销板缝、压口缝、平缝、截口缝和斜企口缝等形式。为了防止木板翘曲，在铺钉时应于板底刨一处凹槽，并尽量使向心材的一面向下（图2-37）。木板需用暗钉，以便于表面刨光或油漆。所有板端的接头均需在龙骨上，不得悬空。

当面层采用拼花硬木地面时，需采用双层木板铺钉，下层板称为毛板，可采用普通木料，截面一般为20mm×100mm，最好与龙骨呈45°方向铺钉，也可成90°铺钉。毛板与面板之间可衬一层油纸，作为缓冲层。

在地面与墙面交接处，需钉高为150～180mm、厚度为20mm木踢脚板，墙内预埋木砖，间距1200～1500mm，以便将踢脚板钉牢，在踢脚板与地板折角处需钉盖缝条。

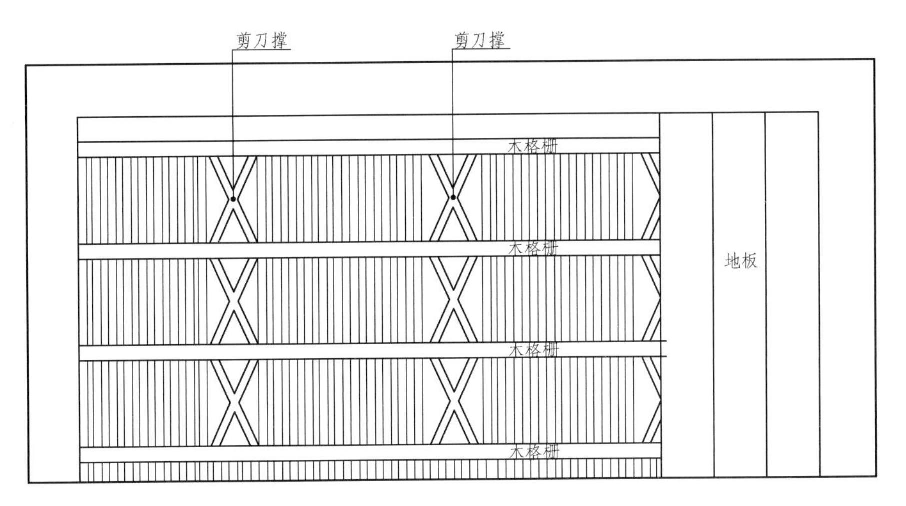

图2-36 木楼板中的剪刀撑

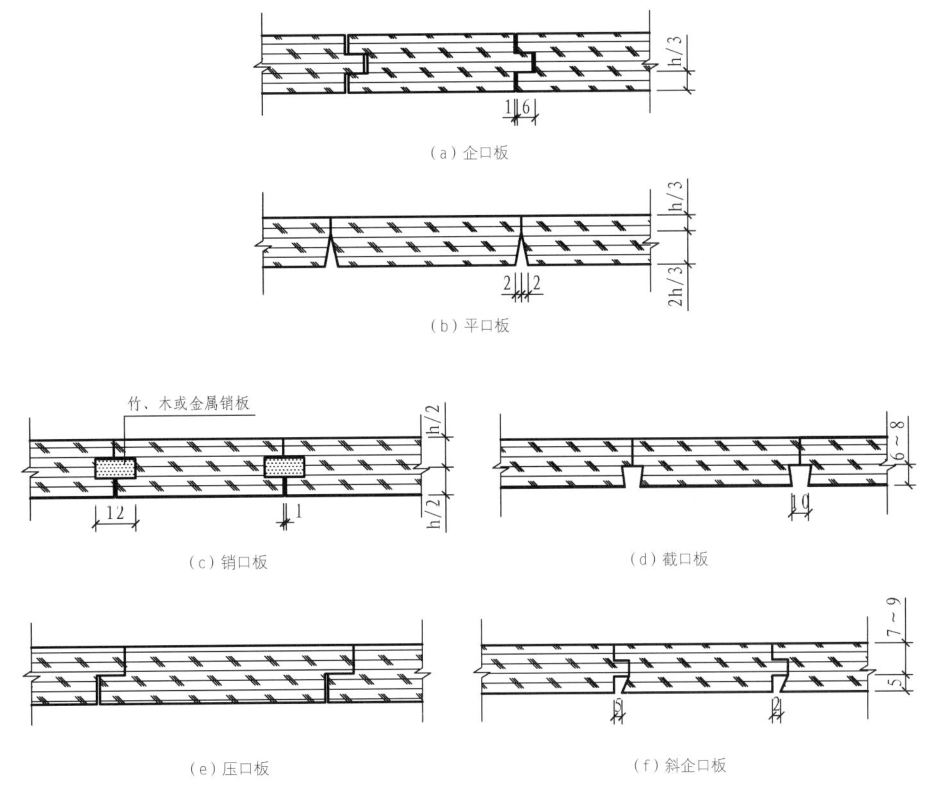

图2-37 板的不同拼缝形式

为防止地面的潮气上升而致使木材腐烂，应在架空的下部的表面上满铺一层防潮层。防潮材料有灰土、碎砖三合土或混凝土，厚度要视不同材料而定，均为80～150mm。

为使底层地面下的空间获得较好的通风，必须在外墙脚处开设通风洞又称出风洞。当房间开间较小时，每间设一个通风扇；当开间较大时，则要求每3000～5000mm设一个通风洞，面积为0.06～0.15m^2。洞口应以生铁篦、混凝土篦带钢丝网相隔，以防虫鼠钻入破坏地板。洞口应使空气前后对流，进出风通畅。

当木地面靠外墙一面或中间及其他地面时，需在其下方埋设沟管引导通风。在北方严寒季节，可在洞口处以铁盖板或木盖板将洞遮盖起来，以免冷空气流入而使地面过冷，如若处理不当，可能会在龙骨周围形成冷凝水，造成使用不便。

二、实铺式木地面

实铺式木地面，是指直接在实体基层上铺设的木地面。例如，在钢筋混凝土楼板、混凝土楼板上或者是混凝土基层上直接铺设木地面，这种做法构造简单，结构安全可靠，同时也比较节约木材，因而被广泛采用。实铺式木地面有粘贴式与搁栅式两种方法（图2-38、图2-39）。

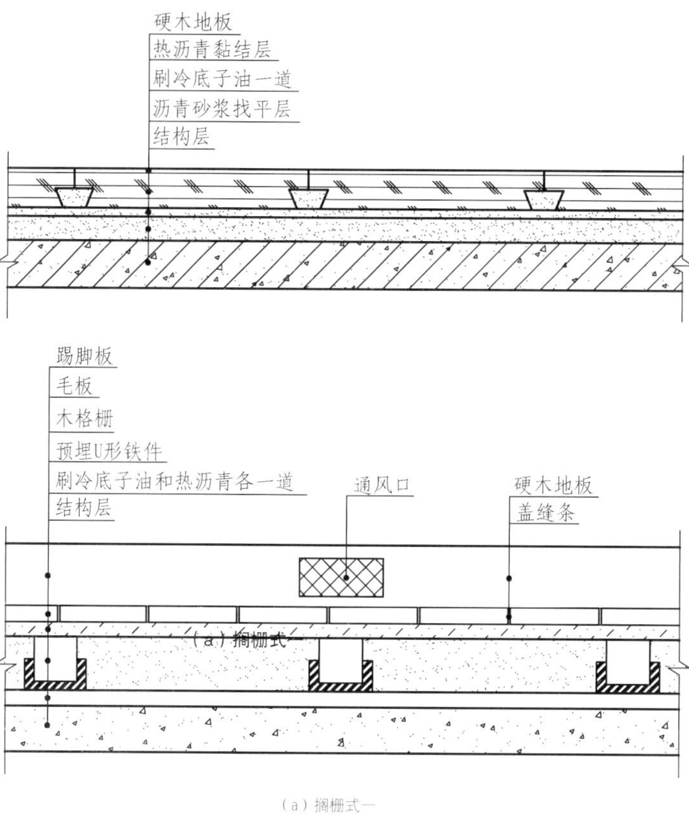

图2-38 实铺式木地面构造——粘贴式

（a）搁栅式一

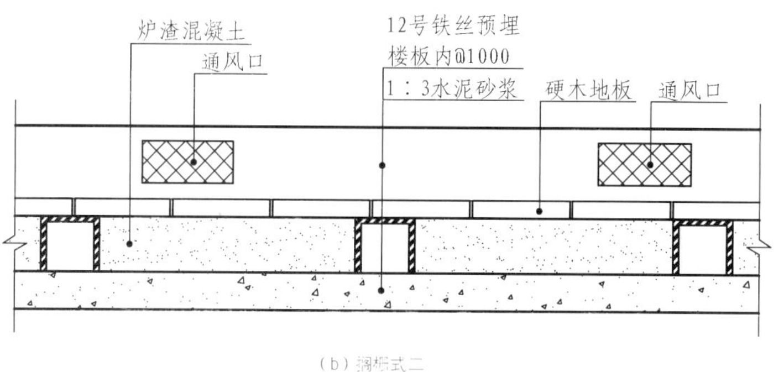

（b）搁栅式二

图2-39 实铺式木地面构造——搁栅式

图2-40 粘贴式实铺木地面施工

在铺设木板材料前要先做好找平层，找平层的厚度不宜过厚，以免后期木地面起翘。

图2-41 粘贴式实铺木地面施工

粘贴式实铺木地面时要对准木地板边线，用于边角处的板材要提前裁切好。

图2-40 | 图2-41

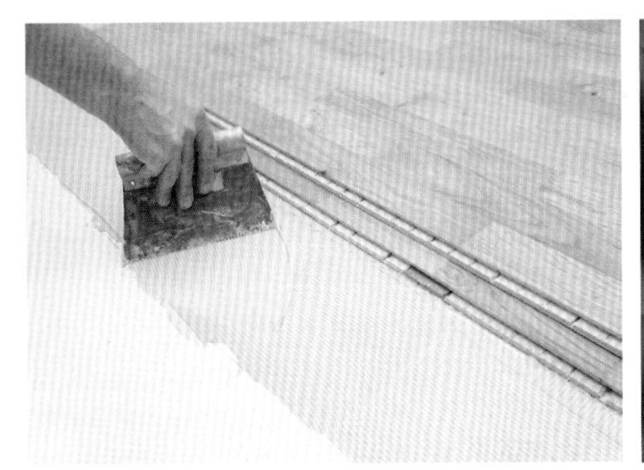

1. 搁栅式实铺木地面

搁栅式实铺木地面是在结构基层找平的基础上，固定梯形或矩形的木搁栅，搁栅截面较小，矩形的木搁栅，截面一般为50mm×50mm，中距为400mm，搁栅可借预埋在结构层内的U形铁件嵌固或镀锌铁丝扎牢。底层地面为了防潮，需在结构找平层上涂刷冷底子油和热沥青各一道。为保证木搁栅层通风干燥，通常在木地板与墙面之间留有10～20mm的空隙，踢脚板或木地板上，也可设通风洞或通风箆子。搁栅式实铺木地面还可以单层铺钉或双层铺钉。

2. 粘贴式实铺木地面

粘贴式实铺木地面是在钢筋混凝土楼板上做好找平层，然后用黏结材料，将木板直接贴上。粘贴地面省去了搁栅和毛板，与一般单、双层木地面相比，可以节约木材30%～50%。因此，它具有结构高度小、经济性好等优点，但是地板的弹性差，维修比较困难。

粘贴式木地板构造首先要求铺贴密实，以防木板脱落，其有效措施是控制木板的含水率和基层的干燥、清洁，有时可采用沥青砂浆代替水泥砂浆做找平层，表面刷冷底子油。粘贴木板的胶结料一般有石油沥青、环氧树脂、聚氨酯或过氯乙烯胶泥等（图2-40、图2-41）。

石油沥青具有黏结力强、防潮耐腐蚀性好、价格低廉、操作简便等优点，而且地板底部用沥青封闭，可以防止白蚁危害，因此应用较多。在操作时，应适当控制沥青温度，如果沥青的温度过高，就容易使木板和基层中的水分大量蒸发而出现起泡现象。另外，所用木板还应进行防腐处理，板的背面应涂满沥青或木材防腐油。

★ 补充要点

建筑木板材的选购

选购优质的建筑木材更能展现良好的装饰效果，木材干燥后会形成循环形向年轮方向收缩，年轮线长的收缩的比较多，年轮短的则收缩较少，这种现象导致了木材会在宽度方向上产生翘棱变形。此外，从木材场运来的木材，一般含有约17%的水分，在温度较高的房间里放置几天后，水分会减到8%～10%，此时木材将产生轻微收缩，并可能出现翘棱现象，且板材越宽，收缩和翘棱越严重。因此，在选购时建议选择年轮线与厚度方向近似垂直的木板材。

三、弹性木地面

在一些对地面弹性有较高要求的空间场合，如体育建筑的比赛场地、舞蹈和杂技排练厅和舞台等，需要做成弹性木地面。弹性木地面从构造上，可以分为衬垫式与弓式两类，衬垫式弹性木地面做法简便，可以选用橡胶、软木、泡沫塑料或其他弹性好的材料做衬垫，衬垫可以按条形或块状布置（图2-42、图2-43）。

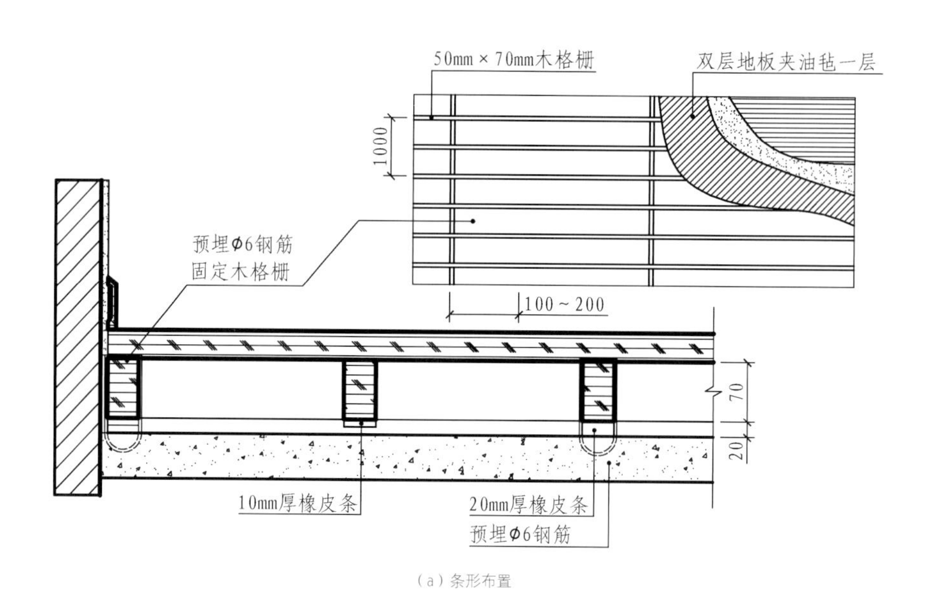

（a）条形布置

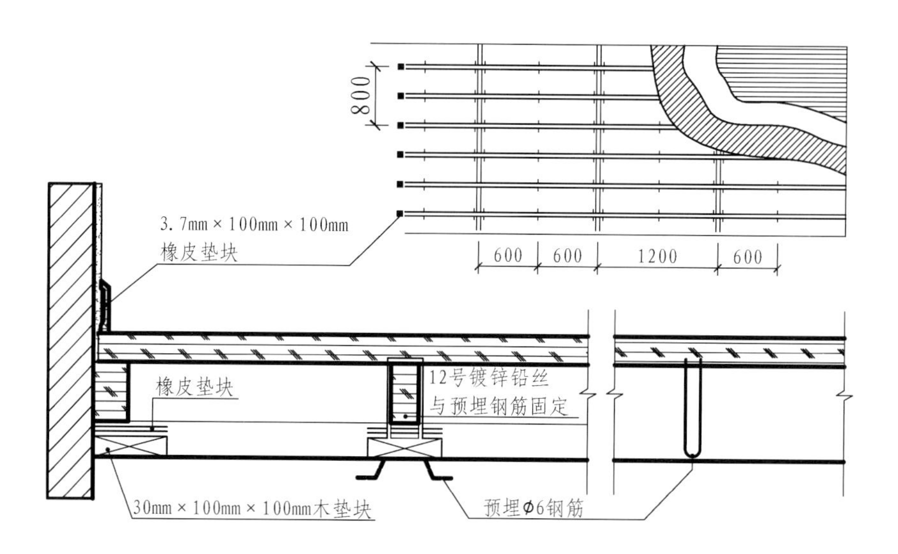

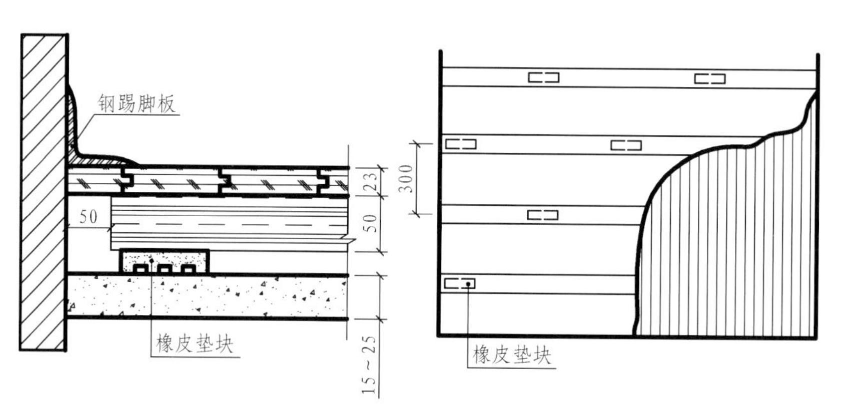

（b）块状布置

图2-42 橡皮衬垫弹性木地板构造

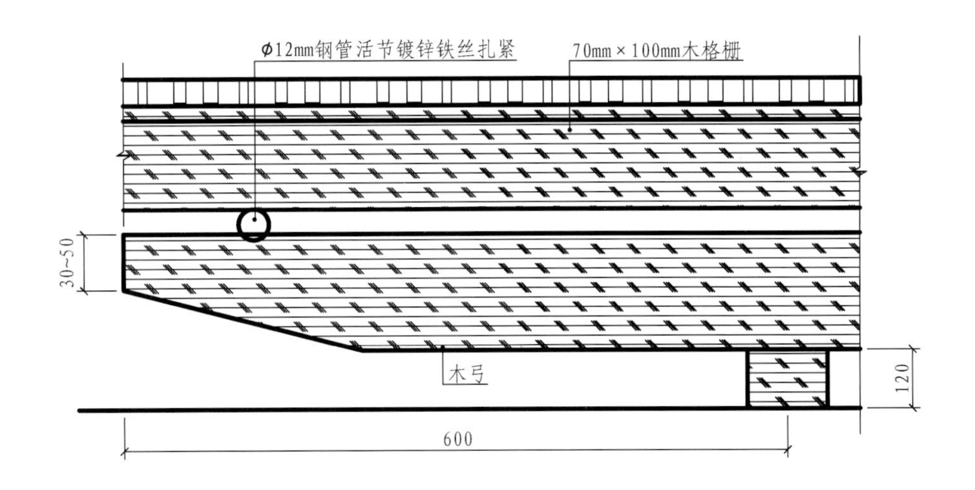

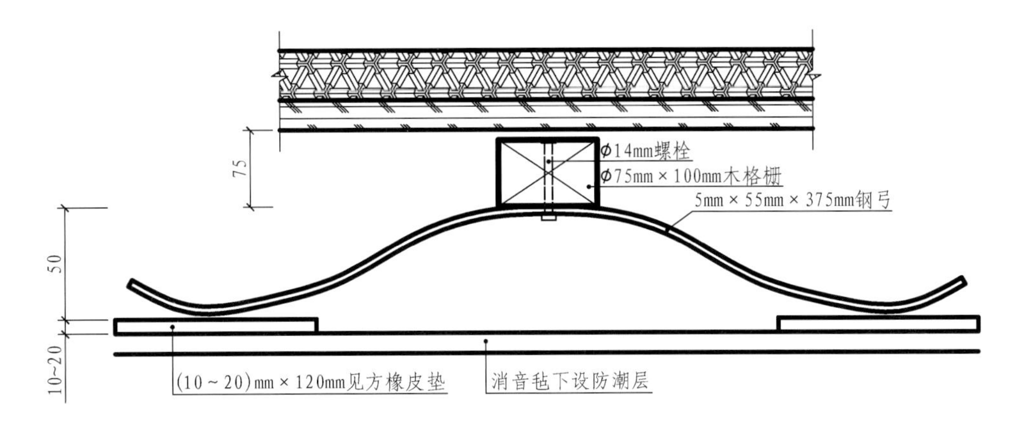

图2-43 弓式弹性木地板构造

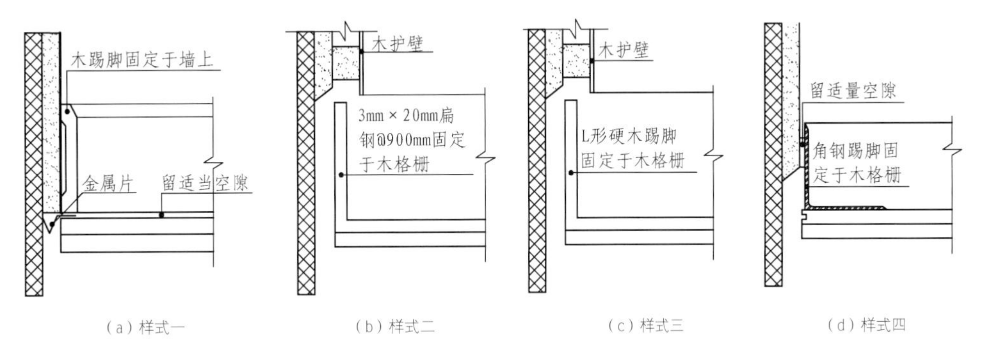

图2-44 弹性地面踢脚构造

★ 补充要点

强化木地面的保养

强化木地板不需要打蜡和油漆，且不可用砂纸打磨抛光，这是因为强化木地板不同于实木地板，它的表面本来就比较光滑，亮度也比较好，打蜡反倒会画蛇添足，弄巧成拙。强化木地板的耐磨程度也相当不错，只需要做好基础的护理工作就能达到长期保养的效果。\

弹性木地面主要是利用木龙骨增加它的弹性，如木弓式弹性地面是利用扁担木弓架托搁栅，木弓下设细长垫木，用螺栓或钢筋固定于结构基层。木工长为1000～1300mm，高度*H*通过试验决定，木弓的两段放置金属圆管作活动支点，上面再布置搁栅，以增加搁栅弹性，最后做毛板、油纸和硬木地板。弹性地面四周沿墙应留有足够空隙，踢脚具体做法可参见图2-44。

四、弹簧木地面

弹簧木地面具有很好的弹性，常与电子开关连用，如小电话间的地板，在进入之后，地板加载，弹簧下沉，按通电流，电灯自动开启，人离开后，地板回到原位，切断电流，电灯自动熄灭，弹簧安装前应先做弹力试验（图2-45）。

五、软木及木制品地面

软木是一种天然树木，多产于我国广西。由于软木含有许多束状小气柱，因而具有良好的隔热、隔声、消声等性能。软木经过加工制作成板柱，表面可以抛光打蜡，或用聚合树脂类材料处理，成为光面不滑，柔性舒适的地面，它特别适用于要求安静和温暖的房间（图2-46、图2-47）。

此外，利用木材加工厂的废料制成制品，如木纤维板等，均可以代替木材做地板，施工时，可采用脲醛水泥胶粘剂粘贴，用木屑水泥砂浆做找平层，表面选用聚蜡酸乙烯乳液打底，然后再用清漆罩面、打蜡。

★ 补充要点

优质木地板特点

优质木地板应该具有自重轻、弹性好、构造简单、施工方便等优点，它的魅力在于妙趣天成的自然纹理，与其他任何装饰物搭配和谐的特性。优质的木地板还有三个显著特点：第一是无污染，它源于自然，成于自然，无论人们怎样加工使之变成各种形状，它始终不失其自然的本色；第二是热导率小，使用它有冬暖夏凉的感觉；第三是木材中带有可抵御细菌、稳定神经的挥发性物质，是理想的居室地面装饰材料。但是实木地板存在怕酸、怕碱、易燃的弱点，所以一般只用在卧室、书房、起居室等室内地面中的铺设（图2-48、图2-49）。

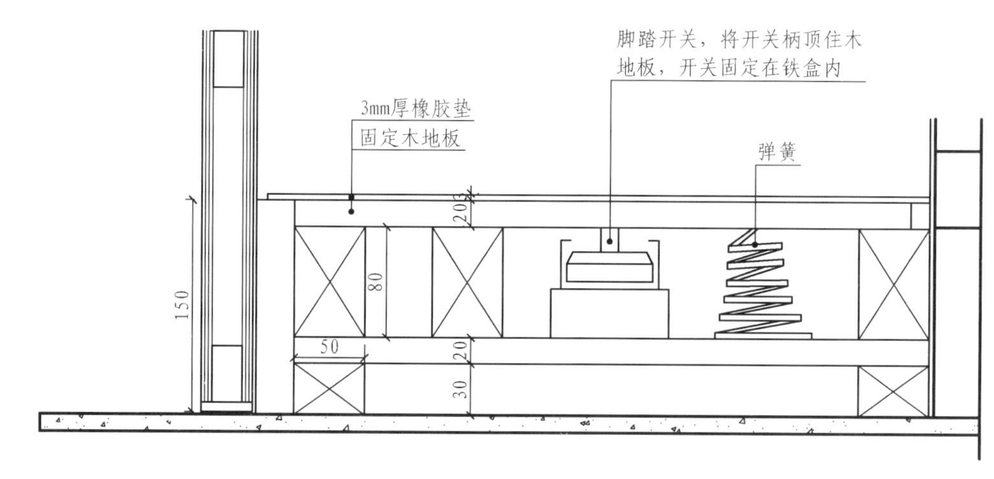

图2-45 弹簧地板构造

图2-46 软木板

软木板属于节能、环保型的建筑材料，同时软木板还具有比较好的阻燃性能，防潮性也十分不错。

图2-47 软木地面铺设效果

软木地面脚感舒适，且铺设后地面可有效隔声、隔热，还能起到很好的减振作用。

图2-45
图2-46 | 图2-47

第五节　人造软质制品地面

常见的人造软质制品，主要有油地毡、塑料制品、橡胶制品及地毯等几类。按照制品成型的不同，人造软质制品可分为块材和卷材两种，块材可以拼成各种图案，施工灵活，修补简单，卷材施工繁重，修理不便，适用于跑道、过道等练习场地，这些材料自重轻、柔韧、耐磨、耐腐蚀，而且美观。

一、油地毡

油地毡，是在帆布或麻织物上涂抹特制的胶状涂料做成的，这种胶状涂料是由植物油（节松油、亚麻仁油、桐油等）掺入掺合料（木屑、软木屑或滑石粉等），再加适量的矿物颜料和催化剂（氧化铝、氯化铝），混合加热后胶化成泥状而形成的。

油地毡多制成卷材，可根据需要制成各种厚度和宽度，厚度为2～5mm，宽度可分阔幅与窄幅，阔幅为1600～2000mm；窄幅为500～1600mm，长度为20000mm。

油地毡表面光而不滑，具有一定的弹性、韧性和耐热性，可制成各种色彩或图案，油地毡隔绝固体声的效果较好，常用于居住建筑、医院、实验室等地方。粘贴油地毡可用沥青油膏或酪素胶等，在混凝土结构层不是很平整的情况下，必须先做水泥砂浆找平层。

二、塑料地面

塑料地板是选用人造合成树脂，如苯甲酸丁酯或聚氯乙烯等塑化剂，加入适量填充料如石粉、木粉、石棉等，再掺入颜料经热压而成的，底面一般衬以麻布。而随着现代工业的发展，作为建筑材料（结构材料或非结构材料）的塑料工艺日益成熟。塑料地板柔韧不易断裂，作为地面，塑料地板具有耐磨、吸水性小、绝缘性能好、耐化学腐蚀等优点，而且有一定弹性，能做成各种颜色的图案花纹，行走舒适，易于清洁。但是，塑料地板也有自然老化现象、日久逐渐失去光泽、长期重压后易产生凹陷变形等缺点（图2-50、图2-51）。

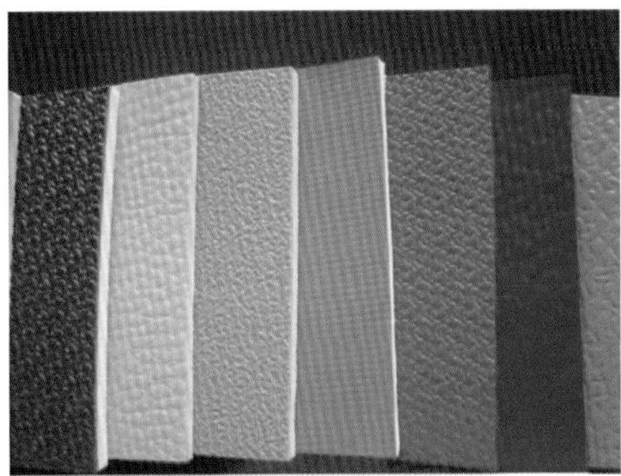

图2-48 具有原木色泽的优质木地板

图2-49 优质木地板用于办公区，吸音且脚感舒适

图2-50 色泽、图案都相当丰富的塑料地板

图2-51 色彩斑斓的塑料地面

图2-48	图2-49
图2-50	图2-51

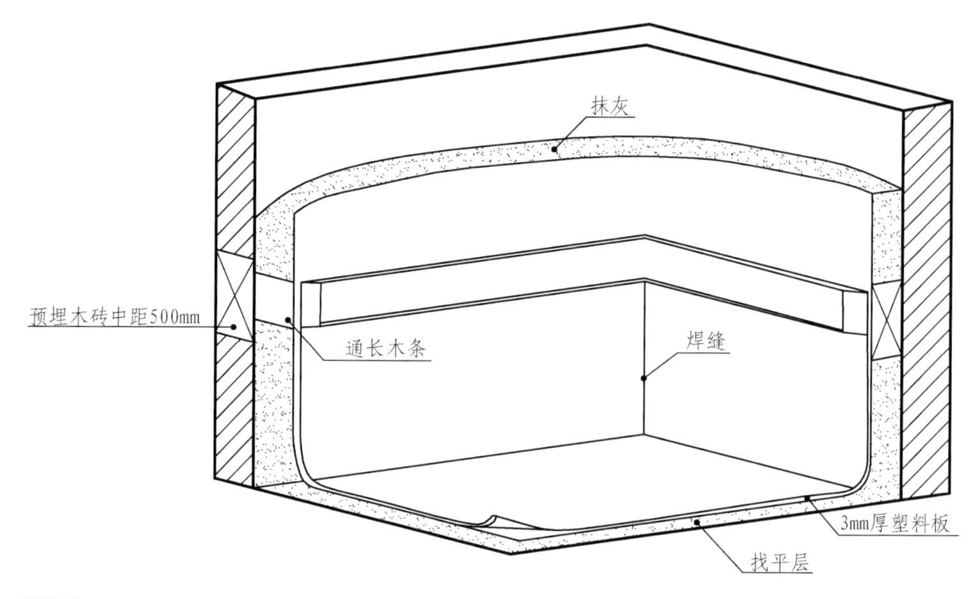

图2-52 塑料地板构造示意

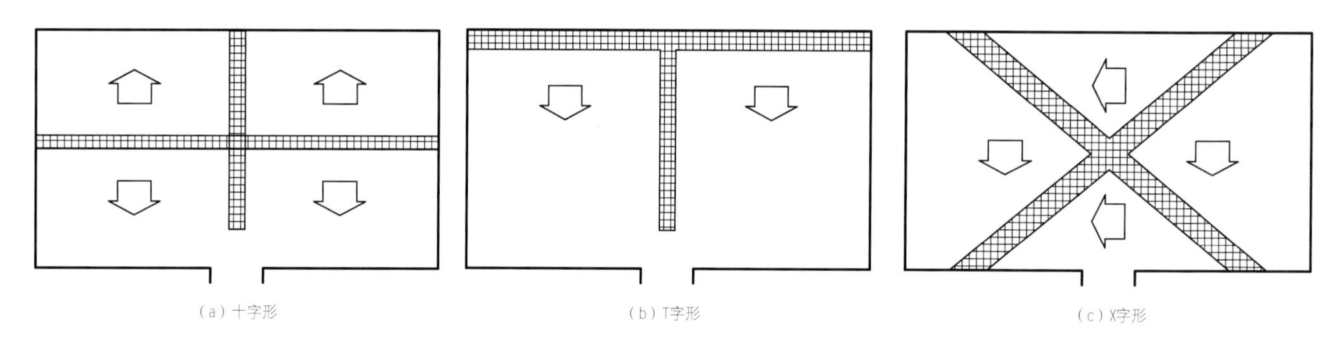

图2-53 塑料块材地板划分定位线

目前，塑料地板的品种，花色众多，如软质聚氯乙烯、聚乙烯、聚丙烯地板、半硬质聚氯乙烯地板、硬质聚氯乙烯地板以及石棉乙烯地板砖等，其中以软质及半硬质聚氯乙烯地板为最普通（图2-52、图2-53）。

1. 软质聚氯乙烯地面

软质聚氯乙烯地面，是由聚氯乙烯（PVC）树脂、增塑剂、稳定剂、填充料和颜料等制成的热塑性塑料制品，其幅面宽一般为1800mm或2000mm。这类软质卷材地面粘贴时，应选用与制品相应配套的黏结剂，黏结剂的黏结强度应不小于2kg/cm^2，对面板与基层均不能有腐蚀性，便于施工。当处在60℃以下的温度时，黏结剂应具有良好的稳定性。

在施工时，首先应进行基层处理，即要求水泥砂浆找平层平整、光洁、无突出物、灰尘、砂粒等，含水量应在10%以下，如在施工前刷一道冷底子油，可增加黏结剂与基层的附着力。

（1）第一幅卷材施工。首先，卷材应先在地面上松卷摊开，静置一段时间，使其充分收缩，以免横向伸长产生相碰翘边；其次，根据房间尺寸和卷材宽度及花纹图案划出铺贴控制线，卷材按控制线铺平后，对准花纹条格剪裁。

施工准备完毕后，即可涂黏结剂，从一面墙开始，涂刷厚度要求均匀，接缝边沿留50mm暂不涂刷；涂刷后静置3～5min，使胶水淌平，待部分溶剂挥发后再进行粘贴，先粘贴一副的一半，再涂刷、粘贴另一半；铺贴后，还需由中间往两边用滚筒赶压、铺平，排除空气。

（2）第二幅卷材施工。铺第二幅卷材时，为了接缝密实，可采用叠割法，其方法是在接缝处搭接20～50mm，然后居中弹线，用钢板尺压在线上切割两层叠合卷材，或用铁块紧压切割，再撕掉边条，补涂胶液，压实粘牢，用滚筒滚压平整。

软质卷材地材也可以不用黏结剂，采用拼焊法铺贴，其方法是将地板边切成斜口，用三角形塑料焊条和电热焊枪进行焊接。采用拼焊法可将塑料地面拼接成整张地毯，空铺于找平层上，四周与墙身留有伸缩缝隙，以防地毯热胀拱起（图2-54）。

2. 半硬质聚氯乙烯地面

半硬质聚氯乙烯地面，是采用聚氯乙烯及其共聚体为树脂，加入填充料和少量的增塑剂、稳定剂、润滑剂以及颜料而制成。它一般为块材，以长方形和正方形比较常见，边长通常为100～500mm。粘贴前必须做好基层清理及划线定位等准备工作，一般以房间几何中心为中心点，划出相互垂直的两条定位线，通常有十字形、交叉形和T形等划分方式。

半硬质聚氯乙烯地面铺贴通常从中心线开始，逐排进行，T形可从一端向另一端铺贴，排缝一般为0.3～0.5mm，常选用聚氨酯或氯丁橡胶作为胶粘剂，涂刷时厚度不宜超过1mm，涂刷面积不宜过大。材料对位黏结之后，需使用橡胶滚筒或橡皮锤，从板中央向四周滚压或锤击，以排除空气，压严锤实，并及时将板缝内挤出的胶液用棉纱头擦拭干净。

3. 聚氯乙烯石棉地砖地面

聚氯乙烯石棉地砖地面主要是由聚氯乙烯树脂掺入石棉纤维做填充料制成的，它的成本低，耐火性能好。其规格通常为300mm见方，厚度在1.5～3mm。聚氯乙烯石棉地砖可采用沥青基的黏结剂粘贴。

4. 现浇塑料地面

现浇塑料地面，是用环氧沥青漆或聚醋酸乙烯乳液等制剂与填充料（细砂、石英粉、石英砂等）配制成一种塑料砂浆，在清理基层后，于基层表面刷一层冷底子油（可相应地使用环氧沥青漆或聚醋酸乙烯乳液），然后抹上3mm厚的塑料砂浆，经养护后再刮抹，用相应的材料（聚醋酸乙烯乳液加石英粉）做成塑料腻子，最后在腻子表面刷色浆或面漆即可。这种地面由于是现场制作，属于整体施工，因而没有缝隙。

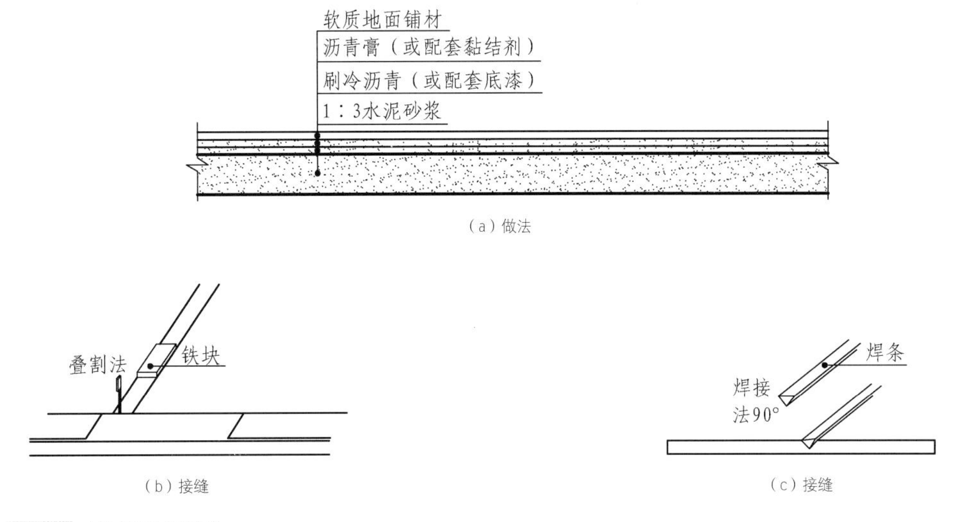

图2-54 人造软质地面构造

★ 小贴士

塑料地板产地有别

塑料地板按其材质可分为硬质、半硬质和软质（弹性）三种。软质地板多为卷材，硬质地板多为块材。20世纪，中国主要生产半硬质地板，国外多生产弹性地板。

三、橡胶地面

橡胶地面，是指在橡胶中掺入适量的填充料制成的地板铺贴而成的地面，这些填充料有烟片胶、氧化锌、硬脂酸、防老化粉和颜料等。橡胶地板表面可做成光平或带肋，带肋的橡胶地板多用于防滑走道上，厚度为4～6mm，橡胶地板可制成单层或双层，也可根据设计制成各类色彩和花纹。

橡胶地面具有良好的弹性，双层橡胶地面的底层如果改用海绵橡胶，弹性会更好，橡胶地面耐磨、保温以及消声性能均较好，表面光而不滑，行走舒适，比较适用于展览馆、疗养院、阅览室以及实验室等公共场合（图2-55、图2-56）。

橡胶地板在铺贴时要注意处理好接缝的问题，接缝不能太紧，以免后期橡胶地面因为温度以及周边环境的影响而导致翘边。同时铺贴时材料之间的缝隙要控制好，一般是在1mm左右。橡胶地面铺贴完成后要记得使用适合的铁轮对其进行赶气、按压。

四、地毯地面

地毯是一种高级地面装饰材料，高档地毯具有吸声、隔声、蓄热系数大、防滑、质感柔软、行走舒适等众多优点，而且色彩图案丰富，本身就是工艺品，能给人以华丽、高雅的感觉。一般地毯也具有较好的装饰和实用效果，而且施工也比较方便。因此，地毯被广泛用于各种重要的建筑空间地面装饰。

地毯的品种众多，根据材质的不同，地毯可分为真丝地毯、纯羊毛地毯、混纺地毯（羊毛中掺15%的锦纶）、化纤地毯（聚酰胺纤维、聚丙烯腈纤维、聚丙烯纤维及聚酯纤维等）、麻绒地毯（剑麻）、橡胶绒地毯（天然橡胶）以及塑料地毯（聚氯乙烯树脂）等几种。根据编织方法的不同，地毯可分为手工打结地毯、机织地毯、簇绒地毯和无纺织地毯等几种。

簇绒地毯是以簇绒机为工具生产的地毯。由于簇绒地毯品种丰富、质感良好而且价格适中，因而被广泛采用。在生产加工过程中，采用不同的工艺方法，可以形成表面质感各不相同的三种形式，即圈绒地毯、割绒地毯和平圈割绒地毯，其中平圈割绒地毯介于二者之间，适用面较广（图2-57、图2-58）。

图2-55 颗粒分明的橡胶地板

橡胶地板颜色鲜明亮丽，质感柔软，适合作为运动场所的铺垫材料。

图2-56 柔软橡胶地面

柔性橡胶运用广泛，可用于家居阳台、老年人活动中心、幼儿园及游泳馆等区域。

图2-55 | 图2-56

图2-57 圈绒地毯

圈绒地毯耐磨性较好，但弹性不足，脚感略硬，多用于厅堂、走廊、通道等人流量较大的场合。

图2-58 割绒地毯

割绒地毯绒毛长，弹性较好，脚感柔软，但耐磨性不好，通常用于客房等人流量不多的场所。

图2-59 夹板倒刺板

图2-60 倒刺板、踢脚板与地毯固定

图2-57	图2-58
图2-59	图2-60

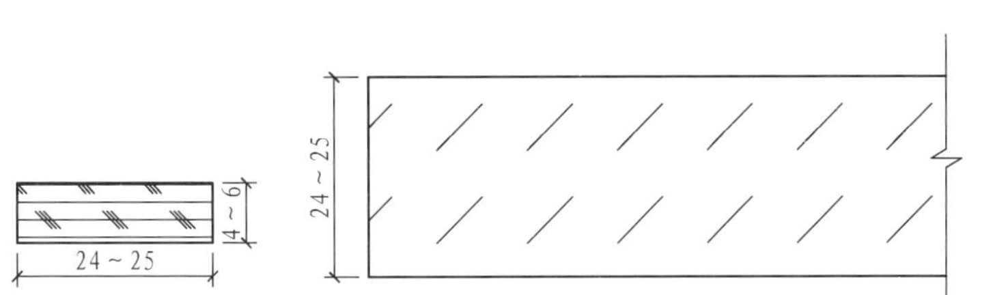

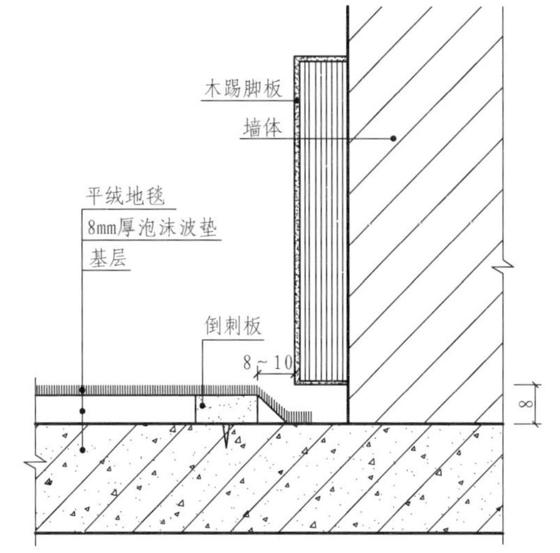

★ 补充要点

地毯的优点

地毯以其紧密透气的结构，可以吸收并隔绝声波，有良好的隔声效果，其表面绒毛可以捕捉、吸附飘浮在空气中的尘埃颗粒，能够有效改善室内空气质量。地毯不易滑倒磕碰，具有丰富的图案、绚丽的色彩、多样化的造型，能美化家居装修环境，体现个性且地毯无辐射，不散发甲醛等有害物质，能够达到各种环保要求。

地毯铺设可分为满铺与局部铺设两种，铺设方式有固定式与不固定式之分。

1. 固定式铺设

固定式铺设，是指将地毯裁边、黏结拼缝成为整片，摊铺后四周与房间地面加以固定的方式。固定式铺设有两种方法，一种是用倒刺板固定，即在房间地面周边钉上带朝天小钉的倒刺板，将地毯背面挂住、固定；另一种是粘贴固定，即用地毯胶粘剂将地毯背面的周边与地面黏合在一起。前者需先在地面上铺海绵波垫或杂毛毡垫垫层后，再铺地毯，后者则是将地毯直接与地面粘合。

（1）倒刺板固定。倒刺板一般用4～6mm厚，24～25mm宽的三夹板条或五夹板条制作，板上钉两排斜铁钉（图2-59）。

倒刺板应固定于距墙面踢脚板外8～10mm处，以做地毯掩边之用，一般用水泥钉直接固定在混凝土或水泥砂浆基层上，若地面太硬，可先埋下木楔，再将倒刺板钉在上面。当地毯完全铺好后，用剪刀裁去墙边多出部分，再用扁铲将地毯边缘塞入踢脚板下预留的空隙中（图2-60）。

房间门口处地毯的固定和收口，是在门框下的地面处，需采用2mm厚的铝合金门口压条，将21mm宽的一面用螺钉固定在地面内，再将地毯毛边塞入18mm宽的口内，将弹起压片轻轻敲下，压紧地毯（图2-61）。外门口或地毯与其他地面材料交接处，则采用铝合金L形倒刺条、锑条或其他铝压条，将地毯边缘固定和收口（图2-62）。

（2）粘贴法固定。用粘贴法固定地毯时，地面一般不再铺设垫层，地毯通过胶粘剂的作用，直接固定在地面基层上。刷胶采用满刷与部分刷胶两种方法，人流多的公共场所的地面，应采用满刷胶液，人流量少而搁置器物较多的地面，可选择部分刷胶。

胶粘剂应选用地板胶，用油刷将胶液涂刷在地面上，静停5～10min，待溶剂充分挥发后，即可铺设地毯。部分刷胶铺设地毯时，应根据房间尺寸裁割地毯。先在房间中部地面涂一块胶，地毯铺设时，用撑子往墙边拉平，再在墙边刷两条胶带将地毯压平，并将地毯毛边塞入踢脚板下，需拼接的地毯，在接缝处刮一层胶拼合密实即可，此外，走廊可沿着一个方向铺设地毯。

2. 不固定式铺设

当采用卷材地毯时，不固定式铺设地毯的裁割、接缝、缝合，与固定式铺设相同。地毯拼成整块后，直接干铺在洁净的地面上，不与地面粘贴。在铺设沿踢脚板下的地毯时，应塞边并压平。不同材质的地面交接处，应选用合适的收口条收口。例如，同一标高的地面，可采用铜条或不锈钢条衔接收口；如果两种地面有高低差时，则选用L形铝合金收口条收口。小方块地毯，一般本身较重，铺设时应在地面上弹出方格线，并从房间中央开始铺设。

图2-61 铝合金压条

图2-62 地毯收口固定示意

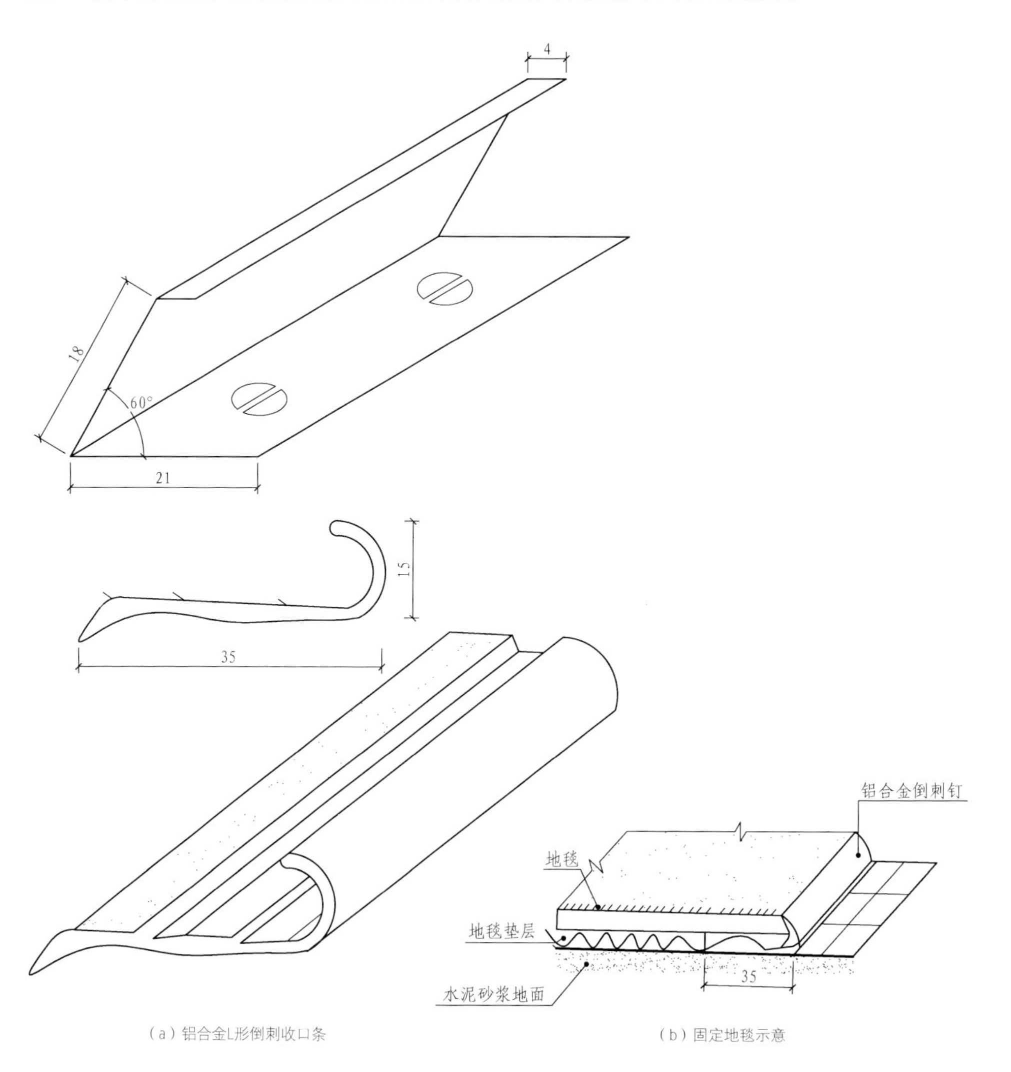

（a）铝合金L形倒刺收口条　　（b）固定地毯示意

图2-61
图2-62

图2-63 踏步板钉倒刺板

图2-64 地毯施工

将裁切好的地毯从上至下铺贴到楼梯上，并抚平，将其与楼梯黏结紧固。

图2-65 地毯施工

两块地毯交接的地方需用专用的工具进行处理，注意缝隙处要平齐。

图2-66 楼梯地毯铺设结束

楼梯地毯铺设结束之后要进行清理，并做好日常的清洁和保养。

图2-63

图2-64 | 图2-65 | 图2-66

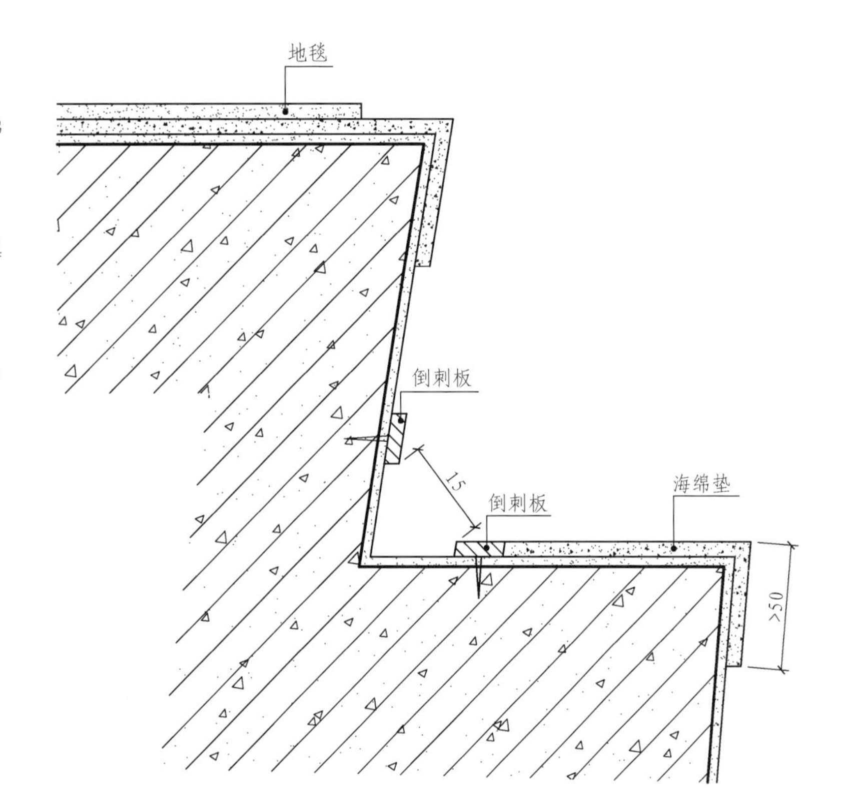

3. **楼梯地毯铺设**

铺设楼梯踏步处地毯时，先将倒刺板钉在踏步板和挡脚板的阴角两边，两条倒刺板顶角之间应留出地毯塞入的间隙，一般约为15mm，朝天钉倾向阴角面，然后用海绵衬垫将踏面及阴角包住，衬垫超出转角不小于50mm（图2-63）。

地毯铺设由上而下，逐级进行，顶级地毯需用压条钉固于楼梯平台上，在每级阴角处，用编铲将地毯绷紧后，压入两根倒刺板之间的缝胶内，铺设完毕后，需将踏步防滑条铺钉在踏步板阳角边缘，然后用不锈钢膨胀螺钉固定，钉距通常为150～300mm（图2-64～图2-66）。

第六节　楼地面特殊部位

楼地面特殊部位主要包括踢脚板和楼地面变形缝，在进行建筑装饰施工时，要处理好这些楼地面特殊部位，做好相对应的设计。

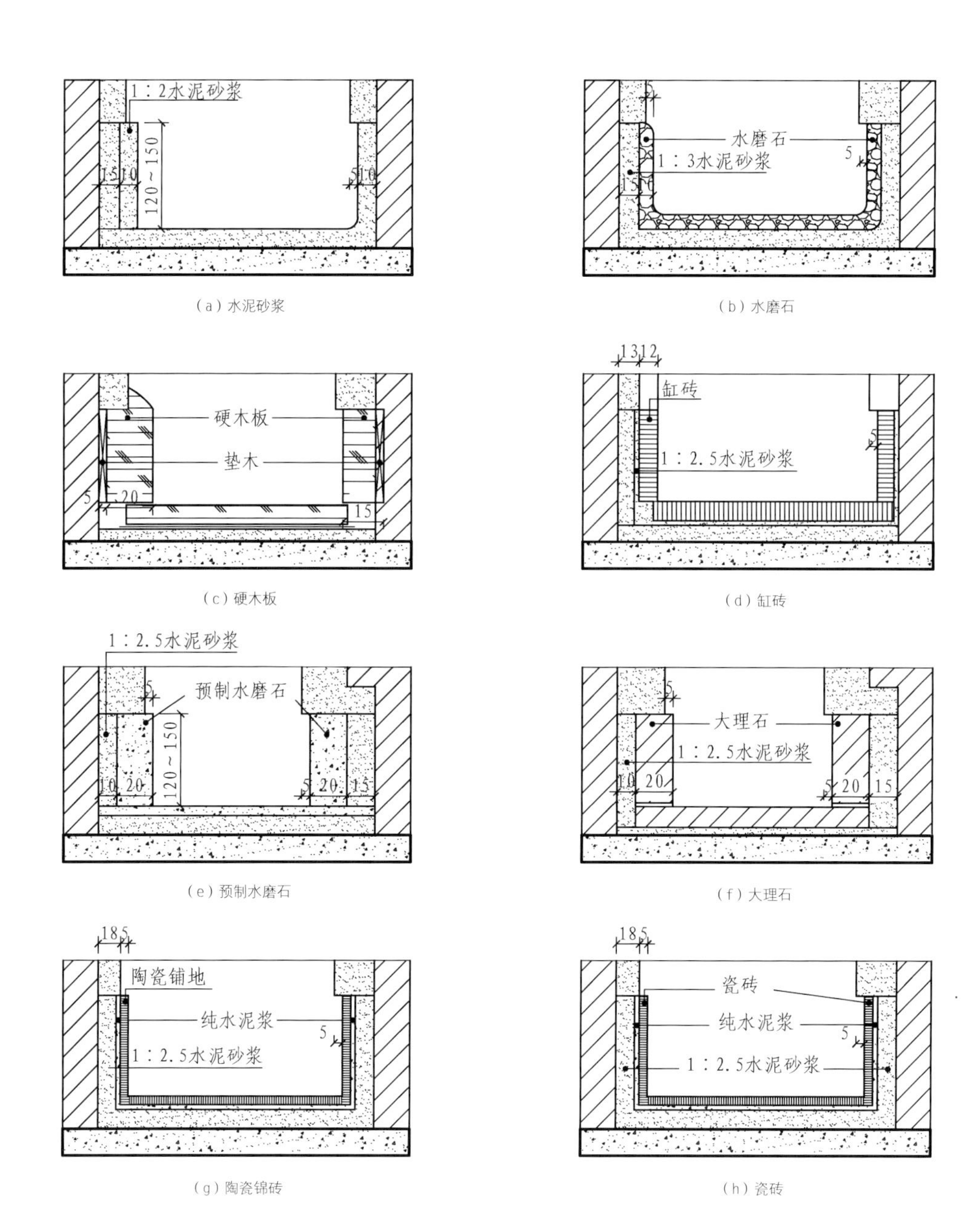

图2-67 几种常见踢脚板构造

一、踢脚板

踢脚板，又称踢脚线，是楼地面和墙面相交处的一个重要构造节点，它的主要作用是遮盖楼地面与墙面之间的接缝，并保护墙面，以防搬运东西，行走或做清洁卫生时将墙面弄脏。

踢脚板的材料与楼地面的材料基本相同，所以在构造上常将其与地面归为一类，踢脚板的一般高度为100～180mm。图2-67为几种常见踢脚板的构造。

★ 小贴士

踢脚板选购

选踢脚板的材质时应考虑与地面材料的材质近似，市场上出现了阳派生态木复合材料，它的材质与地面材质近似，甚至能达到相同，在市场上广受欢迎。

二、楼地面变形缝

建筑物的变形缝，因其功能的不同，可分为温度伸缩缝、沉降缝和抗菌缝三种，前两种运用较普遍，而第三种则仅用于地震设防区中，楼地面的变形缝应结合建筑物变形缝设置，一般混凝土垫层变形缝的间距应小于6m，但室温经常在0°C以下或温度经常产生剧烈变化的，对应间距应小于12m。

变形缝在构造上，应要求从基层脱开，贯通地面各层，其宽度在面层不得小于10mm；在混凝土垫层内不小于20mm，楼板变形缝宽度应根据计算来确定。对于沥青类材料的整体面层和铺在砂、沥青玛瑞脂结合层上的板材、块材面层，可只在混凝土垫层或楼板中设置变形缝。

为了将楼地面基层中的变形缝封闭，常采用可以压缩变形的沥青玛瑞脂、沥青木丝板以及金属调节片等材料做封缝处理。一般在面层处需覆以盖封板，在构造上应以允许构件之间能自由伸缩、沉降为原则。但是，所有金属铁件，均需满涂防锈漆一道，外露面加涂调和漆两道，所有盖缝板外表颜色应与地面一致。图2-68为楼地面变形缝的几种构造，图2-69为楼地面抗震缝的几种构造。

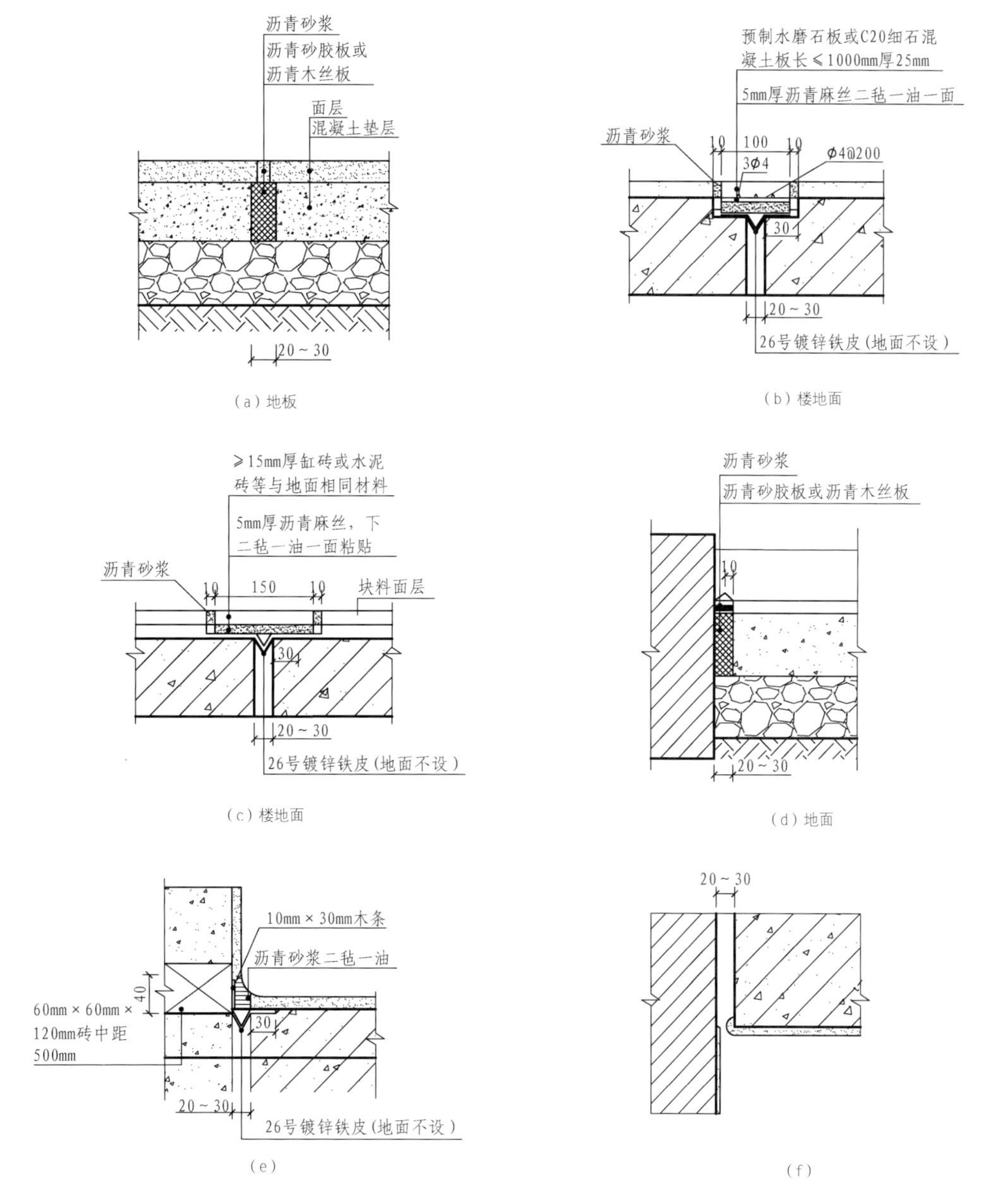

图2-68 楼地面变形缝构造举例

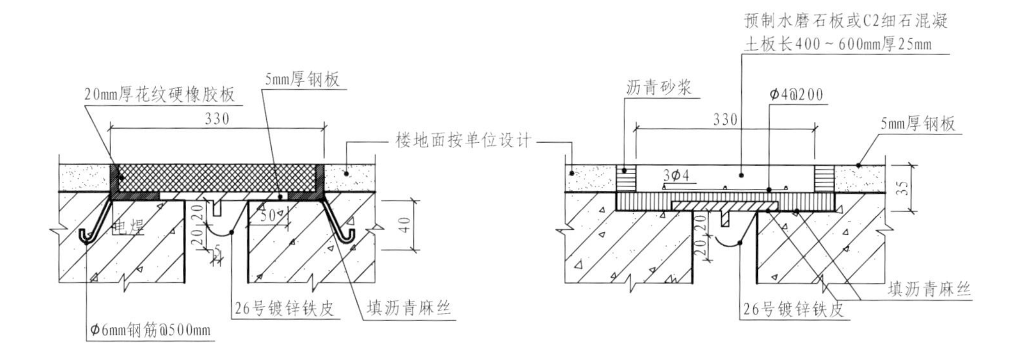

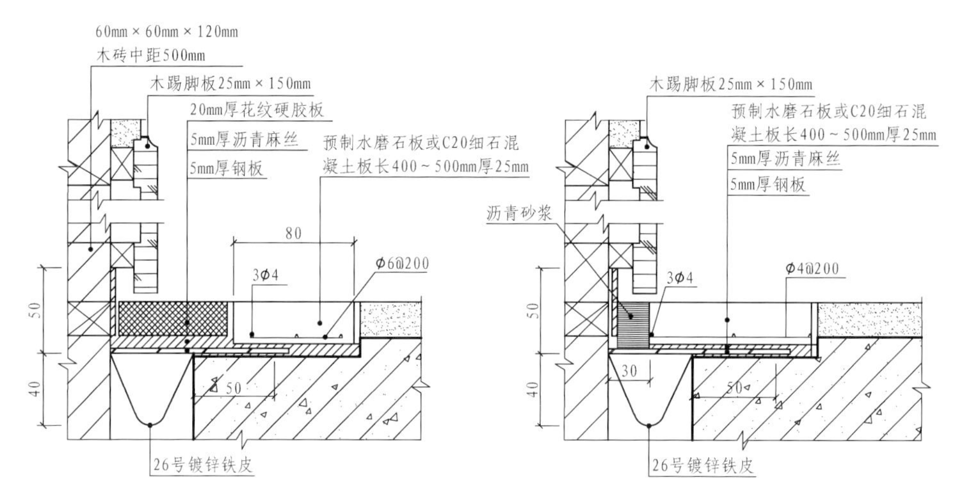

图2-69 楼地面变形缝构造举例

★ 补充要点

角线开裂原因

由于角线都是整根或整捆购买，在装修中难免会有破损，主要原因来自于运输与裁切，运输途中容易受到碰撞，裁切时切割机的震动也会造成角线开裂。石膏角线相对于木质角线更容易开裂，但是角线开裂对施工影响不大，石膏角线安装后可以采用石膏粉修补，表面再涂刷乳胶漆，木质角线安装后可以采用同色成品腻子修补，这些都能覆盖裂缝。

第七节　案例解析：地面材料与制作

本节主要介绍地面砖铺设和固定式地毯铺设的具体施工细节，并配以相应图片和图解文字作以说明。

一、地面砖铺设

地面砖一般为高密度瓷砖、抛光砖、玻化砖等，铺贴的规格较大，不能有空鼓现象存在，铺贴厚度也不能过高，避免与地板铺设形成较大落差，因此，地面砖铺贴难度相对较大，掌握地砖的铺贴技术显得尤为重要。

1. 施工图（图2-70、图2-71）

2. 施工流程

（1）清理地面基层。铲除水泥疙瘩，平整墙角，但是不要破坏楼板结构，选出具有色差的砖块（图2-72）。

（2）放线定位。配置1：2.5水泥砂浆，待干后，对铺贴墙面洒水；精确测量地面转角与开门出入口的尺寸，并对瓷砖作裁切（图2-73）。普通瓷砖与抛光砖仍须浸泡在水中3～5h后取出晾干，将地砖预先铺设并依次标号。

（3）铺设地砖。在地面上铺设平整且黏稠度较干的水泥砂浆，依次将地砖铺贴在到地面上，保留缝隙根据瓷砖特点来定制（图2-74～图2-77）。

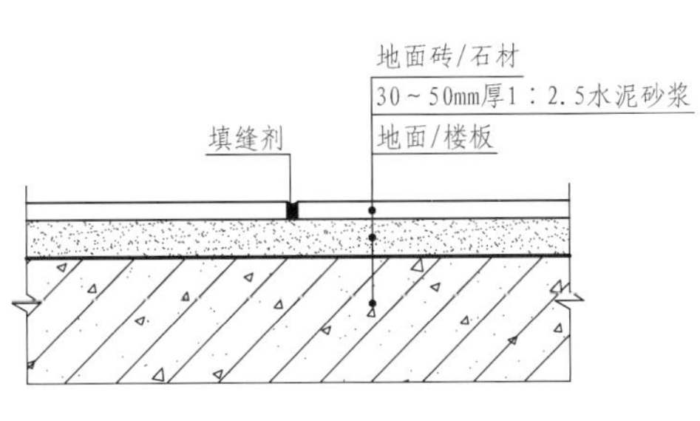

图2-70 地面砖铺砖构造示意

图2-71 地面铺装施工

图2-72 选砖

地面砖选购时要选择四角无破损，两块砖平放在一起无凹凸感的地面砖。

图2-73 抛光砖裁切

抛光砖切割器使用方便、快捷，切口整齐、光洁，是现代施工的必备工具。

图2-74 干质砂浆

干质砂浆铺装在地面，砂浆的粗细度要调整好，以免影响施工效果。

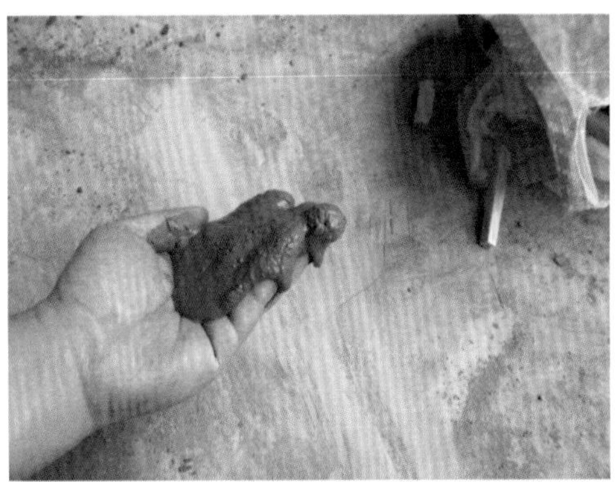

图2-75 湿质砂浆

湿质砂浆铺装在地面砖背后，干湿度应当根据环境气候把握好。

图2-76 铺装干质砂浆

铺装干质砂浆前，应当对地面洒水润湿，砂浆应当铺装均匀、平整，厚度约20mm。

图2-77 铺装湿质砂浆

湿质砂浆铺装在砖块背面，厚度约20mm，周边形成坡状倒角。

图2-70	图2-71
图2-72	图2-73
图2-74	图2-75
图2-76	图2-77

（4）采用专用填缝剂填补缝隙，使用干净抹布将瓷砖表面的水泥擦拭干净，养护待干（图2-78）。

地砖铺贴是装修中必不可少的，也是非常重要的一个环节，从选砖到铺贴都要格外重视。而瓷砖铺贴完之后，在验收环节，需要检查以下因素，查看质量是否过关。

例如，地砖的拼花是否全对、地砖平整度检查、地面是否干净、地砖有无空鼓现象、有无色差、卫生间阳台的坡度、填缝如何、砖面缝隙是否规整、砖面是否有破碎崩角、花砖和腰线位置是否正确、有无偏位等。

二、固定式地毯铺设

地毯品种丰富，应用范围广泛，一般有非固定式铺设以及固定式铺设两种铺设方法，地毯施工比较简单，其施工按照“基层处理→弹线→套方→分格→定位→地毯剪裁→钉倒刺板挂毯条→铺设衬垫→铺设地毯→细部处理→清理”的流程铺设即可，在铺设过程中要做好细节部位的处理，以求创造更好的施工效果。

1. 基层清洁

地毯基层一般是水泥地面，也有些是木地板地面，在铺设地毯之前要保证基层表面光滑无倒刺，且平坦、洁净，无油污（图2-79）。

2. 弹线、套方、分格、定位

要严格按照设计图纸对不同部位和区域的具体要求进行弹线、套方、分格，如果图纸没有具体要求，应对称找中心，并弹线定位进行铺设。

3. 裁切地毯

地毯裁剪应在比较宽阔的区域中统一进行，要根据室内空间尺度、形状用裁边机裁切下地毯，每段地毯的长度要比房间长20mm左右，宽度要以裁去地毯边际线后的尺度核算。尺寸确定好之后，再弹线裁去边际部分，然后手推裁刀从毯背裁切，然后卷成卷标记，放入相应的空间里（图2-80）。

4. 钉倒刺板挂毯条

沿走道或房间四周踢脚板边缘，将倒刺板用高强水泥钉钉在底层上，注意控制好间距，一般在400mm左右。倒刺板应距离踢脚板表面8～10mm，这样便于钉牢倒刺板。

5. 铺设衬垫

衬垫表面涂刷107胶或聚醋酸乙烯乳胶，可采用点粘法涂刷，并粘接在地面基层上，注意要距离倒刺板10mm左右。

图2-78 铺装完毕

做好最后的处理，擦拭干净地面砖表面，并做好养护工作。

图2-79 水泥地面铺设地毯

水泥地面铺设地毯时，其表面应具有一定的强度，且含水率不大于8%，外表平坦偏差不大于4mm。

图2-80 裁切地毯

地毯边际多余的部分要用裁刀切割掉，使用时注意安全，并做好后期的地毯紧固工作。

图2-78 | 图2-79 | 图2-80

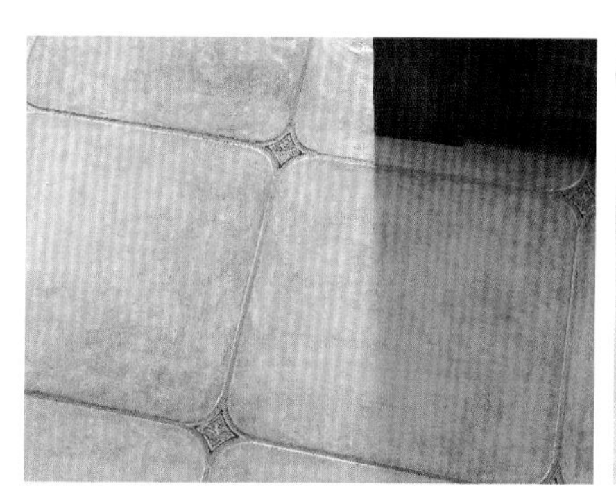

图2-81 地毯拉伸

注意拉伸地毯时，要用手压住地毯撑，用膝撞击地毯撑，从一边一步步面向另一边。

图2-82 地毯清洁

地毯铺设结束，固定收口条后，可使用吸尘器打扫洁净，并将毯面上掉落的绒毛等整理干净。

图2-81 | 图2-82

6. 铺设地毯

主要包括缝合地毯、固定地毯以及铺设地毯三项。

（1）缝合地毯。将地毯虚铺在垫层上，然后将地毯卷起，将地毯缝合，缝合结束后用塑料胶纸粘贴于缝合处，以防止接缝被勾起或划破，然后平铺地毯，做好绒毛缝合。

（2）位伸与固定地毯。将地毯的一条长边固定在倒刺板上，毛边放置于踢脚板下，用地毯撑子拉伸地毯，可多次拉伸（图2-81）。地毯拉平后在另一条倒刺板上固定地毯，掩好毛边，要顺着一个方向拉伸地毯，直至四个边都固定在倒刺板上。

（3）铺粘地毯。先在房间一边涂刷胶粘剂，铺放裁割的地毯，然后用地毯撑子，向两头撑拉，再沿墙边刷两条胶粘剂，将地毯压平掩边。

7. 细节部位整理

要注意门口压条的处理以及门框、走道与门厅，走道与卫生间门槛，楼梯踏步与过道渠道，内门与外门，不同颜色的地毯踢脚板和交接处等部位地毯的套割、固定和掩边工作，这些细节部位都要黏结牢固。铺设结束后注意做好最后的清洁工作（图2-82）。

本章小结：

楼地面装饰是建筑装饰中比较基础的构造，不论是整体地面、板材地面、木质地面还是人造软质制品地面，对于材料的选用都必须要格外注意，对其制作工艺也必须十分熟悉。古语曾言："工欲善其事，必先利其器"。这用于建筑装饰中是同样的道理，好的材料、好的施工工艺，最后所能得到的施工效果必定不凡。此外，对于楼地面装饰构造中的细节部分，也需要设计人员再三斟酌，多次思量，以获取更具长久性的施工成果。

第三章

墙面装饰材料与构造

学习难度： ★★★★★

重点概念： 墙面装饰功能、墙面装饰分类、墙体特殊节点装饰构造

章节导读： 墙面，是指墙体的表面，它是建筑物室内外空间的侧界面，是以垂直面的形式出现。墙面分室外墙面和室内墙面，简称外墙面和内墙面，墙面装饰也就相应的划分为外墙装饰和内墙装饰两大类。外墙面是构成建筑物外观的主要因素，它直接影响到城市面貌和街景。因此，外墙面的装饰一般应根据建筑物本身的使用要求和周围环境等因素来选择饰面，通常选用具有抗老化、耐光照、耐风化、耐水、耐腐蚀和耐大气污染的外墙饰面材料，使它起到保护结构作用，并保持外观清新。室内是人们生活、工作、活动的空间。因此，内墙面的装饰应根据不同的使用要求而选择饰面，一般是选择易清洁，接触感好、光线反射能力强的饰面。

第一节 墙面装饰的功能及分类

建筑物的主体结构完成后，必须对墙面进行装饰，它可以保护结构、美化环境、满足使用功能。墙面装饰是建筑装饰的一部分，对建筑物的室内外空间和环境具有很大影响。

一、外墙面装饰的基本功能

1. 保护墙体

外墙除作为承重墙承担一部分结构荷载外，还是建筑物的主要外部围护构件之一。因此，人们希望外墙能够遮风挡雨、隔绝噪声、防火、保温隔热，而且应具有一定的耐久性。

外墙面装饰，在一定程度上能保护墙体不受外界的侵袭和影响，提高墙体防潮、防老化、抗腐蚀的能力，增强墙体的坚固性和耐久性。对一些重点部位，如勒脚、窗口、檐口或女儿墙压顶等部位，在装饰时应采取相应的构造措施。

2. 改善墙体物理性能

外墙作为围护结构，往往会由于材料、气候条件、功能要求等因素的影响而不能满足全部使用需要，这时可通过墙面装饰处理加以弥补（图3-1）。一些隔热要求比较高的建筑，如果外墙面用白色反光性强的装饰材料，就可以进一步减少太阳辐射热对室内温度的影响，节约制冷能源。

3. 美化建筑立面

由于建筑物的立面是人们在正常视线视野中所能观赏到的一个主要面，所以外墙面的装饰处理，对烘托气氛、美化环境、体现建筑物的性格，具有十分重要的作用（图3-2）。只有充分利用建筑装饰材料的质感、颜色、搭配，并结合构图法则，采取相应的构造措施，才能取得令人满意的效果。

二、内墙面装饰的基本功能

1. 保护墙体

建筑物的内墙面装饰与外墙面装饰一样，通常都有保护墙体的作用。内墙面装饰可以避免外来不利因素对墙体的直接侵害。在一些重点部位，还必须采取相应的构造措施加以处理。例如，厨房、浴室、卫生间等多潮湿房间，必须装饰成耐水性好的饰面，以保护墙身不受潮湿的影响，门厅、过厅、走道等处，由于人流较多，必须在合适的高度上做墙裙，内墙阳角处一般做护角线加以保护等。

图3-1 吸热玻璃

吸热玻璃广泛运用于现代建筑中，能吸收或反射太阳热辐射能的50%~70%。

图3-2 建筑立面

建筑立面是建立在对各种饰面构造及其最终效果充分了解的基础上的，墙面装饰能满足这一要求。

图3-1 | 图3-2

图3-3 室内砖墙墙面

室内砖墙墙面的表面会抹灰喷白浆，这样可以有效保护室内的基本使用条件。

图3-4 室内墙面抹灰层

内墙面抹灰层能通过自身的呼吸作用，调节室内空气湿度，改善使用环境的卫生条件。

图3-5 墙面铺贴壁纸

墙面铺贴壁纸能有效地降低噪声，同时还可增强室内美化效果，创造更舒适的生活居所。

图3-6 会议室墙面装饰

为了达到更好的会议效果，可在会议室的装饰材料内增加隔音棉或其他软包材料，双重隔声。

图3-3	图3-4
图3-5	图3-6

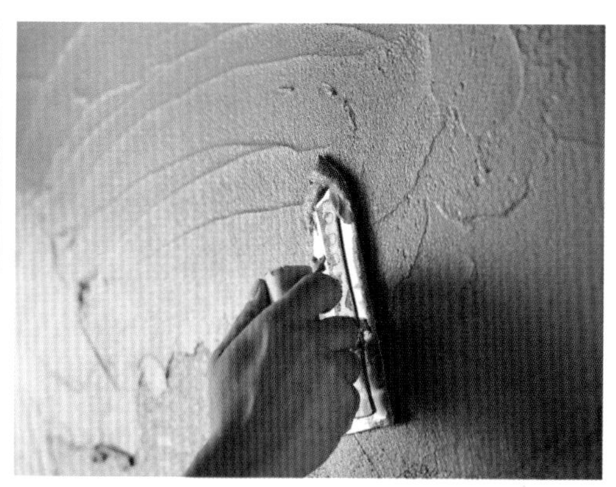

2. **满足使用要求**

为了保证人们在室内正常的学习、工作和生活，内墙面应当是易于保持清洁的，并且具有较好的反光性，使室内的亮度比较均匀，远离窗口的一端不致光线太暗。由于墙体本身一般是不能满足这些要求的，这就要通过内墙面装饰来弥补这方面的不足（图3-3）。

内墙饰面一般不承担墙体的热工性能，但是当墙体本身热工性能不能满足使用要求时，也可以在其内侧通过涂抹保温砂浆等方法加以弥补。当室内空气的相对湿度偏高时，抹灰层能吸收空气中的一些水蒸气，使墙面不致出现凝结水，当室内过于干燥时，则又能释放出一定水分调节房间的湿度，而一些基本不透气的饰面，就起不到这方面的作用（图3-4）。

内墙面装饰的另一个重要功能，就是辅助墙体的声学功能，例如，反射声波、吸声、隔声等。音乐厅、影剧院、播音室等场合，往往通过在墙面、顶棚上合适的位置，布置相应的吸声材料或反射材料，来达到控制混响时间、改善音质的目的。

人群集中的公共场所，也是通过饰面层吸音来控制噪声、减轻嘈杂程度的。有一定厚度和重量的抹灰层，具有避免声桥、提高隔墙隔声性能的作用。涂塑壁纸平均吸音系数可达到0.05，墙绒为0.5，平均20mm厚的双面抹灰砂浆的吸音系数，会随墙体本身单位重量大小而异，可提高隔墙的隔声量为1.5～5.5dB（图3-5、图3-6）。对于一些有特殊要求的空间，还必须选用不同材料的饰面，来满足防尘、防腐蚀、防辐射等方面的需要。

3. **美化室内环境**

建筑物的内墙面装饰，能不同程度地起到装饰、美化室内环境的作用，建筑物的级别及装饰档次越高，这种作用就越明显。

由于内墙面多数是在近距离上看的，甚至有可能和人体直接接触，所以应选择一些质感、接触感较好的装饰材料来进行内墙装饰。此外，内墙面装饰和外墙面装饰不一样，它所强调的是墙、地、顶饰面和家具、灯具及其他陈设相结合的综合效果，因此在选定内墙面装饰的构造质感、色彩时，应予以全面考虑（图3-7、图3-8）。

三、墙面装饰分类

根据所采用的装饰材料、施工方式和本身效果的不同，墙面装饰可划分为以下六类。

1. **抹灰类饰面装饰**

抹灰类饰面装饰包括一般抹灰和装饰抹灰饰面装饰。

2. **涂刷类饰面装饰**

涂刷类饰面装饰包括涂料和刷浆等饰面装饰。

3. **贴面类饰面装饰**

贴面类饰面装饰包括陶瓷制品、天然石材和预制板材等饰面装饰（图3-9～图3-11）。

4. **裱糊类饰面装饰**

裱糊类饰面装饰包括壁纸和墙布饰面装饰（图3-12、图3-13）

5. **镶板类饰面装饰**

镶板类饰面装饰包括竹木制品、石膏板、矿棉板、人造革、有机玻璃、塑料和玻璃等饰面装饰。

6. **其他材料类饰面装饰**

	图3-7	图3-8
图3-9	图3-10	图3-11
	图3-12	图3-13

图3-7 中式风格建筑内墙面

中式风格建筑选用了白色的墙面，且没有过多的装饰，以突显室内古朴的氛围。

图3-8 卧室墙面

卧室墙面要与卧室内氛围相搭，棉麻质感的壁纸既能有效隔声，同时也能创造温暖的意境。

图3-9 陶瓷制品装饰

图3-10 天然石材装饰

图3-11 预制板材装饰

图3-12 壁纸装饰

色泽、花纹较多，质感丰富。

图3-13 墙布装饰

多为花卉图案，有布艺感。

★ 小贴士

墙面装饰的目的

墙面装饰的主要目的是保护墙体，美化室内环境。“宅即丽”墙面翻新服务体系包括“现场勘探→家居用品保护→基底处理→施工→善后清理→家具归位→美丽的家”完整的七步施工法。

第二节　抹灰类墙面

抹灰类墙面，即抹灰类饰面，又称“水泥灰浆类饰面”“砂浆类饰面”，是用各种加色的、不加色的水泥砂浆，或者石灰砂浆、混合砂浆、石膏砂浆、石灰浆及水泥石渣浆等，做成的各种装饰抹灰层。抹灰类墙面除了具有装饰效果外，还具有保护墙体，改善墙体物理性能等功能。

一、墙面抹灰的分类

1. 根据部位

根据部位不同，墙面抹灰可分为外墙抹灰和内墙抹灰。

2. 根据使用要求

根据客户的使用要求，墙面抹灰可分为一般抹灰和装饰抹灰。

二、墙面抹灰的组成

墙面抹灰通常由底层抹灰、中层抹灰和面层抹灰三部分组成（图3-14）。

1. 底层抹灰

底层抹灰主要是起到与基层黏结和初步找平的作用。底灰砂浆应根据基本材料的不同和受水浸湿情况而定，可分别用石灰砂浆、水泥石灰混合砂浆（简称混合砂浆）或水泥砂浆。

一般来说，室内砖墙多采用1∶3石灰砂浆，或掺入一些纸筋、麻刀，以增强黏结力并防止开裂，需要做涂料墙面时，底灰可用1∶2∶9或1∶1∶6的水、水泥石灰混合砂浆。室外或室内有防水、防潮要求时，应采用1∶3水泥砂浆。

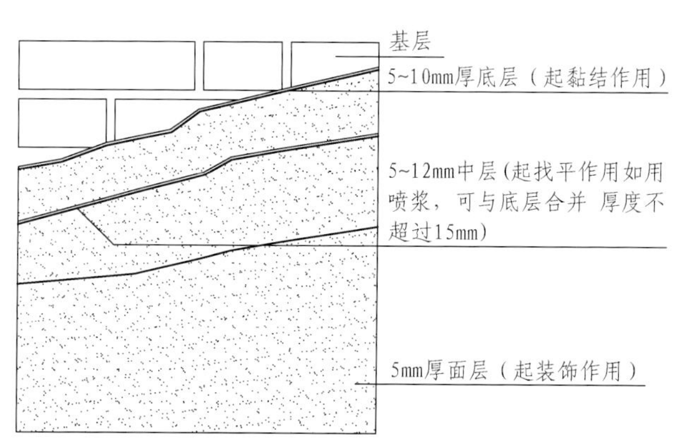

图3-14 抹灰的构成

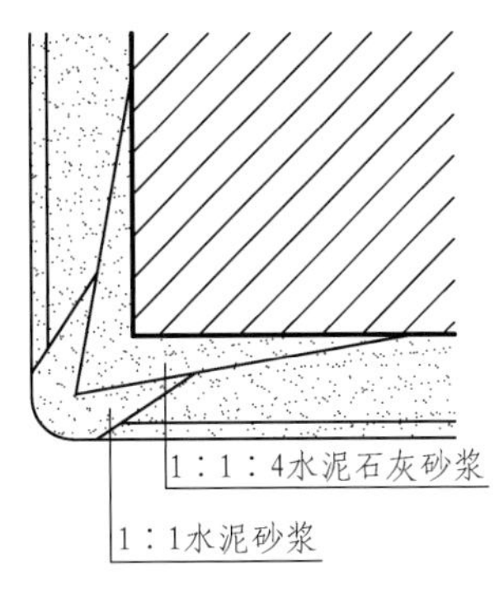

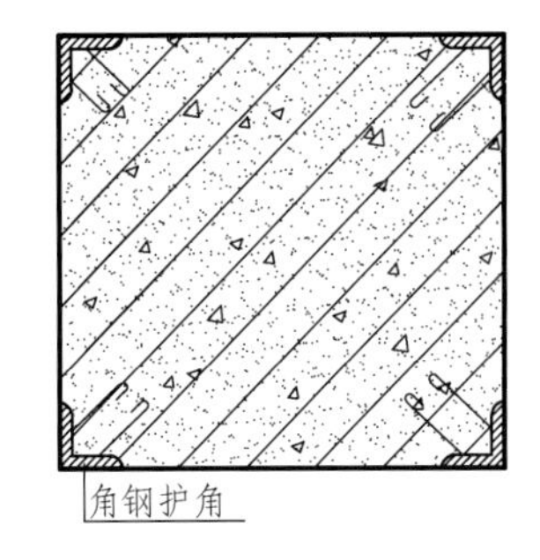

图3-15 墙和柱的护角

混凝土墙体应采用混合砂浆或水泥砂浆，加气混凝土墙体内可用石灰砂浆或混合砂浆，外墙宜用混合砂浆，窗套、腰线等线脚应用水泥砂浆。北方地区外墙饰面不宜用混合砂浆，一般采用的是1：3的水泥砂浆，底层抹灰的厚度为5～10mm。

2. 中层抹灰

中层抹灰主要起找平和结合的作用，此外，还可以弥补底层抹灰的干缩裂缝。一般来说，中层抹灰所用材料与底层抹灰基本相同，厚度为5～12mm。在采用机械喷涂时，底层与中层可同时进行，但是厚度不宜超过15mm。

3. 面层抹灰

面层，又称“罩面”，面层抹灰主要起装饰和保护作用，根据所选装饰材料和施工方法的不同，面层抹灰可以分为各种不同性质与外观的抹灰。例如，选用纸筋灰罩面，即为纸筋灰抹灰；水泥砂浆罩面，即为水泥砂浆抹灰；在水泥砂浆中掺入合成材料的罩面，即为聚合砂浆抹灰；采用木屑骨料的罩面，即为吸声抹灰；采用蛭石粉或珍珠岩粉做骨料的罩面，即为保温抹灰等。

由于施工操作方法不同，抹灰表面可以抹成平面，也可以拉毛或用斧斩成假石状，还可采用细天然骨料或人造骨料（如大理石、花岗石、玻璃、陶瓷等加工成粒料），采用手工涂抹或机械喷射成水刷石、干粘石、彩瓷粒等集石类墙面。

彩色抹灰的做法有两种，一种是在抹灰面层的灰浆中掺入各种颜料，色匀而耐久，但颜料用量较多，适用于室外，另一种，是在做好的面层上，进行罩面喷涂料时加入颜料，这种做法比较省颜料，但是容易出现色彩不匀或褪色现象，多用于室内。

4. 墙面抹灰的特点

墙面抹灰的优点是价格便宜、施工方法简单、材料来源丰富，缺点是容易受灰尘污染、现场劳动量大。另外，由于抹灰砂浆强度较差，阳角处很容易碰坏，通常在抹灰前先在内墙阳角、门洞转角、柱子四角等处，用强度较高的1：2水泥砂浆抹出一个围护结构，或预埋角钢做成护角（图3-15）。护角高度从地面起，为1500～2000mm，然后再做底层及面层抹灰。

★ 小贴士

抹灰类墙面的问题

黏结不牢、空鼓、裂缝：粉刷层与基体之间黏结不牢、空鼓、裂缝，主要原因是基层清扫不干净，用水冲刷，湿润不够，混凝土表面不涂界面剂。由于砂浆在强度增长、硬化过程，自身产生不均匀收缩应力，从而形成干缩裂缝。

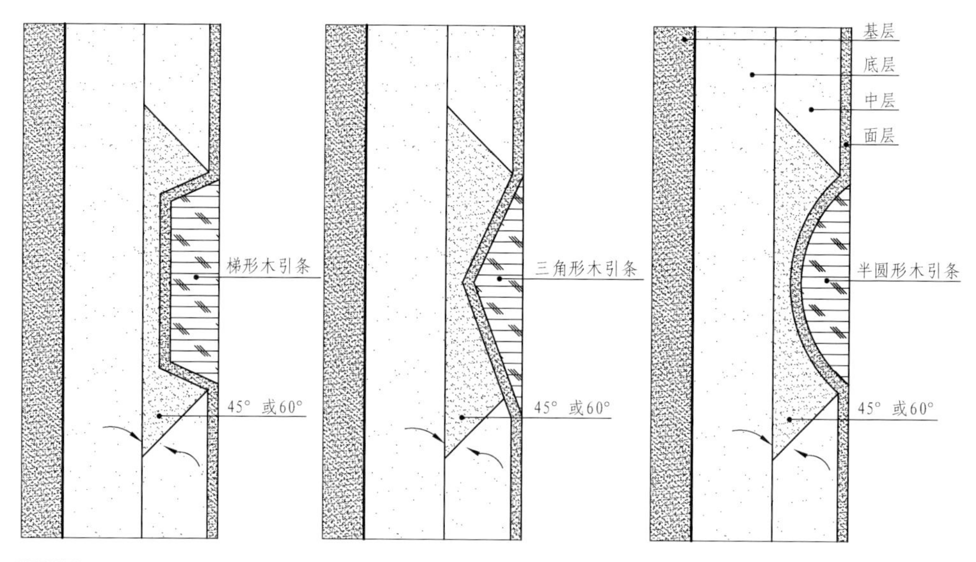

图3-16 抹灰木引条做法

此外，由于外墙面抹灰面一般面积较大，为施工操作方便以及满足立面处理的需要，一般会事先用镶嵌木条的方式对抹灰层进行分格，做成引条（图3-16）。

★ 补充要点

抹灰水泥砂浆比例

在装修施工中，常会用到不同比例的水泥砂浆，如1：1水泥砂浆、1：2水泥砂浆以及1：3水泥砂浆等，这些水泥砂浆的比例是指水泥与砂的体积比。以1：2水泥砂浆为例，1个单位体积的水泥与2个单位体积的砂搭配组合，加水调和后形成的水泥砂浆即为1：2水泥砂浆，其中砂占据的比例越高，水泥砂浆的硬度与耐磨度也就越高。

1：1水泥砂浆适用于面层抹灰或铺贴墙地砖；1：2水泥砂浆适用于基层抹灰或凹陷部位找平，也可以用于局部砌筑构造；1：3水泥砂浆适用于墙体等各种砖块构造砌筑。素水泥中没有掺入砂，平整度最高，可以掺入10%的901建筑胶水，用于抹灰层面层找光，或铺贴墙地砖。

三、一般抹灰饰面

根据抹灰质量的不同，一般抹灰可分为普通抹灰、中级抹灰和高级抹灰三种标准。

普通抹灰适用于简易住宅、大型临时设施和非居住性房屋，以及建筑物中的地下室、储藏室等，其构造是一层底灰、一层面灰，或者不分层一遍成活。普通抹灰的内墙厚度为18mm，外墙厚度为20mm，勒脚及突出墙面部分为25mm，石墙厚度为35mm。

中级抹灰适用于一般住宅、公共建筑、工业建筑以及高级建筑物中的附属建筑，其构成是一层底灰、一层中间灰、一层面灰。中级抹灰的内墙厚度为20mm，外墙厚度为20mm，勒脚及突出墙面部分为25mm，石墙厚度为35mm。

高级抹灰适用于大型公共建筑物，纪念性建筑物以及有特殊功能要求的高级建筑物，其构成是一层底灰、多层中灰，一层面灰。高级抹灰的内墙厚度为25mm，外墙厚度为20mm，勒脚及突出墙面部分为25mm，石墙厚度为35mm。

1. 石灰砂浆抹灰

石灰砂浆抹灰的一般做法是先用12mm厚1：3石灰砂浆打底，再用8mm厚1：2.5石灰砂浆粉面，可用于内外墙面。

2. 混合砂浆抹灰

混合砂浆用于内墙面粉刷，一般做法是先用15mm厚1：1：6水泥石灰砂浆打底，再用5mm厚1：0.3：3水泥石灰砂浆粉面，表面可加涂内墙涂料。

混合砂浆用于外墙面粉刷，一般做法是先用12mm厚1：1：6水泥石灰砂浆打底，再用8mm厚1：1：6水泥石灰砂浆粉面，面层可用木屑磨毛，呈银灰色。

抹灰饰面施工时，应先清理基层，除去浮尘，有时还需用水冲洗，以保证底层浆与基层黏结牢固。对于水性较大的砖墙，在抹灰前须将墙面浇湿，以免抹灰后过多吸收砂浆中水分而影响黏结（图3-17、图3-18）。

混凝土基层，加气混凝土基层由于本身与抹灰砂浆黏结性较差，所以在抹灰前必须做预处理，其方法是在混凝土墙、柱面先刷一道素水泥浆（内掺水重3%～5%的107胶），硅酸盐加气混凝土砌块墙体先刷一道107胶水泥浆（配比为107胶：水泥：水＝1：1：4），填补及打底需用加气砂轻质砂浆，压实抹光，并与基底黏结牢固。

3. 水泥砂浆抹灰

水泥砂浆抹灰的一般做法是先用12mm厚1：3水泥砂浆打底，再用8mm厚1：2.5水泥砂浆粉面（图3-19、图3-20）。水泥砂浆抹灰一般呈土黄色，具有一定的抗水性。水泥砂浆抹灰作为外抹灰时，面层用木屑磨毛，作为厨房、浴厕等受潮房间的墙裙时，面层应用铁板抹光。

4. 纸筋（麻刀）石灰抹灰

当基层为砖墙时，用15mm厚1：3石灰砂浆打底，2mm厚纸筋（麻刀）石灰粉面；当基层为混凝土墙时，须先做基层处理，然后用15mm厚1：3：9水泥石灰砂浆打底，用2mm厚纸筋（麻刀）石灰粉面；当基层为加气混凝土砌块墙时，先按要求做基层处理，再用5mm厚1：3：9水

图3-17 基础清扫

在铲除基层表面污渍后，需用清洁工具对墙角处以及墙面进行清洁，以便后期施工。

图3-18 洒水

为了更彻底的清楚基层表面的浮尘，可用水冲洗墙面，这样也能润湿墙面，方便涂抹。

图3-19 水泥砂浆搅拌

使用搅拌机搅拌水泥砂浆时要沿着同一方向搅拌，直至水泥砂浆稠度合适。

图3-20 水泥砂浆涂抹

水泥砂浆施工时取适量的水泥砂浆即可，以免过多导致水泥砂浆干硬造成浪费。

图3-17	图3-18
图3-19	图3-20

泥石灰砂浆打底，划出纹理，然后用9mm厚1：3石灰砂浆抹中层，最后用2mm厚纸筋（麻刀）石灰罩面。纸筋（麻刀）石灰抹灰通常用于内粉刷，表面可以喷刷大白浆等其他内墙涂料，也可以直接作为内墙饰面。

5. 石膏灰抹灰

石膏灰抹灰的一般做法是先用13mm厚1：2～1：3麻刀灰砂浆打底抹平，要求分两遍抹完，表面平整垂直，再用2～3mm厚13：6：4（石青粉：水：石灰膏）石膏灰浆罩面，分两遍抹完。在第一遍未收水时进行第二遍抹灰，随即用抹子修补压光两遍，最后用抹子溜光至表面密实光滑为止。由于石膏与水泥中的铝酸三钙化合会引起膨胀，使基层产生裂缝，导致石膏面层产生裂缝、空鼓而脱壳，影响质量。因此，石膏灰抹灰不宜涂抹于水泥砂浆或混合砂浆的底灰上（图3-21、图3-22）。

6. 水砂灰抹灰

水砂即沿海地区的细砂，平均粒径0.15mm，在使用时，要用清水淘洗，去掉污泥杂质，以含泥量不超过2%为宜。水砂灰抹灰表面光洁细腻，黏结牢固，耐久性强，防水性能好，表面可做涂料或油漆（图3-23）。

水砂灰抹灰的一般做法是先用13mm厚1：2～1：3纸筋（麻刀）灰打底，分两遍抹成，要求表面平整垂直；然后用水砂灰浆抹面，也分两遍抹成。值得注意的是，应在第一遍砂浆略有收水时即抹第二遍，第一遍竖向抹，第二遍横向抹，总厚度控制在3～4mm。水砂灰浆的配比为热灰浆：水砂＝1：0.75。

7. 膨胀珍珠岩灰浆抹灰

膨胀珍珠岩灰浆，是指以膨胀珍珠岩为骨料，以水泥或石灰膏为胶凝材料，按一定比例配制而成的灰浆，它具有容重轻、导热系数低、保温效果好等特点，一般用于保温、隔热要求较高的内墙抹灰。膨胀珍珠岩灰浆抹灰广泛用作加气混凝土条板、现浇混凝土墙体的内墙面饰面（图3-24）。

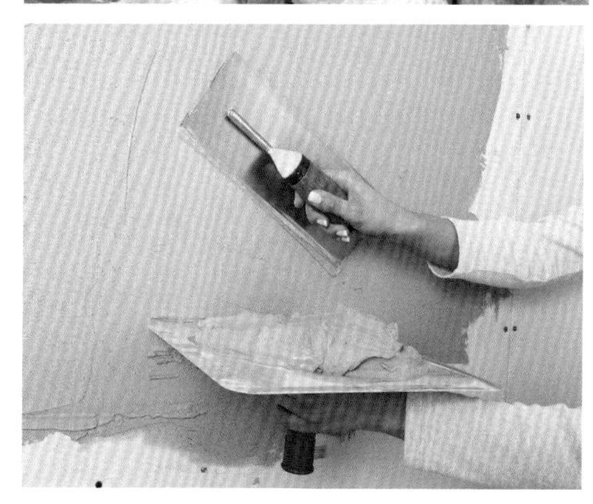

图3-21 石膏

石膏具有隔热、保温、不燃、吸声、结硬后不收缩等性能，可做高级装饰的内墙面抹灰和顶棚罩面。

图3-22 石膏灰浆罩面

石膏灰浆罩面颜色洁白，表面细腻，不反光，可与室内石膏制作的装饰性线脚配套，取得统一的效果。

图3-23 水砂灰抹灰

水砂灰抹灰用料比较简单，一般适用于比较高级的住宅或办公大楼的内墙抹灰。

图3-24 膨胀珍珠岩罩面

膨胀珍珠岩的罩面容重轻、黏附力好、不易龟裂、操作简便，可降低造价50%以上。

图3-21 | 图3-22
图3-23 | 图3-24

图3-25 水泥拉毛墙面

水泥拉毛墙面具有毛刺感，可在其表面进行其他涂饰，施工时要控制好拉毛范围和硬度。

图3-26 油漆拉毛

油漆拉毛色彩选择较多，毛刺感较水泥拉毛弱，施工相对也比较复杂。

图3-25 | 图3-26

膨胀珍珠岩灰浆的配比为石灰膏：膨胀珍珠岩：纸筋：聚醋酸乙烯乳液＝100：10：10：0.3（松散体积比），或者为水泥：石灰膏：膨胀珍珠岩＝100：（10～20）：（3～5）（重量比）。膨胀珍珠岩灰浆抹灰的构造做法与石膏灰抹灰基本相同，面层要随抹随压，直至表面平整光滑为止，厚度越薄越好，通常为2mm左右。

四、装饰抹灰饰面

装饰抹灰除了具有与一般抹灰相同的功能外，还有其本身装饰工艺的特殊性，所以其饰面往往有鲜明的艺术特色和强烈的装饰效果。

1. 拉条饰面

拉条饰面是用杉木板制作的刻有凹凸形状的模具，沿贴在墙面上的木导轨，在抹灰面层上通过上下拉动而形成的，其底灰与中层灰的处理与一般抹灰类相同。根据所拉条形的粗细，面层砂浆有不同的配合比。细条形拉条灰抹面层用水泥：细纸筋石灰膏：砂＝10.5：2的纸筋混合砂浆；粗条形拉条灰抹面层分两层不同配合比，底层砂浆为水泥：细纸筋石灰膏：砂＝1：0.5：2.5的水泥纸筋石灰膏，面层为水泥：细纸筋石灰膏＝1：0.5的水泥纸筋石灰青，两者均需分多次加浆抹平、拉模而成。拉条饰面干燥后，可刷乳胶漆或106涂料等上色。

2. 拉毛、洒毛饰面

拉毛分为用棕刷操作的小拉毛与用抹子操作的大拉毛两种，外墙还有先拉出大拉毛再用抹子压平毛尖的做法，拉毛面层一般采用普通水泥掺适量石灰膏的素浆。小拉毛会掺入水泥用量10%～20%的石灰膏，大拉毛掺入水泥用量30%～50%的石灰膏。素水泥石灰浆容易龟裂，一般还会掺入适量的沙子和少量的细纸筋，如需加颜料时可用白水泥配。

除水泥拉毛外，还有油漆拉毛饰面，油漆拉毛又可分石膏拉毛和油拉毛，通常多用于室内抹灰。石膏拉毛是将石膏粉加人适量水，进行不停地搅拌，待过了水硬期后用刮刀平整地刮在做好的垫层上，然后进行拉毛工序，干燥后上油漆或涂料。

油拉毛是在石膏粉加入适量水，不停地搅拌，待水硬期过，加入油料（如光油、鱼油、干性油等）均匀拌和，然后刮在做好的垫层上，约3～5mm厚，再进行拉毛工序，待干燥后上油漆或其他涂料（图3-25、图3-26）。

洒毛墙面用1：3水泥砂浆打底，表面找平搓毛，中层灰一般采用彩色水泥砂浆，两层砂浆厚度一般不超过13mm。洒毛砂浆一般采用带色的1：1水泥砂浆，用竹丝小帚将洒毛砂浆洒到带色的中层灰面上，由上往下，洒到墙面的砂浆呈云朵状。

3. 聚合物水泥砂浆饰面

所谓聚合物水泥砂浆，就是在普通砂浆中掺入适量的有机聚合物，以改善原来材料性能方面的某些不足。例如，掺入聚乙烯醇缩甲醛胶（107胶）、聚醋酸乙烯乳液等。

（1）喷涂。聚合物水泥砂浆喷涂饰面，是用挤压式砂浆泵或喷斗将砂浆喷涂于墙体表面，从而形成的装饰层。从质感上分，有表面灰浆呈波纹状的波面喷涂与表面布满点状颗粒的粒状喷涂。

（2）滚涂。聚合物水泥砂浆滚涂饰面是将砂浆抹在墙体表面，用滚子滚出花纹，再喷罩甲基硅醇钠疏水剂而形成的装饰层。滚涂操作分干滚、湿滚两种方法，前者滚涂时滚子不蘸水，滚出的花纹较大，工效较高，后者滚涂时滚子反复蘸水，滚出的花纹较小，操作时间长，花纹不匀时能及时修补，但工效低。

（3）弹涂。聚合物水泥浆弹涂饰面是在墙体表面刷一道聚合物水泥色浆后，用弹涂器分几遍将不同色彩的聚合物水泥浆，弹在已涂刷的涂层上，形成3～5mm大小的扁圆形花点，再喷罩甲基硅树脂或聚乙烯醇缩丁醛酒精溶液而形成的装饰层。不同颜色的组合和浆点所形成的质感，使这种做法有近似于干粘石的装饰效果。

4. 扒拉灰与扒拉石饰面

扒拉灰饰面是在底灰或其他基层上，抹10mm厚1：1水泥砂浆，然后用钉耙子作为工具，挠去水泥砂浆皮形成的装饰层。

扒拉石墙面的面层抹灰采用10mm厚1：2的水泥细石浆，其他做法与扒拉灰饰面相同。由于能显露出细石渣的颜色，质感明显，因而扒拉石装饰效果比扒拉灰要好。

5. 假面砖饰面

假面砖饰面是采用掺入氧化铁红、氧化铁黄等颜料的彩色水泥砂浆做面层，通过手工操作达到模拟面砖装饰效果的饰面做法。由于使用的工具不同，故有两种模拟做法。一种是用铁梳子拉假面砖，彩色水泥砂浆面层的厚度一般抹3～4mm，待抹灰收水后，先用铁梳子顺着靠尺板由上向下划纹，深度不宜超过1mm。然后按面砖宽度用铁钩子或铁皮刨子沿着靠尺板横向划沟，深度为3～4mm，露出中层抹灰；另一种，是用铁辊滚压刻纹代替铁梳子，其他工具与操作方法均与前一种相同（图3-27）。

图3-27 假面砖饰面

假面砖饰面的装饰效果等同于面砖，色彩可以自由选择，耐久性比较好，可运用于室外建筑墙面，也可作为电视背景墙运用于室内。

6. 假石饰面

（1）斩假石饰面。斩假石饰面，又称为剁斧石饰面、人造假石饰面。这种饰面一般是以水泥石渣浆做面层，待凝结硬化具有一定强度后，用斧子及各种凿子等工具，在面层上剁斩出类似石材雕琢纹理的一种人造石料装饰方法，其质感分立纹剁斧和花锤剁斧两种，可根据需要选用。

斩假石墙面的构造做法是先用12mm厚1：3水泥砂浆打底，然后刷一道素水泥浆（内掺水重3%～5%的107胶），随即抹10mm厚配比1：1.25的水泥石渣浆。石渣用粒径2mm的白色米粒石，内掺30%粒径在0.3mm左右的白云石屑。

图3-28 斩假石饰面

斩假石饰面的装饰效果较好，质感优良，给人一种典雅、稳重的感觉，耐久性也很好，但造价偏高，因而实际上也是一种中高档饰面做法。

图3-29 水刷石饰面（局部）

水刷石饰面具有不错的装饰效果，可用于建筑外墙面装饰，对于装饰要求较高的工程，可选择用稀草酸溶液再次进行清洗。

图3-28 | 图3-29

面层采取防晒措施养护一段时间，以水泥强度还不大、容易剁得动而石渣又不易剁掉的程度为宜，用剁斧将石渣表面水泥浆皮剁去。为便于操作和提高装饰效果，一般在阴阳角及分格缝周边留15～20mm边框线。边框线处也可以和天然石材处理方式一样，改为横方向剁纹。斩假石的装饰效果较好，这种做法非常接近天然石材表面剁斧的质感，但是由于是人工操作，因而功效低、劳动强度大，因此在应用上有一定局限性（图3-28）。

（2）拉假石饰面。拉假石饰面的底灰处理与斩假石相同，面层常用的配比是水泥：石英砂（或白云石屑）＝1：1.25，厚度一般为8～10mm。由于石英砂比较硬，故在剁斧石工艺中不能用。操作时，待面层收水后用靠尺检查墙面的平整度，然后用木抹子搓平、顺直，再用铁抹子压一遍。最后，待水泥终凝后，用抓耙依着靠尺按同一方向挠刮，除去表面水泥浆露出石渣。

这种做法有类似剁斧石的装饰效果，但相比之下，其劳动强度大大降低，工效明显提高。由于操作的工艺特点不同，拉假石饰面表面露石渣的比例较小，水泥的颜色对整个饰面色彩的影响较大，所以往往在水泥中加颜料，以增强其色彩效果。对此，应注意整个墙面颜色的均匀一致，并要选择耐光、耐气候、不易褪色的品种。

7. 水刷石饰面

水刷石的底灰处理与斩假石相同。面层水泥石渣浆的配比以石清粒径而定，一般为1：1（粒径8mm）、1：1.25（粒径6mm）、1：1.5（粒径4mm），厚度通常取石渣粒径的2.5倍，依次为20、15、10mm。面料如果用彩色石渣浆，则需要白水泥掺入颜料，造价会相应增加，一般多用于高级装修中（图3-29）。

喷刷应在面层刚开始初凝时进行，分两遍操作。第一遍先用软毛刷子蘸水刷掉面层水泥浆，露出石粒，第二遍接着用喷雾器将四周邻近部位喷湿，然后由上往下喷水，将表面的水泥浆冲掉，使石子外露约为粒径的1/2，再用小水壶从上往下冲洗，冲水时不宜过快或过慢，大面积冲洗后，应用甩干的毛刷将分格缝上沿处滴挂的浮水吸去。

8. 干粘石饰面

干粘石的选料一般采用小八厘石渣（粒径4mm），由于粒径较小，因而在黏结砂浆上易于密实排列，露出的黏结砂浆少。在使用前，石渣需用水冲洗干净，去掉尘土及粉屑。

干粘石饰面用12mm厚1：3水泥砂浆打底，并扫毛或划出纹道，中层用6mm厚1：3水泥砂浆，面层为黏结砂浆，常见配比为水泥：砂：107胶＝1：1.5：0.15或水泥：石灰膏：沙子：107胶＝1：1：2：0.15。冬季施工应采用前一配合比，为了提高其抗冻性和防止析白，还应加入水泥量2%的氯化钙和0.3%的木质素磺酸钙。

黏结砂浆抹平后，应立即开始撒石粒，手甩粘石的主要工具是拍子和托盘，先甩四周易干的部位，然后甩中间，要求做到大面均匀，边角不漏粘。待到黏结砂浆表面均匀粘满石渣后，用拍子压平拍实，使石渣理入黏结砂浆1/2以上。

干粘石操作简便，由于在黏结砂浆中掺入了适量的107胶，使得黏结层与基层、石渣与黏结层之间黏结牢度大大提高，从而能够进一步提高耐久性和装修质量。与水刷石相比，它可提高工效50%，节约水泥30%，节约石子50%，目前已基本上取代了水刷石的做法。

为了解决干粘石饰面完全手工操作，劳动强度较大的难题，一种被称为“喷粘石”的工艺正在被推广应用，喷粘石的主要特点是用压缩空气带动喷斗，喷射石渣代替手甩石渣，部分工序已经实现机具操作，从而进一步提高了工效。

喷石屑是喷粘石工艺与干粘砂做法的发展，喷石屑所用的石屑粒径小，先喷上墙的石屑之间所留空隙易于被其后的石屑所填充，喷成的表面显得更密实，石屑粒径小。同样重量或体积的石屑可以比小八厘石渣所能覆盖的面积多几倍，从而弥补了手持式喷斗在上料方面的不足。

黏结砂浆可以手抹，也可以机喷。由于石渣粒径缩小可以同时将黏结层砂浆减薄，只需相当于石渣粒径的2/3～1，即2～3mm就可以了，这为应用挤压式砂浆泵喷涂黏结层砂浆提供了可能性。对于要求饰面颜色淡雅，明亮的较高级工程，其黏结砂浆可以采用白水泥，为提高面层的耐污染性能，还可以在黏结砂浆中掺入甲基硅醇钠疏水剂。

喷石屑饰面的主要优点是省工、省料、自重轻、造价低，有可能实现各主要工序的机具操作，是现代饰面发展方向之一，可以大力推广应用，其不足之处是表面凹凸，质感没有干粘石明显。粘石类饰面除了常用天然石渣外，还可以采用人工烧制的彩色瓷粒代替，由于瓷粒颗粒较小（粒径1.2～3mm）、自重轻，使饰面厚度大大减薄，因此特别适用于高层建筑，其做法可采用粘石类饰面的常用方法（图3-30、图3-31）。

图3-30 | 图3-31 | 图3-32

图3-30 粘石类饰面（局部）

粘石类饰面施工耗时比较长，相对于喷石屑饰面成本较高，多用于建筑外墙装饰。

图3-31 喷石屑饰面（局部）

喷石屑饰面使用范围较广，施工简单、方便、快捷，同时也具有一定的装饰效果。

图3-32 建筑外墙涂刷面

建筑外墙涂刷饰面的本身效果是光滑而细腻的，要使涂饰表面有丰富的饰面质感，必须先在基层表面创造必要的质感条件，且外墙涂料的装饰作用主要在于改变墙面色彩，而不在于改善质感。

第三节　涂刷类墙面

涂刷类饰面，是指将建筑涂料涂刷于构配件表面并与之较好地黏结，以达到保护、装饰建筑物，并改善构配件性能的装饰层。

在涂刷饰面装饰中，涂料几乎可以配成任何需要的颜色，这是它在装饰效果上的一个优点，也是其他饰面材料所不及的，它可为建筑设计提供灵活多样的表现手段。由于涂料饰面中涂料所形成的涂层较薄，较为平滑，即使采用厚涂料或拉毛等做法，也只能形成微弱的麻面或小毛面，除可以掩盖基层表面的微小瑕疵使其不明显外，不能形成凹凸程度较大的粗糙质感表面（图3-32）。

一、涂料饰面

传统的涂料，主要是指油漆，它是以油料为原料配制而成。目前，以合成树脂和乳液为原料的涂料，已大大超过油料，以无机硅酸盐和硅溶胶为基料的无机涂料，也已被大量应用。

根据状态的不同，建筑涂料可划分为溶剂型涂料、水溶性涂料、乳液型涂料和粉末涂料等几类；根据装饰质感的不同，建筑涂料可划分为薄质涂料、厚质涂料和复层涂料等几类；根据建筑物涂刷部位的不同，建筑涂料可划分为外墙涂料、内墙涂料、地面涂料、顶棚涂料和屋面涂料等几类。

1. 外墙涂料

根据装饰质感的不同，外墙涂料可以划分为薄涂料、厚涂料和复层涂料。常用外墙厚涂料和复层涂料的品种及性能，见表3-1。常用外墙薄涂料的品种及性能，见表3-2。

表3-1　　常用外墙厚涂料和复层涂料的品种及性能

名称	图示	主要成分及性能特点	适用范围及施工注意事项
PG-838浮雕漆厚涂料		主要成分为丙烯酸酯，具有鲜明的浮雕花纹，耐水性1500h，耐碱性1500h，耐冻融性大于30次，耐紫外线大于100h，遮盖力1～1.1kg/ m^2	用于水泥砂浆、混凝土、石棉水泥板、砖墙等基层；可用喷涂施工；涂层干燥后再罩一遍面层罩光涂料，施工温度5°C，表干30min，实干24h
彩砂涂料		主要成分为苯乙烯、丙烯酸酯。该涂料无毒、不燃、耐强光、不褪色、耐水性500h，耐碱性500h，耐冻融50次，耐老化100h	用于混凝土、水泥砂浆等基层。喷涂施工，本品严禁受冻。风雨天禁用，最低施工温度5°C
乙-丙乳液厚涂料		主要成分为醋酸乙烯、丙烯酸酯。该涂料的涂层厚实、外观质感好、耐候性好，耐水性24h，耐碱性24h，耐冻融性5次，使用寿命8年	用于水泥砂浆、加气混凝土、石棉水泥板等基层，可用喷、滚、刷施工法；如果涂料过稠可用水进行稀释。最低施工温度8°C，干时30min
各色丙烯酸拉毛涂料		主要成分为苯乙烯、丙烯酸酯，该涂料具有较好的柔韧性和耐污染性，黏结强度高，耐水性96h，耐碱性96h，使用寿命8年	适用于水泥砂浆基层或顶棚，滚、弹施工均可，最低施工温度5°C，表干30min，实干24h
JH8501无机厚涂料		主要成分为硅酸钾，本品无毒、无味、无公害，涂膜强度及黏结强度高，耐候性、耐冻融性好，耐水性1440h，耐碱性720h，耐老化1000h	用于外墙装饰，喷、滚涂均可，应先在基层上喷涂或刷涂封底浆料；最低施工温度0°C，大风、雨天不得施工
8301水性外用建筑涂料		主要成分为过氧乙烯等，本品耐酸、耐碱、耐冲刷、耐污染，耐冻融性50次，遮盖力350～400g/m^2	用于水泥砂浆、饰面水泥板、砖墙等基层，刷、喷施工均可。最低施工温度5°C

表3-2 常用外墙薄涂料的品种及性能

名称	图示	主要成分及性能特点	适用范围及施工注意事项
建81外墙涂料		主要成分为苯乙烯、丙烯酸酯。本品无毒、无味，耐水性大于1000h，耐碱性大于500h，耐冻融性30次	用于外墙，喷、刷涂施工均可；要求基层平整，无灰土及黏附物，最低施工温度5°C，干时2h
SA-1型乙-丙外墙涂料		主要成分为醋酸乙烯、丙烯酸、本品无毒、无味、耐老化，耐水性1440h，耐碱性1772h，耐洗刷100次，遮盖力200g/m²	适用于水泥砂浆，混凝土墙面，喷、刷、滚、淋施工均可。两次涂饰施工间隔4h以上；最低施工温度0°C，干时小于2h
865外墙涂料		主要成分为磷酸铝，抗紫外线优良，遮盖力强，耐冻、耐水性1000h，耐碱性1000h，人工老化2000h	适用于外墙。喷、滚、刷施工均可；要求基层平整、干净。最低施工温度0°C，表干4h，实干8h
有机无机复合涂料		主要成分为硅溶胶，耐污染，耐水性100h，耐碱性100h，耐洗刷性1000次，耐冻融性50次，人工老化1000h	适用于内、外墙面饰面。喷、刷施工均可，最低施工温度2°C
107外墙涂料		主要成分为聚乙烯醇，属水溶性涂料，无毒无味，耐水、耐碱、耐热、耐污染，遮盖力小于300g/m²	适用于外墙面，最低施工温度10°C，表干1h，实干24h
高级喷磁型外墙涂料		底、面为防碱底漆（溶剂型），中层为弹性类涂料，装饰质感好，耐酸、耐碱、耐水性良好，耐磨性500次，人工老化250h	适用于混凝土、砂浆、石棉瓦楞板、预制混凝土等墙面，最低施工温度5°C

2. 内墙涂料

常见内墙、顶棚涂料的品种和性能，见表3-3。

表3-3 常用内墙、顶棚涂料的品种和性能

名称	主要成分及性能特点	适用范围及施工注意事项
LT-1有光乳胶涂料	主要成分为苯乙烯、丙烯酸酯，无臭、无着火危险，施工性能好，能在潮湿的表面施工，保光性和耐久性较好	用于混凝土、灰泥、木质基面，刷、喷施工均可；使用时严禁掺入油料和有机溶剂。最低施工温度8°C，相对湿度小于等于85%

续表

名称	主要成分及性能特点	适用范围及施工注意事项
SJ内墙滚花涂料	主要成分为苯乙烯、丙烯酸酯。耐水性2000h，耐碱性1500h，耐刷洗性大于1000次	适用于内墙面滚花涂饰，要求基层平整度较好，小孔凹凸等应批嵌平整
JQ-831、JQ-841耐擦洗内墙涂料	主要成分为丙烯酸乳液，本品无毒、无味、耐酸、不易燃、保色、耐水性500h，耐擦洗性100~250次	适用于内墙装饰及家具着色，刷、喷施工均可，若涂料太稠可用水稀释，不能与溶剂及溶剂型涂料混合。最低成膜温度5℃
乙-乙乳液彩色内墙涂料	主要成分为聚乙烯醇，本品无毒、无味、涂膜坚硬、平整光滑，耐水性168h，遮盖力小于300g/m^2	用于水泥砂浆、石灰砂浆、混凝土、石膏板、石棉水泥版等基层。喷、刷、滚施工均可，盛器不宜用铁桶。最低施工温度10℃
乙-丙内墙涂料	主要成分为醋酸乙烯、丙烯酸酯；本品具有耐久、保色、无毒、不燃、外观细腻等特点	适用于内墙面，喷、滚、刷施工均可用水稀释，一般一遍成活。最低施工温度15°C，表干小于等于30min，实干小于24h
803内墙涂料	主要成分为聚乙烯醇缩甲醛，无毒、无臭、涂膜表面光洁，耐水性24h，耐刷洗性100次，遮盖力小于300g/m^2	用于水泥墙面，新旧石灰墙面，采用刷涂施工，不可加水或其他涂料；最低施工温度10°C，表干30min，实干2h
彩色滚花涂料	主要成分为聚乙烯醇，无毒、无味、质感好，类似墙布和塑料壁纸，耐水性48h，耐擦洗200次	可在106内墙涂料上进行滚花及弹涂装饰
膨胀珍珠岩喷浆涂料	主要成分为聚乙烯醇、聚醋乙烯，该涂料的质感好，类似小拉毛、可拼花、喷出彩色图案	适用于天花板、木材、水泥砂浆等基层，采用喷涂施工；涂料不能长期置于铁桶中，也不宜长期暴露于空气中，最低施工温度为5℃
206内墙涂料	主要成分为氯乙烯、偏氯乙烯，本品无毒、无味、耐水、耐碱、耐化学性能，各种气体、蒸汽等只有极低的透过性	适用于内墙面，可在稍潮湿的基层上施工；水涂料分两部分，配合比为色浆：氯偏轻漆＝4：1
过氧乙烯内墙涂料	主要成分为氯乙烯树脂，属溶剂型涂料，具有较好的防水，耐老化性	适用于内墙面，本品有刺激性气味，故不宜用喷涂施工
水性无机高分子平面状涂料	主要成分为硅溶胶，本品外观平滑无光，具有消光装饰作用，耐水性96h，耐碱性48h，耐洗刷性300次	适用于厨房、卫生间、走廊，喷涂施工，最低施工温度5℃
乳胶漆内墙涂料	主要成分为高分子黏结剂，合成乳液；本品无刺激性气味，耐水性24h，耐洗刷性200次	用于新旧石灰、水泥基层，刷、滚施工均可，最低成膜温度0°C，表干2h，实干6h

3. 特种涂料

常见特种涂料的品种及性能，见表3-4。

表3-4　常用特种涂料的品种及性能

名称	图示	主要成分及性能特点	适用范围及施工注意事项
AAS隔热防水涂料		主要成分为丙烯酸丁酯、苯乙烯、丙烯腈共聚乳液，本品具有隔热、防水、浅色、降温、装饰效果好、无毒、耐污染等特点；耐水性360h；耐碱性360h；耐冻融性30次	适用于屋面板、拆板、冷库屋顶、外墙等，基层要求坚实、平整，涂料成膜前，防止水淋和大风吹，喷、刷、涂施工均可，最低成膜温度4°C
铝基反光隔热涂料		本品具有反光、隔热、防水、防腐蚀、耐风雨、防老化等优点	主要用于各种沥青基防水材料组成的屋面防水层、纤维瓦楞板等；基层应干燥，无油斑、无锈迹；本品易燃，施工时应远离火种
JS内墙耐水涂料		主要成分为聚乙烯醇缩甲醛、苯乙烯、丙烯酸酯等；本品耐擦洗、质感细腻、装饰效果好，适用于超市基层施工；耐水性3600h；耐碱性72h；耐老化500h	适用于浴室、厕所、厨房等潮湿部位的内墙，刷涂施工，先应在基层上刮水泥浆或防水腻子
有机硅建筑防水剂		主要成分为甲基硅酸钠，本品透明无色，保护物体色彩不退，具有防水、防潮、防尘、防渗漏、防腐蚀、防风化开裂、防老化等特点	适用于土壁、石墙、文物、浴室、厕所、厨房墙面及天花板的罩面；刷、喷施工均可，施涂后24h内防止雨淋；以水为稀释剂
各色丙酸过氯乙烯厂房防腐漆		主要成分为丙烯酸树脂，过氯乙烯树脂，本品快干、保色、耐腐蚀、防湿热、防盐雾、防霉	用于厂房内外墙防腐与涂刷装饰，喷、刷、滚均可。表干20min；实干30min
钢结构防水涂料		主要成分为蛭石骨料，涂层厚度2.8cm；耐火极限3h；涂层厚度2.0～2.5cm时，满足一级耐火等级	适用于钢结构和钢筋混凝土结构的梁柱，墙和楼板的防火阻挡层，采用抹涂或喷涂，最低施工温度5°C
CT-01-03微珠防火涂料		主要成分为无机空心微珠，本品防火、隔热、耐高温、耐火度1200°C，喷火60min不燃，耐久性960h；耐碱性170h；耐酸性170h	用于钢木结构、混凝土结构，喷、刷施工均可

续表

名称	图示	主要成分及性能特点	适用范围及施工注意事项
106预应力混凝土楼板防火隔热涂料		主要成分为黏结剂、珍珠岩、硅酸铝纤维；预应力为混凝土楼板上喷涂5mm，耐火极限可提高到2h	用于预应力混凝土楼板梁，喷涂施工，厚度为5mm，宜喷3遍，最低施工温度5°C
B67－1阻尼涂料		主要成分为丙烯酸树脂、环氧树脂，具有减振、隔声、绝热、密封等特点，耐水性24h	用于隔声，刷、喷均可，一般涂厚为基板的2倍或钢板重量的20%左右，其阻压效果最好
水性内墙防霉涂料		主要成分为氯－偏乳液，本品无毒、无味、不燃，防霉性0级；耐水性720h；耐碱性720h；耐洗刷性300次	适用于易霉变的内墙，以水泥砂浆基层为宜；应避免涂料与铁器接触，最低施工温度为5°C
WS－1型卫生灭蚊涂料		主要成分为聚乙烯醇、丙烯酸树脂、复合杀蚊剂，本品无臭、无毒、对人畜无害、可触杀蚊蝇、蟑螂，速杀效果达100%，有效期2年	用于城乡住宅、医院、宾馆、宿舍，以及有卫生要求的商店，工厂的内墙粉刷，一般两遍即可
1号、2号丙烯酸文物保护涂料		主要成分为甲基丙烯酸，聚乙烯醇酸丁醛；本品耐候、耐热、防霉、抗风化、渗透性好	用于室内多孔性文物和遗迹的保护，滴、淋、刷、喷施工均可；1号、2号可以单独使用，也可配合使用；配合用时，先涂1号，再涂2号，其效果比单独用更佳

二、刷浆饰面

刷浆饰面，是将水质涂料喷刷在建筑物抹灰层或基体等表面上，用以保护墙体、美化建筑物的装饰层。水质涂料的种类较多，适用于室内刷浆的有石灰浆、大白粉浆、可赛银浆、色粉浆等。此外，还可适用于室外刷浆工程的有水泥避水色浆、油粉浆以及聚合物水泥浆等。

1. 水泥避水色浆

水泥避水色浆，又名“憎水水泥浆”。这种涂料在白水泥中掺入消石灰粉、石膏、氯化钙等无机物作为保水和促凝剂，另外还掺入了硬脂酸钙作为疏水剂，以减少涂层的吸水性，延缓其被污染的进程。这种涂料的重量配合比是325号白水泥：清石灰粉：氯化钙：石膏：硬脂酸钙＝100：2：5：（0.5～1）：1。

根据需要可以适当掺入颜料，但大面积使用时往往不易做均匀。这种涂料的涂层强度比石灰浆高，但配置时材料成分太多，量又很少，在施工现场不易掌握。硬脂酸钙如果不充分混匀，涂层的疏水效果不明显，耐污染效果就不会显著改进。由于砖墙析出的盐碱较一般砂浆、混凝土基层更多，对涂层的破坏作用也就更大，效果也差，但是比石灰浆更好。

2. 聚合物水泥浆

聚合物水泥浆的主要组成成分为水泥、高分子材料、分散剂、憎水剂和颜料。目前，常用的聚合物水泥浆有两种配合比，见表3-5。

表3-5　聚合物水泥色浆配合比（体积比）

<table>
<tr><th>主材比例</th><th colspan="7">配料比例</th></tr>
<tr><th>白水泥</th><th>107胶</th><th>乙-顺乳液</th><th>聚醋酸乙烯</th><th>六偏磷酸钠</th><th>木质素磺酸钙</th><th>甲基硅醇钠</th><th>颜料</th></tr>
<tr><td>100</td><td>20</td><td></td><td></td><td rowspan="2">0.1</td><td rowspan="2">（0.3）</td><td rowspan="2">60</td><td rowspan="2">适量</td></tr>
<tr><td>100</td><td></td><td>20～30</td><td>（20）</td></tr>
</table>

聚合物水泥浆比避水色浆的强度高，耐久性也好，施工方便，但其耐久性、耐污染性和装饰效果存在着较大的局限性。在大面积使用时，会产生颜色深浅不匀的现象。墙面基层的盐、碱析出物，很容易析出在涂层表面而影响装饰效果。因此，这种涂料只适用于一般等级工程的檐口、窗套、凹阳台墙面等水泥砂浆面上的局部装饰。

3. 石灰浆

石灰浆是由熟石灰（消石灰）加水调和而成的，保证这种涂料质量的关键，是使用充分消化而又尚未开始变化过程的熟石灰。如果将消化不完全的石灰刷上墙，则会因为它的继续消化、膨胀而引起开裂、起鼓和脱落（图3-33）。

石灰浆涂料作为室内墙面粉刷是一种传统做法（图3-34）。为提高附着力，防止表面掉粉和减少沉淀现象，有加入少量食盐和明矾的做法。但总的来看，还是易脱落掉粉、易增灰、不耐用。石灰浆涂料还可用做外墙面的粉刷，比较简单的方法是掺入一定量所需的颜料，混合均匀后即可使用。由于石灰浆本身呈较强的碱性，因此在配制色浆时，必须动用耐碱性好的颜料，如氯化铁黄、氧化铁红及甲级红土子等矿物颜料。

4. 油粉浆

油粉浆是利用生石灰熟化时发热将熟桐油乳化配制而成的。桐油掺量为生石灰的10%～30%不等，掺量为30%时质量较好。常用的配比为生石灰：桐油：食盐：血料：滑石粉＝100：30：5：5：（30～50）；生石灰：柚油：食盐：滑石粉：水泥＝100：10：10：75：40，并加适量颜料，水适量，浆过筛。

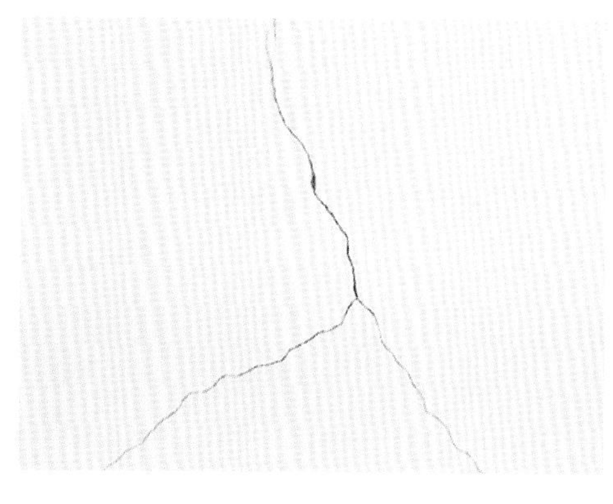

图3-33 石灰上墙后开裂

为避免石灰上墙开裂，需要在调制石灰浆涂料时，事先将生石灰块在水中充分浸泡。

图3-34 制作石灰浆涂料

石灰浆涂料耐水性差，涂层表面孔隙率高，很容易吸入带有尘埃的雨水，在做外墙饰面时，耐久性差。

图3-33 | 图3-34

图3-35 大白粉

大白粉颜色一般呈略带灰色或奶油般的灰白色，质地细腻、均匀，没有杂质。

第一种配合比用于室内较高级刷浆，第二种配合比用于室外刷浆。由于桐油分子分布在涂层内，改善了涂层的柔韧性和耐水性，因此油粉浆比普通石灰浆涂料有较好的耐久性，

5. 大白粉浆

大白粉，也称白垩粉、老粉、白土粉，它是有一定细度的碳酸钙粉末，本身没有强度和黏结性，在调制涂料时，必须掺入胶结料（图3-35）。

大白粉浆，简称大白浆，以前常用的胶结料是以龙须菜、石花菜等煮熬而得的菜胶及火碱面胶。为了防止大白粉浆干后掉粉，采用菜胶时可另掺入一些动物胶。火碱面胶是将面粉与水调和后加入火碱（即烧碱），利用火碱在水中溶解时释放出的热量，使面粉“熟”化成黏稠的糊状物，再将此糊状物与已用水调和的大白粉混合均匀，即成涂料。目前，多采用107胶或聚蜡酸乙烯乳液代替菜胶、面胶作为大白粉浆的胶结料，不仅简化了配制手续，而且在一定程度上提高了大白浆的性能。大白粉浆的配合比及调制方法，见表3-6。

表3-6　　大白浆配合比及调制方法

名称	配合比（重量比）	调制方法
龙须菜大白浆	大白粉：龙须菜：动物胶：水=100：(3~4)：(1~2)：(150~180)	将龙须菜浸入水中4～8h，待龙须菜泡发后洗净加水（1：13）熬烂过滤冷冻后用其汁液，加少量水与大白粉拌均匀，用筛过滤即成，每配一次一天用完，以免降低黏性
火碱大白浆	大白粉：面粉：火碱：水=100：(2.5~5)：(0.2~3)：(150~180)	先将面粉用水调稀，再加入火碱溶液制成火碱面粉胶，然后将其兑入已用水调稀的大白粉浆中
乳胶大白浆	大白粉：聚醋酸乙烯乳液：六偏磷酸钠：羧甲基纤维素=100：(8~12)：(0.05~0.5)：(0.2~0.1)	先将羧甲基纤维素浸泡于水，比例为：羧甲基纤维素：水=1：60~1：80，浸泡12h左右，待完全溶解成胶状后过滤加入大白粉浆
107胶大白浆	大白粉：107胶=100：(0.15~0.2)	将107胶放入水中配成溶液，与大白粉拌匀即可
聚乙烯醇大白浆	大白粉：聚乙烯醇：羧甲基纤维素=100：(0.5~1)：0.1	将聚乙烯醇放入水中加温溶解后倒入浆料中拌匀，再加羧甲基纤维素即可
田仁粉大白浆	大白粉：田仁粉：牛皮胶：清水=100：3.5：2.5：(150~180)	在容器中边放开水边搅动，放100～120kg开水，加入田仁粉4kg，太厚还可以加开水，搅动要快，撒粉不致联结，使用前一天冲调效果较好

大白浆经常需要配成色浆使用，应注意所用的颜料要有好的耐碱性及耐光性。在刷色浆时，要从批腻子开始就加入颜料，腻子至浆料的颜色可由浅至深，最后一遍浆料的颜色应与要求的一致，这样比较容易均匀。大白浆货源充足、价格很低，操作使用和维修更新都比较方便，因此它的应用较为普遍（图3-36）。

★ 补充要点

淡季装修油漆涂饰质量有保证

每年的9月～11月份是传统的装修旺季，很多家装公司的业务繁多，服务不够周到，施工员的素质更是参差不齐，有经验的施工员都是一人干着几家的活，难免出现赶工粗心的问题。一般来说夏季刷油漆效果更好。夏天温度高，油漆干得快，打磨也比较及时，油漆的亮光度能充分体现，刷出的漆面效果也最佳。

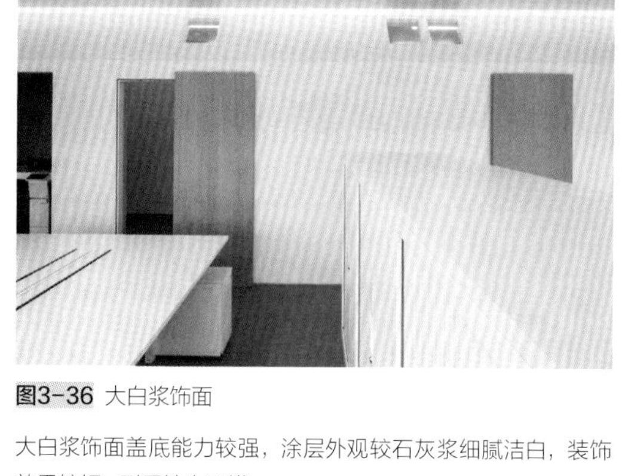

图3-36 大白浆饰面

大白浆饰面盖底能力较强，涂层外观较石灰浆细腻洁白，装饰效果较好，耐用性也不错。

6. 可赛银浆

可赛银浆是以碳酸钙、滑石粉等为填料，掺入颜料混合而成的粉末块材料，也称“酪素涂料”。使用时，先用温水隔夜将粉末充分浸泡，使酪素充分溶解，然后再用水调至施工稠度即可使用。可赛银浆与大白浆相比较，其优点在于它是在生产过程中经磨细、混合，有很好的细度和均匀性，特别是颜料也事先混匀，施工时容易取得均匀一致的效果。此外，它与基层的黏结力强，耐碱与耐磨性也较好。

图3-37 室内贴面类墙面装饰

★ 小贴士

刷墙面漆要注意

一般整理新墙时，并不需要太多的准备工作，但应测试碱性和含水率，墙体含水率可以用含水率测试仪测试；pH值则可用PH试纸检验，先用蒸馏水将试纸润湿，贴于待测基面上，根据其变色程度则可获知墙体碱性。

图3-38 室外贴面类装饰墙面

第四节　贴面类墙面

贴面类墙面装饰是目前高中级建筑装饰中墙面装饰经常用到的饰面，可将贴面材料分为三类：一是陶瓷制品，如瓷砖、面砖、陶瓷锦砖等；二是天然石材，如花岗石、大理石等；三是预制块材（图3-37、图3-38）。由于材料的形状、重量、适用部位不同，因而它们之间的构造方法也就有一定的差异。轻而小的块面可以直接镶贴，大而厚重的块材则必须采用钩挂等方式，以保证它们与主体结构连接牢固。

一、陶瓷制品饰面

陶瓷制品是以陶土为原料，压制成型后，经1100℃左右的高温煅烧而成的，它具有良好的耐风化、耐酸碱、耐水、耐磨以及耐久等性能，可以制作出各种美丽的颜色和花纹。陶瓷制品的表面可分为上釉与不上釉，上釉会有反光的饰面，如瓷砖及琉璃；不上釉的则形成柔和的平光面，如无釉砖、缸砖、锦砖等。

1. 外墙面砖饰面

根据表面处理是否挂釉、平滑及有一定纹理质感等特点，外墙面砖可划分为以下四类。

（1）表面无釉外墙面砖。又称“墙面砖”，具有美观、防潮功能（图3-39）。

（2）表面有釉墙面砖。又称“彩釉砖”，表面有美观艳丽的釉色和图案（图3-40）。

（3）线砖。又名“泰山砖”，表面有突起纹线（图3-41）。

（4）外墙立体贴面砖。又称“立体彩釉砖”，其特点是表面上釉做成各种立体图案。

外墙面砖的常见规格为200mm×100mm、150mm×75mm、75mm×75mm以及108mm×108mm等几种，厚度6～15mm。外墙面砖粘贴时，需用1：3水泥砂浆作底灰，厚度为15mm。贴面砖前，先将表面清扫干净，然后将面砖放入水中浸泡，粘贴前晾干或擦干。黏结砂浆用1：2.5的水泥砂浆或1：0.2：2.5水泥石灰混合砂浆，浓稠度需适中。

外墙面砖粘贴时，可在面砖黏结面上随贴随刷一道混凝土界面处理剂，以增加黏结力度，然后将黏结砂浆抹在面砖背后，厚度为6～10mm，对位后轻轻敲实。粘贴完一行后，需将每块面砖上的灰浆刮净，待整块墙面贴完后，用1：1水泥细砂浆做勾缝处理（图3-42）。

图3-39 无釉外墙面砖

图3-40 彩釉砖

图3-41 泰山砖

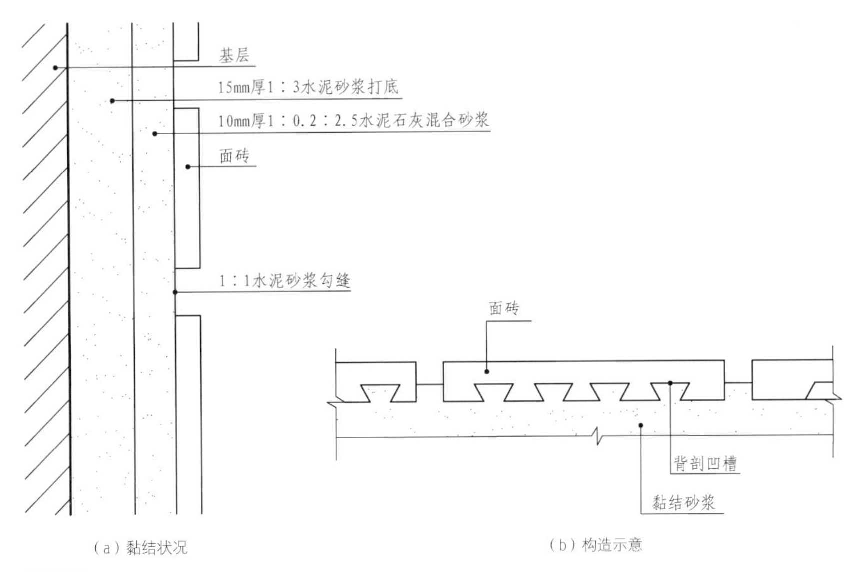

图3-42 外墙面砖饰面构造

2. 釉面砖（瓷砖）饰面

瓷砖因为正面挂釉，所以又称“釉面瓷砖”，它是用瓷土或优质陶土烧制成的饰面材料，其胎底一般呈白色，表面上釉可以是白色，也可以是其他颜色的，由于是由氧化钛、氧化钴、氧化铜等高温煅烧而成，所以颜色稳定、经久不变。瓷砖表面光滑、美观、吸水率低，多用于室内需要经常擦洗的地面，如厨房墙裙、卫生间等处，一般不用于室外。

瓷砖的一般规格为152mm×152mm、108mm×108mm、152mm×76mm、50mm×50mm等，厚度4～6mm。此外，在转弯或结束部位，均另有阳角条、阴角条、压条，或带有圆边的构件供选用。瓷砖饰面的底灰为12mm厚1：3水泥砂浆，在正式粘贴前应浸透阴干待用，粘贴时由下向上横向逐行进行，而为了便于洗擦和防水，在施工时要求安装紧密，一般不留灰缝，细缝用白水泥擦平。

瓷砖的粘贴方法一般有两种，一种是“软贴法”，即用5～8mm厚，1：0.1：2.5的水泥石灰砂浆做结合层粘贴，这种方法需要有较好的技术素质；另一种是“硬贴法”，即是在贴面水泥浆中加入适量的107胶，其配合比（重量比）为：水泥：砂：水：107胶=1：2.5：0.44：0.03。

采用107胶水泥砂浆的好处是由于水泥砂浆中有107胶胶体阻隔水膜，砂浆不易流淌，能够很好地保持墙面洁净，减少了清洁墙面工序，而且能延长砂浆使用时间。此外，还减薄了黏结层，一般只需2～3mm。硬贴法技术要求较低，提高了工效，节约了水泥，减轻了面层自重，瓷砖黏结牢度也大大提高。

3. 陶瓷锦砖与玻璃锦砖

陶瓷锦砖，又名“马赛克”，是以优质瓷土烧制而成的小块瓷砖（图3-43）。陶瓷锦砖分挂釉和不挂釉两种，目前各地产品多为不挂釉。具有美观、耐磨、耐酸碱、不渗水、抗压、易清洗、不光滑等特点，主要用于室内地面饰面。

陶瓷锦砖的规格较小，常用的有18.5mm×18.5mm、39mm×39mm、39mm×18.5mm、25mm六角形等形状，厚度为5mm。后来因其可做成多种颜色，色泽稳定、耐污染，近几年来已大量用于建筑外墙面饰面，它与外墙面砖相比，具有面展薄、自重轻、造价略低等优点，对高层建筑尤为适用。用于外墙饰面时，大多为无釉锦砖。陶瓷锦砖也有用于室内墙面的，但由于施工和加工精度有限，效果欠佳。

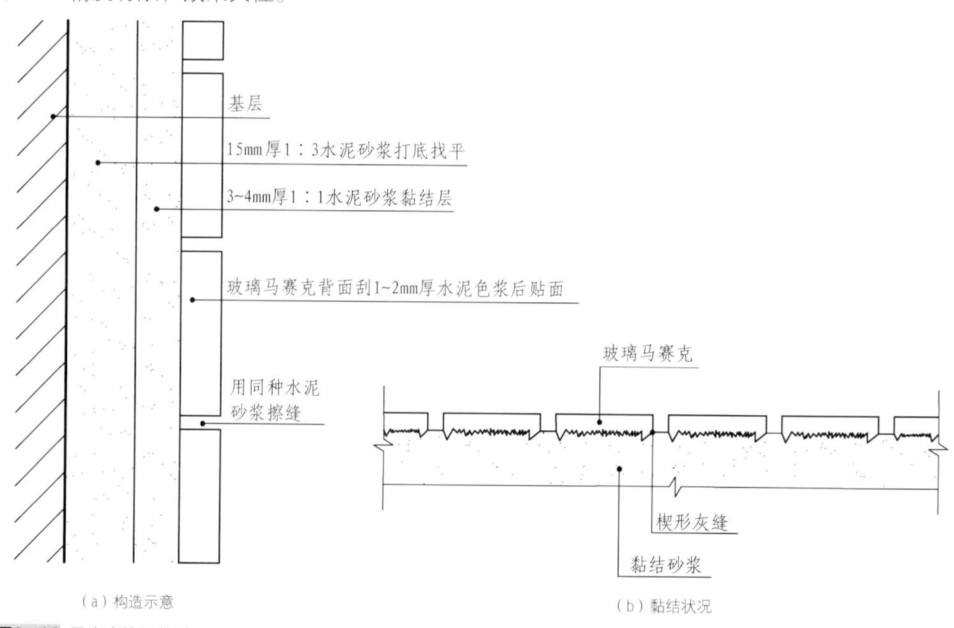

图3-43 马赛克饰面构造

图3-44 陶瓷锦砖施工

施工时先用12mm厚、1:3水泥砂浆打底，再用3mm厚、1:1:2纸筋石灰青水泥混合灰（内掺水泥重5%的107胶）做黏结层铺贴，最后用素水泥浆平缝，为了避免锦砖脱落，一般不宜在冬季施工。

玻璃锦砖，又称“玻璃马赛克”或“玻璃纸皮砖”，是由各种颜色玻璃掺入其他原料经高温熔炼发泡后，压延制成的小块，并按不同图案贴于皮纸上，它主要用于外墙饰面，色泽较为丰富，排列的图案可以多种多样。

常见的尺寸为20mm×20mm×4mm和25mm×25mmx4mm的方块，陶瓷锦砖和玻璃锦砖出厂前均已按各种图案反贴在皮纸上，施工时将纸面向外，覆盖在砂浆面上，用木板压平，待黏结层开始凝固，洗去皮纸，用铁板校正缝隙即可，陶瓷锦砖和玻璃锦石的镶贴方法基本相同（图3-44）。

4. 琉璃

琉璃是我国传统的建筑装饰材料，表面上釉，有金黄、绿、紫、蓝等鲜艳色彩，它可以根据不同的设计要求，烧制成平砖或带凹凸的花纹砖，凹凸的深度根据花纹的部位而定，但过分复杂的花纹不但不易出模，而且不易控制煅烧时间，所以一般凹凸可控制在20~40mm。花饰可分块，但也应选在较隐蔽之处，以免影响外观。琉璃构件根据尺度不同，可分小型、中型和大型三类。

（1）小型琉璃构件。当琉璃构件较小（长宽100~150mm，厚10~20mm）时，可选用1：2~1：3的水泥砂浆黏结，常用于檐口、腰线、女儿墙等部位。琉璃构件的背面应开槽或带肋，以增强黏结力。

（2）中型琉璃构件。当琉璃构件的长、宽在300~500mm，构件的背面应留有小孔，安装时，将构件用铜丝或镀锌铁丝扎在固定于墙面的钢筋网上，然后灌水泥砂浆固定。

（3）大型琉璃构件。一些较大的空心琉璃块或各种特殊形状的琉璃构件，可将其挂在结构凸出物上或套在结构层上，再用螺栓或焊接法，将琉璃构件与预埋铁连接，并在琉璃构件与墙面之间灌注砂浆固定。

★ 小贴士

琉璃与玻璃的区别

材质不同。水晶是二氧化硅的结晶体，玻璃主要成分为二氧化硅和其他氧化物。而琉璃的成分比较复杂，其主要成分晓含氧化铅的水晶。由于颜色不同，所内含的金属元素也不同，但二氧化硅也是其中成分之一。

价格不同。水晶的单价要比玻璃高出几倍甚至几十倍。而琉璃属于价值不菲的艺术品。

加工工艺不同。玻璃可以热铸成型，省料省工成本低。水晶是结晶体，加热融化后不能逆转，所以不能用热铸成型法，只能用切磨等冷加工法，费料费工，成本高。琉璃是青铜铸造高温脱蜡、高温手工成型。成本高，加工程序复杂。

二、天然石材饰面

天然石料可以加工成板材、块材和面砖用作饰面材料，它具有强度高、结构致密和色泽雅致等优点，但是货源少，价格昂贵，常用于高级建筑装饰。常用的饰面石料有花岗石、大理石、青石板、石灰岩、凝灰岩、白云岩等（图3-45、图3-46）。石材表面按设计要求，可以保持自然状态，也可加工成尖粒状、虫蛀状及凹凸不平的花纹状。我国使用的花岗石板材和大理石板材，以加工成光平表面居多。

做墙面饰面的各种天然石板材、块材，均应根据墙面的高与宽，扣除门窗洞口和分块灰缝，计算出装饰墙面的准确面积，并定出饰面板材或块材的尺寸。板缝的位置要慎重考虑，在细部设计中，除了应解决饰面层与墙体的固定技术外，外墙面还应处理好窗台、过梁底面、门窗侧边、出檐、勒脚、柱子，以及各种凹凸面的交接和拐角构造，室内墙面也应处理好窗台、梁底、门窗洞口、柱子、凹凸面、踢脚及不同墙面与地面交接等构造。

1. 大理石饰面

大理石是一种变质岩，属于中硬石材，主要由方解石和白云石组成，其成分以碳酸钙为主，约占50%以上，其他还有碳酸镁、氧化钙、氧化锰以及二氧化硅等。天然大理石的结晶是层状结构，其纹理有斑或条纹，是一种富有装饰性的天然石材（图3-47、图3-48）。大理石饰面板的品种常以其研磨抛光后的花纹、颜色特征及产地而命名。

大理石常用于装饰等级要求较高的工程中，作为墙面、柱面、栏杆、地面等饰面材料，除汉白玉、艾叶青等少数几种质纯、杂质少的品种外，大理石一般不建议用于室外。用于室外时，由于其中的碳酸钙在大气中受二氧化碳、硫化物、水气的作用而转化为石膏，会使表面很快失去光泽，并变得疏松多孔。

大理石可锯成薄板，多数经过磨光打蜡，加工成表面光滑的装饰板材，一般厚度为20～30mm。大理石饰面板材的安装方法有挂帖法（钢筋网固定法）、木楔固定法、干挂法、聚酯砂浆固定法、树脂胶黏结法、锯网骨架法等几种。下面对挂帖法和木楔固定法作简要介绍。

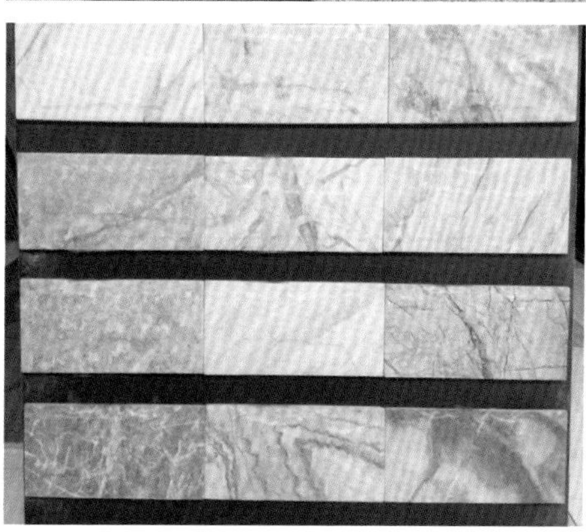

图3-45 花岗石

花岗石岩质坚硬密实，耐酸碱和耐气候性都比较好，可以在室外场所长期使用。

图3-46 白云岩

白云岩可用作陶瓷、玻璃配料以及建筑石材，表面孔隙度较大，外观与石灰岩很相似。

图3-47 大理石色泽

大理石的颜色有纯黑、纯白、纯灰等色泽，还有各种混杂花纹色彩。

图3-48 优质大理石

优质大理石光洁度高、石质紧密、无腐蚀斑点、棱角齐全、底面整齐、色泽美观。

图3-45	图3-46
图3-47	图3-48

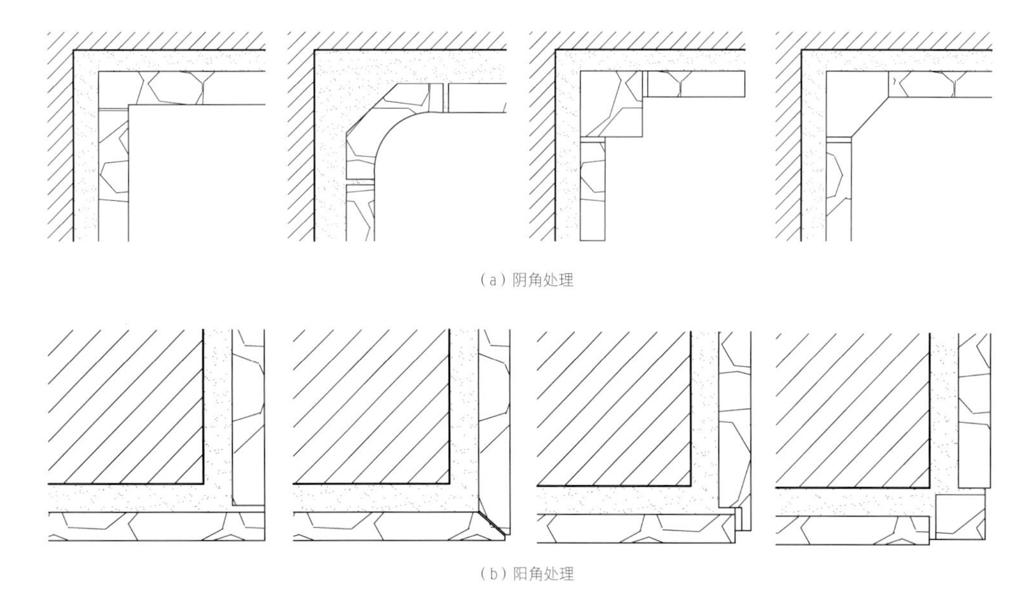

图3-49 大理石墙面阴、阳角处理

（1）挂帖法。首先要在结构中留钢筋头，或在砌墙时预埋镀锌铁钩。安装时，在铁钩内先下主筋，间距500～1000mm，然后按板材高度在主筋上绑扎横筋，构成钢筋网，钢筋ϕ6～ϕ9。板材上墙两边钻有小孔，选用铜丝或镀锌铁丝穿孔将大理石板绑扎在横筋上，大理石与墙身之间留30mm缝隙灌浆。

施工时，要用活动木楔插入缝中，来控制缝宽，并将石板临时固定，然后再在石板背面与墙面之间，现浇水泥砂浆，灌浆宜分层灌入，每次不宜超过200mm，离上口80mm即停止，以便上下连成整体。安装白色或浅色大理石饰面板时，灌浆应用白水泥和白石屑，以防透底，影响美观。

（2）木楔固定法。木楔固定法与挂帖法的区别是墙面上不安钢筋网，将钢丝的一端连同木楔打入墙身，另一端穿入大理石孔内扎实，其余做法与前法相同，木楔固定法分灌浆和干铺两种处理方法。

干铺时，先以石膏块或与801胶水调和成石膏腻子，全面找平，留出缝隙，然后用铜丝或镀锌铅丝将木楔和大理石拴牢，优点是在大理石背面可形成空气层，不受墙体析出的水分、盐分的影响而出现风化和表面失光的现象。

干铺法不如灌浆法牢固，一般用于墙体可能经常潮湿的情况，而灌浆法是一般常用的方法，即用1：2.5的水泥砂浆灌缝，但是要注意不能掺入酸、碱、盐的化学品，以免腐蚀大理石。石板的接缝采用对接、分块、有规则、不规则、冰纹等形式。除了破碎大理石面，一般大理石接缝在1～2mm。大理石墙面的阴、阳角的拼接，可参见图3-49。

2. 花岗岩饰面

花岗石是火成岩中分布最广的岩石，是一种典型的深层岩，属硬石材，由长石、石英和云母所组成，硬度很高。花岗石有不同的色彩，如黑、白、灰、粉红等，纹理多呈斑点状。花岗石不易风化变质，外观色泽可保持在100年以上，因而多用于外墙饰面。

对花岗石的质量要求是棱角方正，规格符合设计要求，颜色一致，无裂纹、隐伤和缺角等现象。根据加工方法及形成的装饰质感不同，可将花岗石饰面板分为以下四种。

（1）剁斧板材。其表面粗糙，具有规则的条状斧纹。

（2）机刨板材。其表面平整，具有平行刨纹。

（3）粗磨板材。其表面平滑、无光。

（4）磨光板材。其表面平整，色泽光亮如镜，晶粒显露。

花岗岩饰面中的剁斧板、机刨板、粗磨板等种类，被称为“细琢面花岗岩”，其板厚一般为50、76、100mm。墙面、柱面多用50mm板，勒脚饰面多用76、100mm板。由于面积大、板厚，所以重量也相当大。

铺装时，板与板之间应通过钢销、扒钉等相连，较厚的情况下，也可以采用嵌块、石榫，还可以开口灌铅或用水泥砂浆等加固。板材与墙体一般通过镀锌钢锚固件连接锚固，锚固件有扁条锚件、圆杆锚件和线性锚件等。因此，根据其采用的锚固件的不同，所采用板材的开口形式也各不相同（图3-50）。

★ 小贴士

贴面类墙面砖种类多

陶瓷面砖是以陶土或瓷土作为原材料，经过加工成型、煅烧面制成的产品。陶土釉面砖色彩艳丽、装饰性强，其规格多为100mm×100mm×7mm，有白、棕、黄、绿、黑等颜色，具有强度高、表面光滑、美观耐用、吸水率低等特点，多用作内、外墙及柱的饰面。

较厚的板块材拐角，可做成L形错缝，或45°斜口对接等形式，平接可用对接，搭接等形式（图3-51）。常用的扁条锚件的厚度为3、5、6mm，宽25、30mm。圆杆形锚件用φ6、φ8，线性件多用φ3～φ5钢丝。锚固完成后，在饰面板与基体结构之间缝中分层灌注1：2.5水泥砂浆。

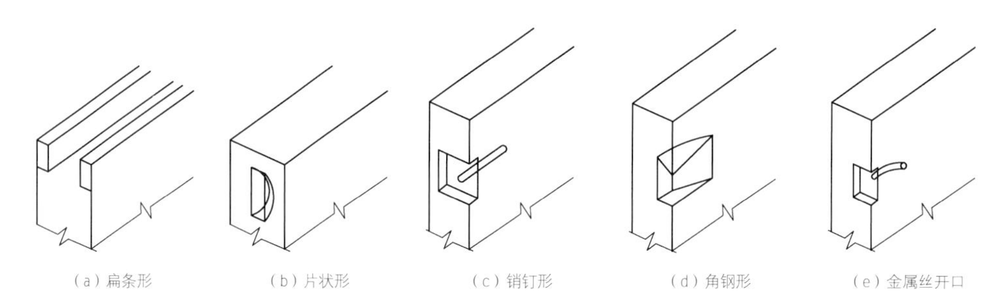

图3-50 花岗石粗板开口形状

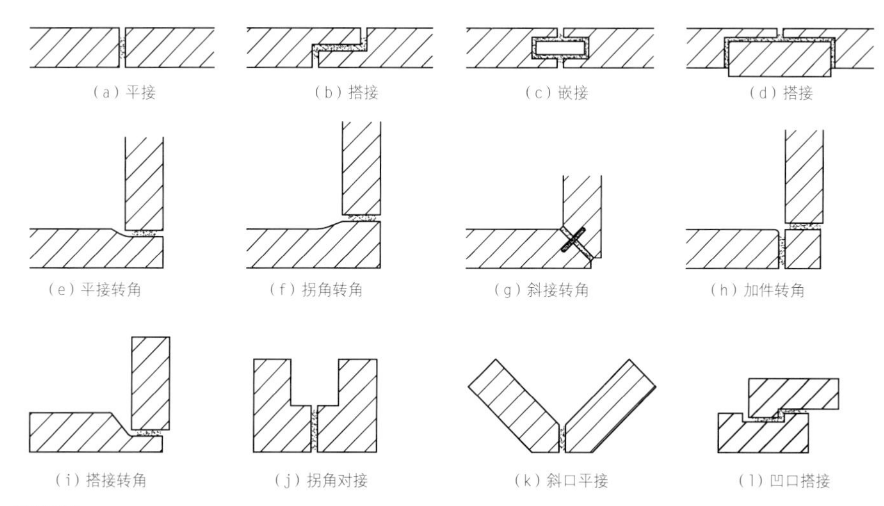

图3-51 花岗石粗板拼接

磨光花岗岩，又称“镜面花岗石”，其饰面板一般厚度为20～30mm，可采用挂帖法、木楔固定法、树脂胶黏结法、锯网骨架法或干挂法等方法安装，其工艺和工序与大理石饰面板的方法相同，其中，干挂法是较新的安装方法。

干挂工艺又有两种方法，直接挂板法和花岗石预制板干挂法。直接挂板法安装花岗石板块，是用不锈钢型材或连接件将板块支托并锚固在墙上，连接件用膨胀螺栓固定在墙面上，上、下两层之间的间距等于板块的高度。安装的关键是板块上的凹槽和连接件位置的准确。花岗石板块上的4个凹槽位应在板厚中心线上。

花岗石预制板干挂法是将细石钢筋混凝土与磨光花岗石薄板预制成复合板，并在浇注成型前加入预埋件，使之连接成一体，然后再用不锈钢连接件进行干挂。

其他天然石材饰面板的安装，均可参照大理石、花岗石的安装方法，一般根据规格大小来确定应采用的安装构造及工艺。小规格面板可直接粘贴，大规格面板则必须用挂帖法安装。

三、预制板块材饰面

常用的预制板块材料，主要有水磨石、水刷石、斩假石、人造大理石等。这些材料首先要经过分块设计、制模型、浇捣制品、表面加工等步骤才可制成预制板。在预制板达到预定强度后，才能进行安装。根据材料的厚度不同，预制板块材又有厚型与薄形之分。薄形的厚度为30～40mm，厚型的厚度为40～130mm。

预制板的长、宽各1m左右，主要受重量制约，以2个工人能够搬动、安装为宜，这样虽然工序较复杂，并要适当配筋，且造价较高，但也有不少好处。

1. 工艺合理

现浇改为预制，可以充分利用机械加工。

2. 质量好

现浇水刷石、水磨石、斩假石墙面在耐久性方面的一个最大特点，就是石棉层比较厚、刚性大，墙体基层与面层在大气温度、湿度变化影响下，胀缩不一致，容易开裂。虽然面层做了分格处理，但因底灰一般不分格，所以仍不能避免日久开裂，最终导致脱落的问题。预制板面积在1m^{2}左右，板材本身有配筋，与墙体黏结砂浆处也有配筋网与挂钩，能够防止脱落与本身开裂。

3. 有利施工

现场安装预制板要比现浇用工少、速度快，省去了抹底找平的工作量，有利于减轻劳动强度，改善劳动条件。此外，还可以避免冬季现场制作饰面，保证了质量。

预制饰面板材和墙体的固定方法与大理石墙面基本一致，通常是先在墙体内预埋铁件或甩出钢筋，然后绑扎钢筋网，再通过预埋在预制板上的铁件与钢筋网固定牢靠，离墙面20mm左右空隙，最后灌缝。块材的固定则同花岗石墙面，通常采用搭钩或锚固。块体的上、下两面留有孔槽做铁件固定和上、下行块材的接榫之用，块材的两个边缘都做成凹线，安装后可使墙面呈现出较宽的分块缝，而块材的实际拼缝宽约5mm。

图3-52 砌筑材料处理

砌块砌筑应提前一天湿润，砌筑时还应向砌筑面适量浇水，每天的砌筑高度应不大于1400mm，在长度不小于3600mm的墙体单面设伸缩缝，并采用高弹防水材料嵌缝。

★ 补充要点

墙砖裂缝预防

（1）温差裂缝。温差裂缝主要是砌筑材料在日照等温度变化较大的条件下，由于材料膨胀系数不同而产生裂缝，为了避免这种情况的发生，要在墙体表面增加保护层，防止并减缓温度差异。常见的方法是在装饰层与砌筑层之间铺装聚苯乙烯保温板，或涂刷柔性防水涂料，并在此基础上铺装一层防裂纤维网。

（2）材料裂缝。使用低劣的砌筑材料也会造成裂缝，尤其是新型轻质砌块，各地生产标准与设备都不同，其裂缝主要由材料自身的干缩变形引起，选购建房、改造砌筑材料时要特别注重材料的质量（图3-52）。此外，还应采用稳妥的施工工艺，施工效率较高的铺浆法易造成灰缝砂浆不饱满，且易失水，黏结力差，因此应采用“三一”法砌筑，即一块砖，一铲灰，一揉挤。

第五节　裱糊类墙面

裱糊类墙面经常用于餐厅、会议室、高级宾馆客房和居住建筑中的内墙装饰。目前，裱糊类墙面还存在着价格较贵、耐用性较差等缺陷，通常可分为壁纸和墙布两大类。

一、裱糊类墙面装饰的特点

裱糊类墙面是指用壁纸、墙布等材料，通过裱糊方式覆盖在外表面作为饰面层的墙面。在我国，用纸张、锦缎等裱糊室内墙面的历史由来已久。裱糊类装饰一般只用于室内，可以是室内墙面、顶棚或其他构配件表面，它要求基底有一定的平整度。与其他内墙面饰面装饰相比，裱糊类墙面装饰具有以下优点。

1. 施工方便

多数壁纸、墙布可以用普通胶粘剂粘贴，操作简便，且可以减少现场施工作业量，缩短工期，提高工效。

2. 装饰效果好

由于壁纸、墙布有各种颜色、花纹、图案，例如仿木纹、石纹、仿锦缎、仿瓷砖等，用于装饰后显得新颖别致、丰富多彩，此外，有的壁纸、墙布表面凹凸起伏，富有良好的立体感和质感（图3-53、图3-54）。

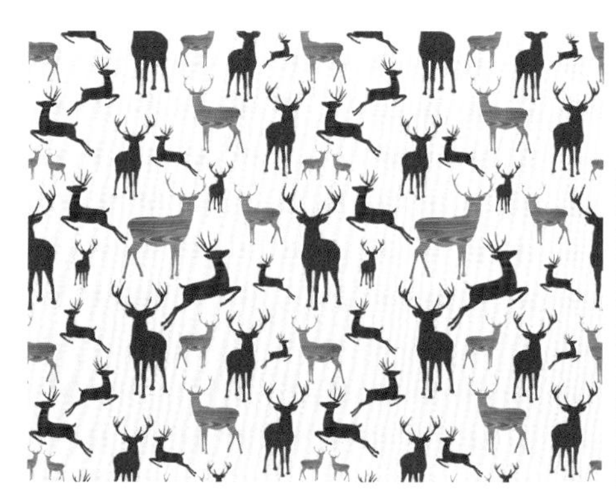

图3-53 色彩亮丽的壁纸

图3-54 具有立体感的3D壁纸

图3-53 | 图3-54

3. 多功能性

目前，市场供应的壁纸、墙布，还具有吸声、隔热、防菌、防霉、耐水等多种功能，实用性强。

4. 维护保养方便

大多数壁纸，墙布都有一定的耐擦性和耐污染性，故墙面易保持清洁，用旧后，调换更新也很方便。

5. 抗变形性能好

大部分壁纸、墙布都具有一定的弹性，可以允许墙体或抹灰层有一定程度的裂纹，也能简化高层建筑变形缝的处理程序。

二、壁纸

壁纸的种类较多，概括而言主要有普通壁纸、塑料壁纸（PVC壁纸）、复合纸质壁纸、纺织纤维壁纸、金属面壁纸、木片壁纸等，其主要性能特点可参见表3-7。

纸基塑料壁纸是目前产量最大、应用最广的一种壁纸，它是以纸为基层，用高分子乳液涂布面层，然后采用印刷方法套单色或多色，最后压花而成的卷材。

表3-7　壁纸的主要品种和特点

类别	品种	图示	特点	用途
壁纸类	普通壁纸		价格低廉，但性能差，不耐水，不能擦洗	一般住宅内墙和旧墙翻新或老式平房墙面装饰
	塑料壁纸（PVC壁纸）		具有一定的伸缩性和耐裂强度，故允许基层结构有一定程度的裂缝；花色图案丰富，且有凹凸花纹，富有质感及艺术感，装饰效果好；强度好，经拉经拽，施工简单，易于粘贴，易于更换；表面不吸水，可用布擦洗	适合于各种建筑物的内墙、顶棚、梁柱等贴面装饰
	复合纸质壁纸		色彩丰富，层次清晰、花纹深、花型持久，图案具有强烈的立体浮雕效果；造价低，施工简便，可直接对花；无塑料异味，火灾中发烟低，不产生有毒气体；表面涂覆透明涂层，耐洗性达“耐洗级”	适用于一般饭店、民用住宅等建筑的内墙、顶棚、梁柱等贴面装饰

续表

类别	品种	图示	特点	用途
壁纸类	纺织纤维壁纸		无毒、吸声、透气，有一定的调湿、防毒功效；视觉效果好。特别是天然纤维以它丰富的质感能够产生诱人的装饰效果，有贴近自然之感；防污及可洗性能较差、保养要求高；易受机械损伤	近年来国际流行的新型高级墙面装饰材料，适用于会议室、接待室、剧院、饭店、酒吧及商店的橱窗等
	金属面壁纸		表面具有不锈钢、黄铜等金属质感与光泽；寿命长、不老化、耐擦洗、耐污染	适用于高级室内装饰
	木片壁纸		形成真实的木质墙面，不会老化，也可涂清漆保护	用于仿古建筑装饰

用纸做基层易于保持壁纸的透气性，对裱糊胶的材性要求不高，故价格低、货源充足。塑料壁纸所用的纸基，一般是由按一定配比的硫酸盐木浆及棉短绒浆，或亚硫酸木浆及磨木浆做原料生产而成的，它具有一定的强度、盖底力与透气性，其纤维组织均匀平整，横幅定量差小，纸质不太紧，受潮湿后强度损失与变形小。

塑料壁纸表面花色众多，有仿粉刷、拉毛、木纹、印花、布纹、锦缎、毛料、大理石纹理、人造革等各种质感的。如制作时在塑料中掺发泡剂，印花后再加热发泡，则壁纸表面呈凹凸花纹，具有立体感，并兼有吸声效果。此外，塑料壁纸还具有防水、防火、防菌、防静电等功能的特种型（功能型）壁纸，以及适宜于施工的无基层壁纸、预涂胶壁纸、可剥离壁纸和分层壁纸。

无基层壁纸是在印花膜背面已涂好压敏胶，并附有一些可剥离的纸。裱棚时，将可剥离纸剥去，就可立即贴在墙上，施工极为简便。

预涂胶壁纸，即壁纸背面已预先涂有一层水溶性的胶粘剂，胶粘剂通常为淀粉类。裱糊时，先用水将背面胶粘剂溶解浸润，即可贴于墙上。

可剥离壁纸也是一种预涂胶壁纸，但壁纸本身强度高于预涂胶的黏结强度（在纸基中含有合成纤维）。如需更换时，可将壁纸完整地剥除，以减少对基层表面的重新处理。

分层壁纸同样也属于预涂胶壁纸，它的基层由两层纸贴合而成，贴合的强度小于预涂胶的黏结强度。如需更换时，只将上层纸剥去，下层纸留于墙面，形成较平的基层，新壁纸直接裱贴上去即可。

三、墙布

常见的墙布有玻璃纤维墙布、无纺贴墙布、装饰墙布、化纤装饰墙布及锦缎墙布等。

1. 玻璃纤维墙布

玻璃纤维墙布，是以中碱玻璃纤维作为基材，表面涂以耐磨树脂印花而成的一种卷材。这种贴墙布本身有布纹质感，经套色印花后色彩鲜艳，有较好的装饰效果。但是，它不能像壁纸那样根据工艺美术设计的需要，压成不同凹凸程度的纹理质感。玻璃纤维墙布除了可以耐擦洗、价格相对低廉、裱棚工艺比较简单外，它还是非燃烧体，有利于减少建筑物内部装饰材料的燃烧荷载，其不足之处就是盖底能力稍差，当基层颜色深浅不匀时，容易在裱糊面上显现出来，涂层一旦磨损破碎时，也有可能散落出少量玻璃纤维，因此在使用过程中要注意保养。

2. 无纺贴墙布

无纺贴墙布，是采用相、麻等天然纤维或涤纶、腈纶等合成纤维，经无纺成型，然后上树脂印花而成的卷材。无纺贴墙布挺括、光洁，表面色彩鲜艳，有羊毛感。这种墙布有一定的透气性和防潮性，而且有弹性，不易折断，能够擦洗而不褪色，其纤维不易老化，对皮肤无刺激作用。所以，无纺贴墙布适用于各种建筑的内墙面装饰，其中，涤纶棉无纺贴墙布尤其适用于宾馆客房和高级住宅室内装饰。

3. 装饰墙布

装饰墙布，是以纯棉平布为基材，经过前处理、印花、涂层而制成的一种卷材，它的特点是强度大、表面无光、花色美观大方，而且静电小、吸声、无毒、无味（图3-55）。

4. 化纤装饰墙布

化纤装饰墙布，是以化纤布为基材，经过一定处理后印花而成的一种卷材，它的特点是无分层、无毒、无味、透气、防潮、耐磨。化纤装饰墙布可用于各类办公室、会议室、宾馆及家庭居室的内墙面装饰（图3-56）。

5. 锦缎墙布

锦缎是丝织物的一种，它的优点是花纹图案绚丽多彩，古雅精致，质感、触感很好，但易生霉、不易清洁，而且价格昂贵，一般只适用于重要的建筑物做室内饰面（图3-57）。

四、墙纸、墙布的裱糊

墙纸、墙布均可直接粘贴在墙面的抹灰层上，墙纸一般采用107胶（聚乙烯醇缩甲醛）做黏结剂。粘贴前先清扫墙面，满刮腻子，用砂纸打磨光滑。墙纸裱糊前应先润纸，即先将墙纸在水槽中浸泡2～3min，进行闷水处理，取出后将多余的水抖掉，再静置15min，然后刷胶裱糊，运用这种方法也能将纸充分张开，粘贴到基层表面上后，纸基壁纸也会随水分的蒸发而收

图3-55 | 图3-56 | 图3-57

图3-55 装饰墙布

图3-56 化纤装饰墙布

图3-57 锦缎墙布

图3-58 利用涂胶机对壁纸进行涂胶工作

图3-59 基层表面均匀涂胶后施工

图3-58 | 图3-59

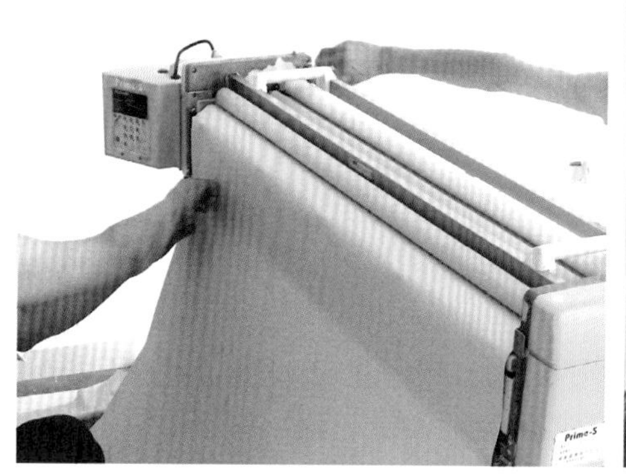

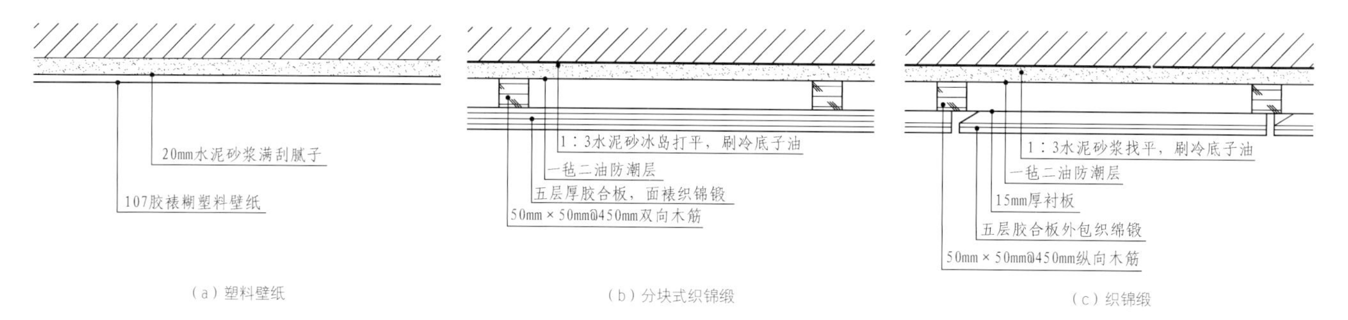

（a）塑料壁纸　（b）分块式织锦缎　（c）织锦缎

图3-60 裱糊类墙面

缩、绷紧。玻璃纤维墙布和无纺贴墙布无须润纸，因为它们遇水无伸缩性；复合纸质壁纸由于耐湿能力较差，故裱棚前严禁进行闷水处理。

纸基塑料壁纸刷胶时，可只刷墙面基层或纸基背面，裱糊顶棚时，两面都刷；对于较厚、较重的壁纸、墙布，如植物纤维壁纸、化纤贴墙布等，为增加黏结能力，应对基层与背面双面刷胶；玻璃纤维墙布、无纺贴墙布则可直接将胶涂于基层上，无须背面刷胶（图3-58、图3-59）。

在进行墙纸、墙布的施工过程中，必须遵守先垂直面，后水平面；先细部，后大面；先保证垂直，后对花拼缝的原则。垂直面是先上后下，先长墙面后短墙面；水平面是先高后低，粘贴时，还要防止出现气泡，并对拼缝处进行压实。

玻璃纤维墙布和无纺贴墙布由于材料性质和纸基的不同，宜用聚酯乙烯乳液做黏结剂，可以掺入20%的淀粉糊。由于它们盖底能力较差，如果墙面底色较深时，应满刮石膏腻子，并在胶粘剂中掺入10%的白涂料，如白乳胶漆等，锦缎裱糊的技术性和工艺性都要求很高。为了防潮、防腐，锦缎常裱糊在木质基层上，然后架空固定在墙面上，在施工过程中应保证基层平整，彻底干燥，以防墙布裱糊后发霉（图3-60）。

由于锦缎柔软光滑、极易变形，难以直接裱糊在木质基层面上，因而在裱糊时应先在锦缎背后上浆，并裱糊一层宣纸，使锦缎挺括，以便于裁剪和被糊上墙。

★ 补充要点

常规壁纸施工注意

常规壁纸施工讲究精雕细琢，对接缝的处理要求特别高，应当严密对齐，不留丝毫缝隙，粘贴后应用刮板及时赶压出气泡，养护期间仍要注意气泡的生成，及时处理。液体壁纸要注重后期的修饰，任何施工方式都会对表面花纹造成残缺，应及时用同色涂料进行修补。

第六节　镶板类墙面

镶板类墙面，是指用竹、木的制品，石膏板、矿棉板、塑料板、玻璃、人造革以及薄金属板材等材料制成的各类饰面板，通过镶、钉、拼、贴等构造手法构成的墙面饰面。这些材料往往有较好的接触感和可加工性，所以大量地被建筑装饰所采用。

例如，用木材做骨架和三夹板衬板组合，可以按设计需要加工成任意的弧面或形体转折，表面可以饰以各类饰面板，如珍木板、宝丽板、防火板或玻璃、金属薄板、人造革等，也可以作为基层涂刷涂料或裱糊墙纸等（图3-61、图3-62）。

一、竹、木制品

竹、木及制品可用于室内墙面饰面，经常被做成护壁或其他有特殊要求的部位，因为它们的导热系数低，有着良好的质感和纹理，接触感好。作为墙面护壁，常选用原木、木板、胶合板、装饰板、微薄木贴面板、硬质纤维板、圆竹、劈竹等；作为有吸声、扩声、消声等物理要求的常用墙面，常选用穿空夹板、软质纤维板、装饰吸声板及硬木格条等，硬木格条还常用于回风口、送风口等墙面。

1. 木与木制品护壁

木与木制品护壁是一种高级的室内装饰，它常运用于人们容易接触的部位，一般高度为1000～1800mm，甚至还可与顶棚平齐。

木与木制品护壁的构造方法是先在墙内预埋木枕或木砖，墙面抹底灰，涂刷热沥青或铺油毡防潮，然后钉双向木墙筋，中距400～600mm（视面板规格而定），木筋断面（20～45）mm×（40～45）mm。当要求护壁离墙面较远时，可由木砖挑出。图3-63为木护壁构造示意图。

图3-61 | 图3-62 | 图3-63

图3-61 玻璃饰面

玻璃饰面可作为电视背景墙的装饰面，既能使空间越发显得通透，同时也区别于传统，别具一格。

图3-62 木制品饰面

木制品饰面色彩选择丰富，必须注意的是在运用多种色彩时不建议大面积使用。

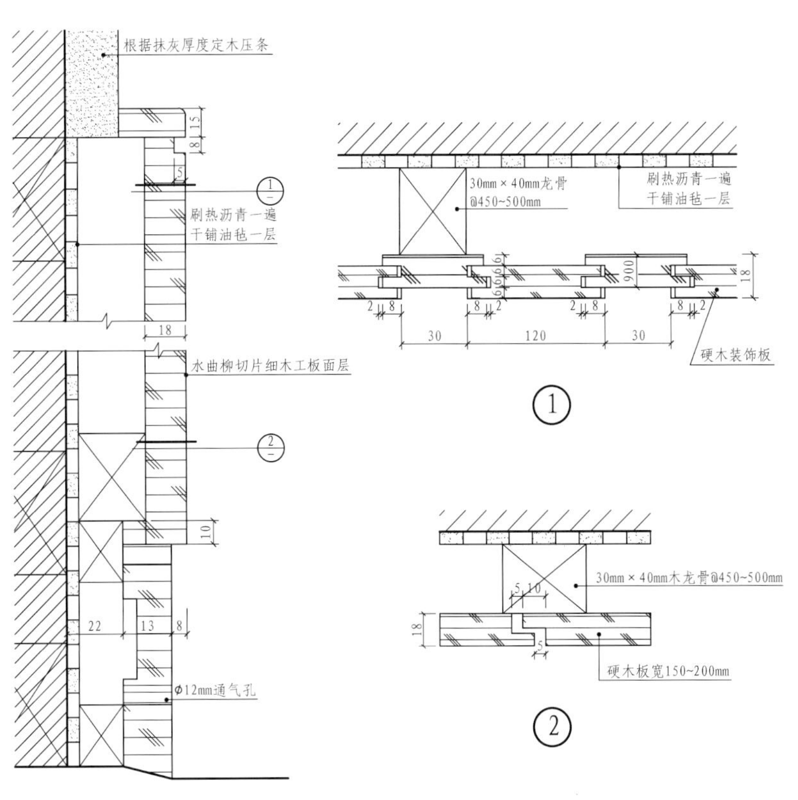

图3-63 木护壁构造示意

2. 吸声、消声、扩声墙面

采用一些表面加塑胶的木制品板材，如甘蔗板、刨花板、纤维板等，可以装饰成具有一定吸声性能的墙面，其构造与木护壁板相同（图3-64）。

采用胶合板、硬质纤维板、装饰吸音板等进行打洞，使之成为多孔板（孔的部位与数量根据声学要求确定），可以装饰成吸声墙面，其基本构造与木护壁板相同。但是，板的背后，木筋之间要求补填玻璃棉、矿棉、石棉或泡沫塑料块等吸声材料，松散材料应先用玻璃丝布、石棉布等进行包裹。

一些要求反射声音的墙面，如录音棚、播音室等，可以用胶合板做成半圆柱的凸出墙面来作为扩声墙面（图3-65）。硬木条墙面具有一定的消声效果，常用于各种送风口、回风口等墙面，木条的形状既要符合使用要求，又要方便施工（图3-66）

3. 竹护壁

竹板表面光洁、细密，其抗拉、抗压性能均优于普通木材，而且富有韧性和弹性，用于装

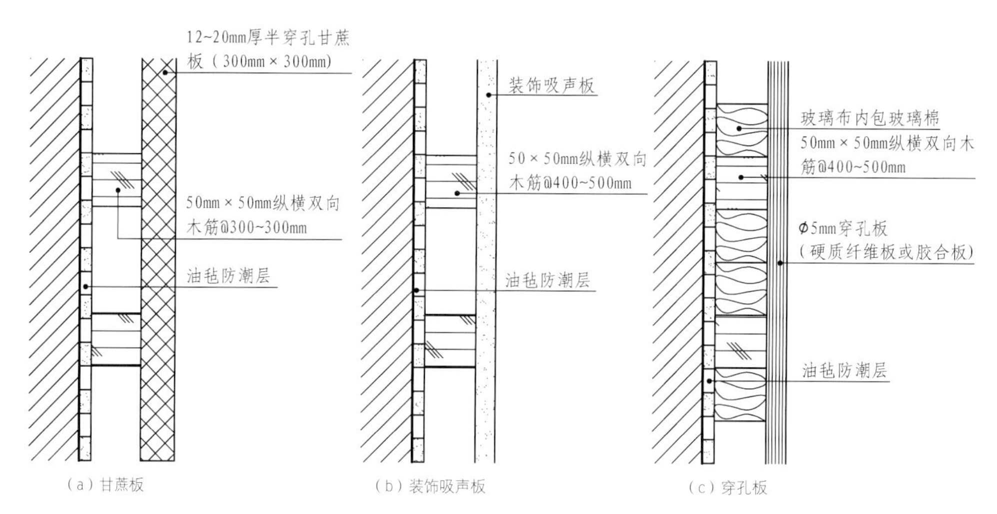

图3-64 吸声墙面构造

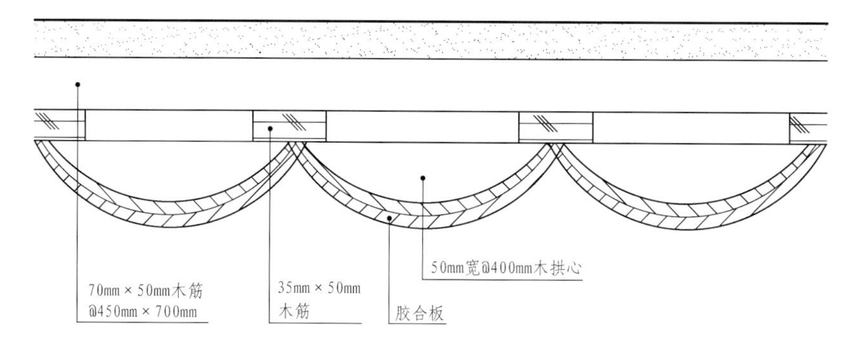

图3-65 扩声墙面构造

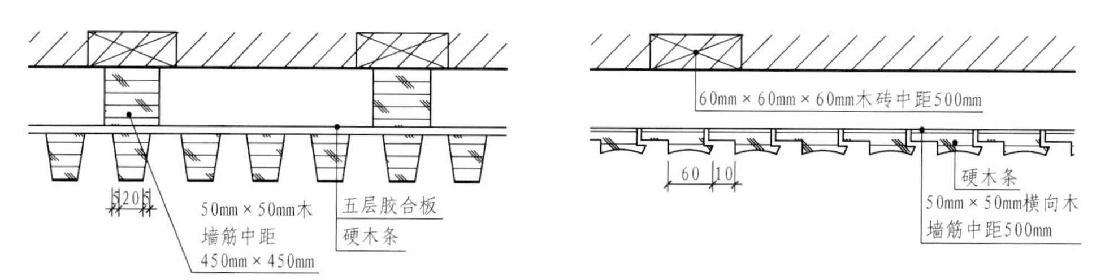

图3-66 硬木条墙面构造

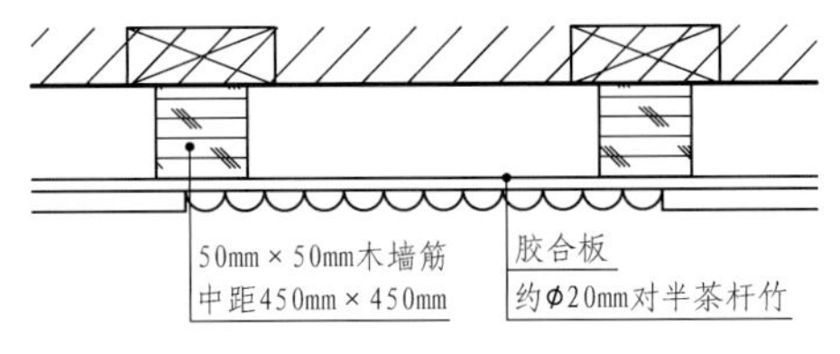

（a）钉半圆竹竿席纹墙面

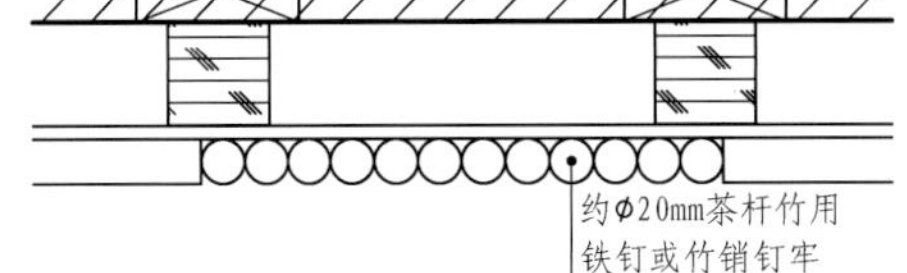

（b）钉圆竹竿

图3-67 竹护壁

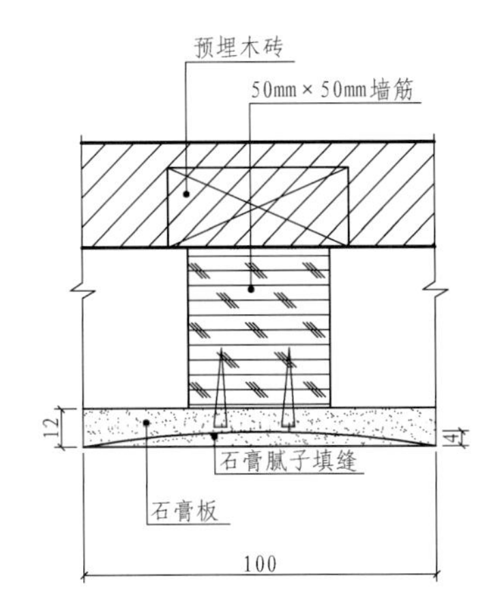

图3-68 木墙筋石膏板墙面

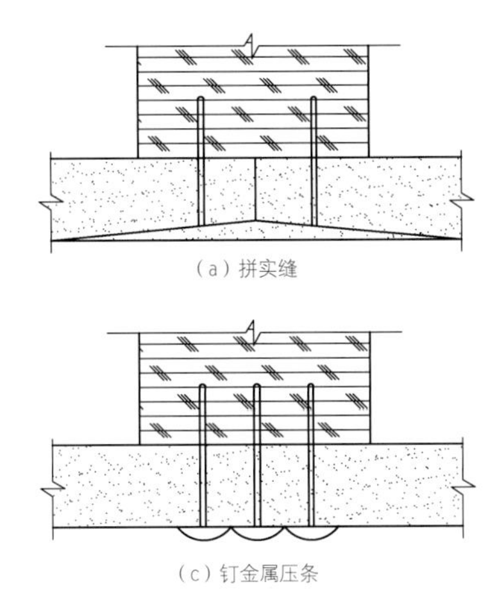

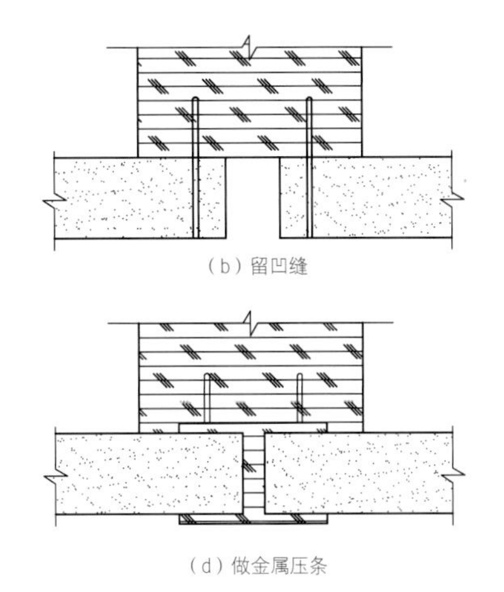

图3-69 石膏板缝拼接方式

饰中时，别具地方风格。由于竹材易腐烂或受虫蛀，且易干裂，使用前应进行防腐、防裂处理，或涂油漆、桐油等加以保护。

较大直径的竹材可剖成竹片使用，取其竹青做面层，将竹黄削平，厚度约10mm。以茶杆竹为例，可选用直径均20mm左右的整圆或半圆使用。根据设计尺寸固定在木板上，再装嵌在墙面上，做法如图3-67所示。

二、石膏板、矿棉板、水泥刨花板

石膏板是由建筑石膏加入纤维填充料、黏结剂、缓凝剂、发泡剂等材料，两面用纸板混成的板状装饰材料，它具有防火、隔声、隔热、质轻、强度高、收缩小、可钉、可锯、可刨、可黏结、不受虫鼠害、取材容易、生产简单、施工方便等特点，可广泛用于室内墙面和吊顶装饰工程。石膏板能以干作业代替湿作业抹灰，提高工效。石膏板墙面的安装，有用钉固定和黏结剂粘贴两种方法。

用钉固定的方法是先立墙筋，然后在墙筋的一面或双面钉石膏板。墙筋用木材或金属制作。木墙筋断面为50mm × 50mm（单面钉板）和50mm ×（80～100）mm（双面顶板），中距为500mm。金属墙筋用于防火要求较高的墙面，可用铝合金或槽钢（45mm × 75mm × 1.2m）制作。

采用木墙筋时，石膏板可直接用钉或螺丝固定（图3-68）。采用金属墙筋时，则应先在石膏板和墙面上钻孔，然后用自攻螺丝拧上。板缝处理可用拼缝、压缝等方式（图3-69）。

黏结法是将石膏板直接粘贴在墙面上。石膏板安装完成后，表面可油漆、喷刷各种涂料，也可裱糊墙纸。

矿棉板具有吸声、隔热作用，表面可做成各种色彩与图案，其构造与石膏板相同。

水泥刨花板是由水泥、刨花、木屑、石灰浆、水玻璃以及少量聚乙烯醇，经搅拌、冷压、养护而成的板材。它可以钉、锯、刨，同时还具有膨胀率小、耐水、防蛀、防火及强度好等性能特点。水泥刨花板的表面，既可以涂刷、印花，又可以做隔墙和天花板。

★ 补充要点

吸声材料

吸声材料是现代装修的必备材料，是提升生活品质的重要组成部分。声音主要通过空气传播，吸声板的主要功能是在板材中存在大量孔洞，当声音穿过时在孔洞中能够起到多次反射、转折，声能量促使吸声板的软性材料发生轻微抖动，最终将声能转化成动能，达到降低噪声的作用。吸声板的品种很多，主要产品包括岩棉吸声板、聚酯纤维吸声板、布艺吸声板、吸声棉及隔声毡等多种。

三、人造革墙面

皮革或人造革墙面，具有质地柔软、保湿性能好、能消声消震、易清洁等特点，常被用于健身房、练功房、练习室、幼儿园等要求防止碰撞的房间的凸出墙面或柱面。咖啡厅、酒吧、餐厅等公共场合，用皮革或人造革做墙裙可以显得舒适宜人，并容易保持清洁卫生。在录音室、小型影剧院或电话亭等处，有一定消声要求的墙面也经常会用到皮革或人造革。

皮革或人造革墙面的做法与木护壁相似。墙面应先进行防潮处理，先抹防潮砂浆，粘贴油毡，然后再通过预埋木砖立墙筋，钉胶合板衬底，墙筋间距按皮革面分块，用钉子将皮革按设计要求固定在木筋上。皮革里面可衬泡沫塑料做成硬底，或衬棕丝、玻璃棉、矿棉等柔软材料做成软底。

四、有机玻璃及塑料墙面

用有机玻璃或塑料做成的室内外墙面，具有自重轻、易清洁、色彩艳丽、易于加工成型等特点。用于墙面的塑料，应具有低燃烧性；用于室外墙面的塑料，应具有较好的抗老化性能。塑料的热膨胀系数大，在大面积使用时应当有足够的伸缩缝隙，其构造方法是用螺钉固定或用胶（氯仿等）粘贴，也可用压条固定（图3-70）。

★ 小贴士

环保的竹木墙面

竹木纤维是以锯末、木屑、竹屑等低等植、生物质纤维为主原料，利用高分子界面化学原理和塑料填充改性的特点，整个生产全过程不含任何胶水成分，完全避免了材料中由于甲醛释放导致对人体的危害。又因兼有木材和塑料的双重特性，摒弃了木材和塑料的缺陷，可在很多领域替代原木、塑料和铝合金等使用，市场应用前景广泛

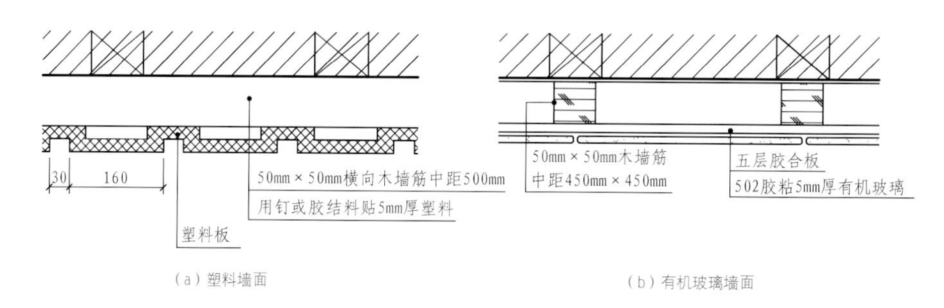

（a）塑料墙面　（b）有机玻璃墙面

图3-70 塑料墙面与有机玻璃墙面

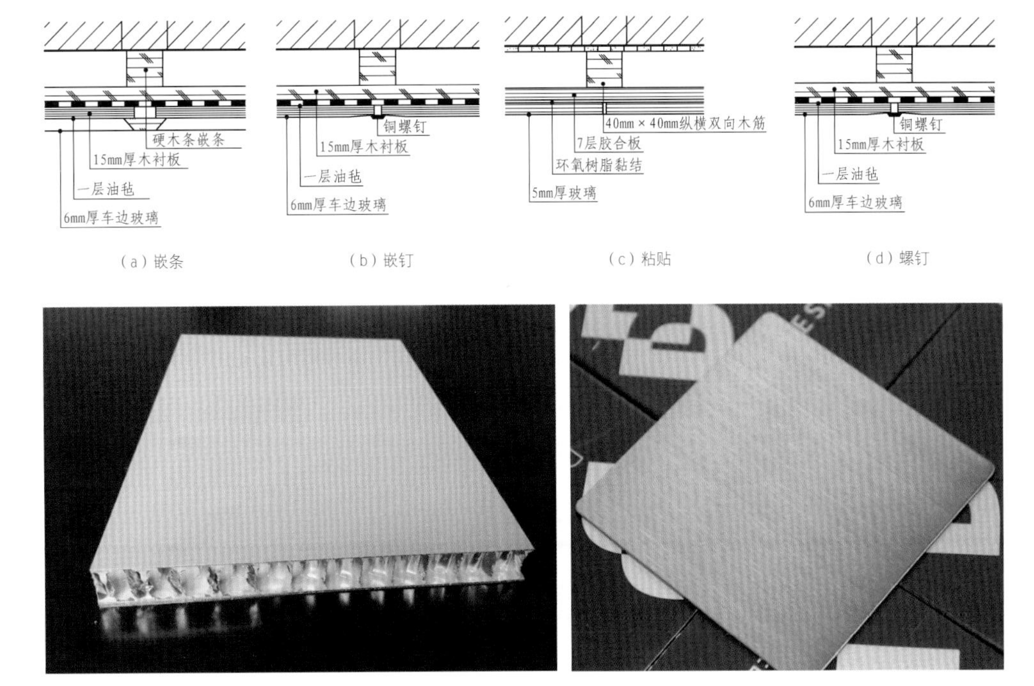

图3-71 玻璃墙面

图3-72 铝合金饰面板

铝合金饰面板加工成空腔蜂窝板材，能使饰面板具备更好的隔声、隔热能力。

图3-73 彩色不锈钢板

彩色不锈钢板色彩具备多样化特点，表面纹理可根据需要设计，装饰效果好。

图3-71
图3-72 | 图3-73

五、玻璃墙面

玻璃墙面是选用普通平板玻璃或特制的彩色玻璃、压花玻璃、磨砂玻璃等制作而成的墙面。平板玻璃可以在背面进行喷漆，成不透明的彩色效果。玻璃墙面光滑易清洁，用于室内可以起到活跃气氛、扩大空间等作用；用于室外则可结合不锈钢、铝合金等做门头等处的装饰，但不宜设于较低的部位，以免受碰撞而破碎。

玻璃墙面的构造方法是先在墙上按采用的玻璃尺寸立筋，纵横成框格，木筋上做好衬板。固定的方法有两种，一种是在玻璃上钻孔，用螺钉直接钉在木筋上，另一种是用嵌钉或盖缝条将玻璃卡住，盖缝条可选用硬木、塑料、金属（如不锈钢、铜、铝合金）等材料，其构造如图3-71所示。

第七节　其他材料墙面

在建筑装饰中还有利用金属以及玻璃幕墙制作而成的墙面饰面，这类饰面装饰效果好，造型新颖，颇受大众欢迎。

一、金属饰面板

金属饰面板是利用一些轻金属，如铝、铜、铝合金、不锈钢等，经加工制成各类压型薄板，或者在这些薄板上进行搪瓷、烤漆、喷漆、镀锌、电化覆盖塑料等处理，然后用来做室内外墙面装饰的材料。用这些材料做墙面饰面不仅美观新颖、装饰效果好，而且自重轻、连接牢固、经久耐用，在室内外装饰中都可见到。目前，比较常用的金属外墙饰面板，主要有铝合金饰面板和彩色不锈钢板（图3-72、图3-73）。

1. 铝合金饰面板

根据表面处理得不同，铝合金饰面板可分为阳极氧化处理和漆膜处理两种。经镀膜着彩处理的氧化膜，硬度高、耐磨、化学稳定性好，能长期保持光泽。

根据几何尺寸的不同，铝合金饰面板可分为条形扣板和方形板。条形扣板的板条宽度在150mm以下，长度可视使用要求确定。方形板包括正方形板、矩形板、异形板，板材厚度随使用部位的不同而有所区别。有时为了加强板的刚度，可压出肋条加筋，有时为了保暖、隔热、隔声，其断面还可加工成空腔蜂窝状板材。

铝合金饰面板是一种高档的饰面材料，一般安装在塑钢或铝合金型材所构成的骨架上，骨架包括横、竖杆。由于型钢强度高，焊接方便，价格便宜而且操作简便，所以用型钢做骨架的较多。型钢、铝材骨架均通过连接件与主体结构固定，连接件一般通过在墙面上打膨胀螺栓或与结构物上的预埋铁件焊接等方法固定。

★ 小贴士

金属饰面板的安装步骤

金属饰面板的安装要依照工序一步步稳扎稳打的实行，墙板的安装顺序是从每面墙的边部竖向第一排下部的第一块板开始，自下而上安装，安装完该面墙的第一排再安装第二排，每安装铺设10排墙板后，应吊线检查一次，以便及时消除误差。

铝合金饰面板由于材料品种的不同，所处部位的不同，因而构造连接方式也有变化。通常有两种方式较为常见，一是直接固定，即将铝合金板块用螺栓直接固定在型钢上；二是利用铝合金板材压延、拉伸、冲压成型的特点，将其制作成各种形状，并卡压在特制的龙骨上。前者耐久性好，常用于外墙饰面工程，后者施工方便，适宜室内墙装饰，这两种方法可以混合使用。铝合金扣板条的安装构造如图3-74所示，施工时可参考此图。

在具体的施工过程中还需要参考铝合金复合外墙板的细部构造节点图，具体图纸如图3-75～图3-78所示。

2. 彩色不锈钢板

彩色不锈钢板是在不锈钢板材上进行技术和艺术加工，使其成为各种色彩绚丽、光泽明亮的不锈钢板材，它的色调会随光照角度的变化而变幻。

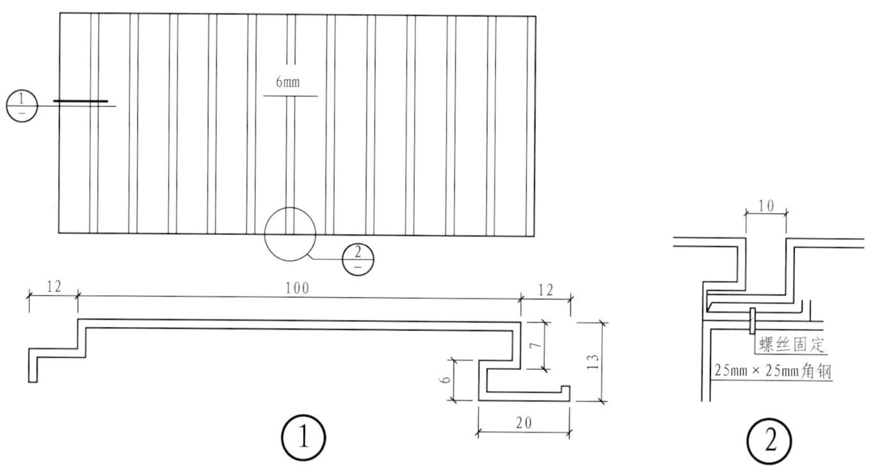

图3-74 铝合金扣板条的安装构造

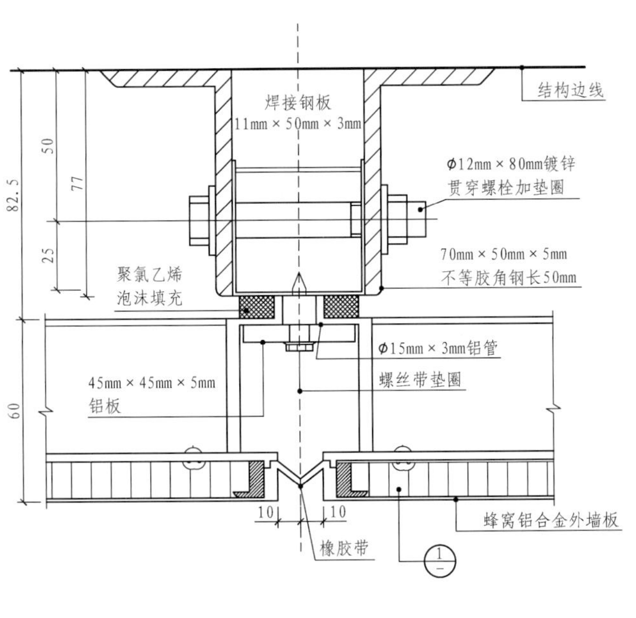

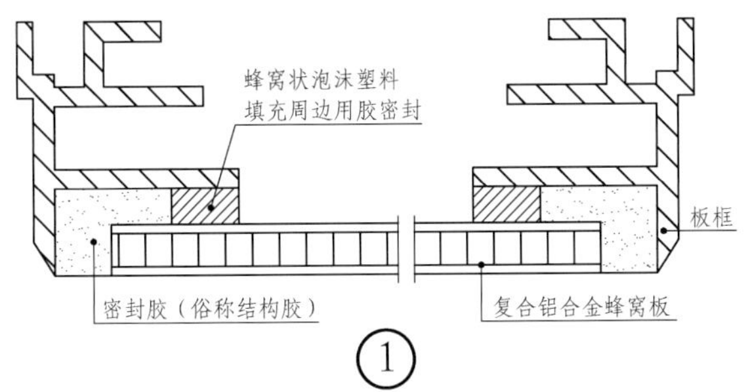

图3-75 铝合金隔热墙板安装示意

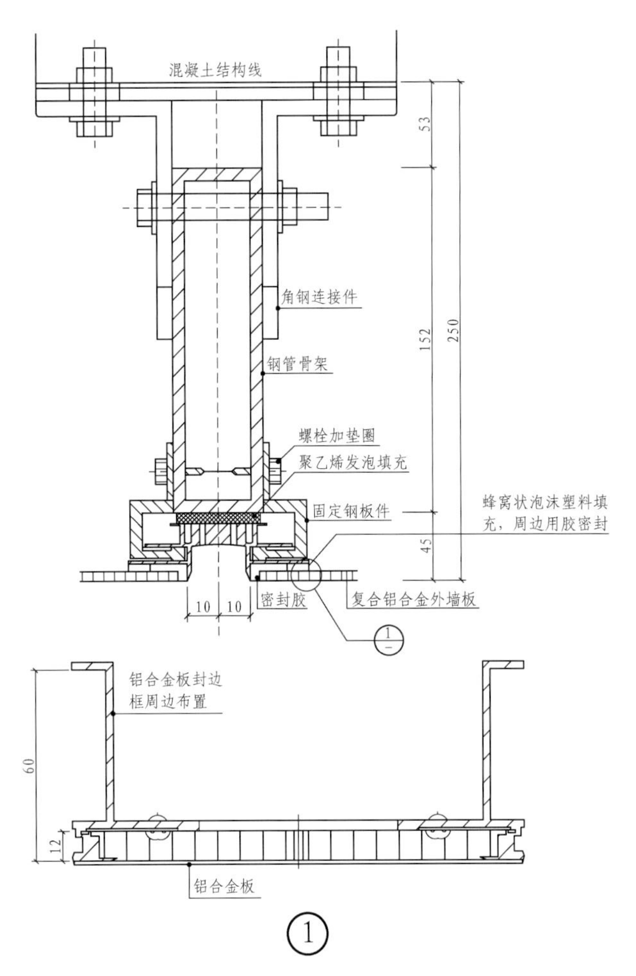

图3-76 铝合金墙板固定示意

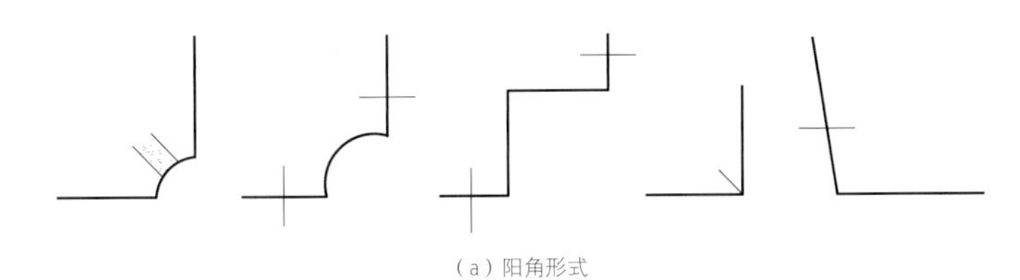

（a）阳角形式

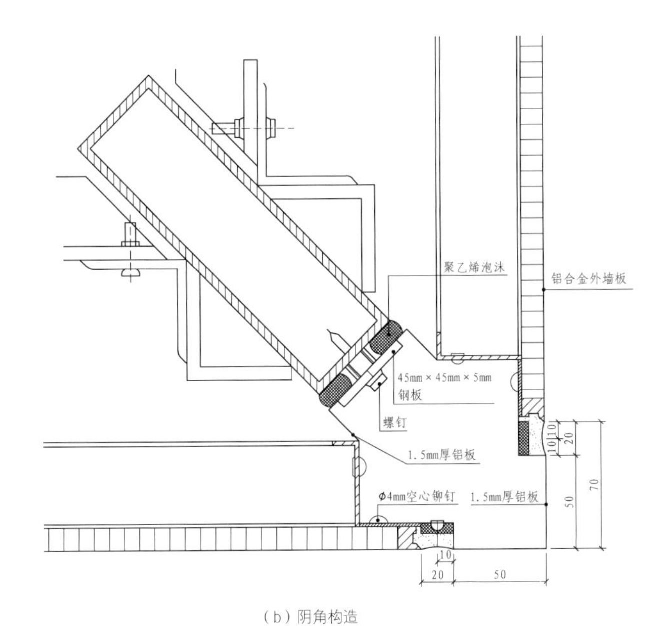

（b）阴角构造

图3-77 转角局部处理

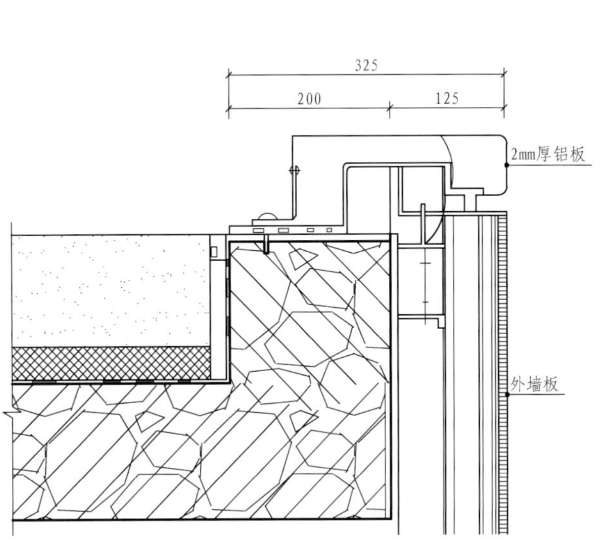

图3-78 铝合金水平盖板示意

彩色不锈钢板能耐200°C的温度，耐腐蚀性优于一般不锈钢板，彩色层经久而不褪色，适用于高级建筑装饰中的墙面装饰。目前，用于外墙面的彩色不锈钢板品种、规格较铝合金少，固定方法基本上与铝合金外墙板相同。

二、玻璃幕墙

幕墙，通常是指悬挂在建筑物结构框架表面的非承重墙。玻璃幕墙，主要是应用玻璃这种饰面材料覆盖在建筑物表面的墙。

玻璃幕墙技术在国外有较长的发展史，但直到20世纪80年代中后期才开始在我国推广应用。采用玻璃幕墙做外墙面的建筑物，整体会显得光亮、明快、挺拔，有较好的统一感，能给人以新颖和高技术的印象，特别是采用热反射玻璃的幕墙，能将周围的景物、环境、天空都反映到建筑物的表面，使建筑物与环境融合为一体。

玻璃幕墙制作技术要求高，而且投资大、易损坏、耗能大，所以一般只在重要的公共建筑立面处理中运用。

从组成上看，玻璃幕墙可分为幕墙框架和装饰面玻璃两部分。一般的幕墙都由骨架构成框架，也有由玻璃自承重的幕墙，这样的玻璃幕墙称之为无骨架玻璃幕墙。

玻璃幕墙所用的饰面玻璃，主要有热反射玻璃（俗称镜面玻璃）、吸热玻璃（亦称染色玻璃）、中空双层玻璃及夹层玻璃、夹丝玻璃、钢化玻璃等品种。另外，各种无色或着色的浮法玻璃也常被采用。从这些玻璃的特性来看，通常将前三种玻璃称为节能玻璃，将夹层玻璃、夹丝玻璃及钢化玻璃等称为安全玻璃。

一般各种浮法玻璃，仅具有机械磨光玻璃的光学性能，两面平整、光洁，而且板面规格尺寸较大。玻璃原片厚度有3～100mm等不同规格，色彩有无色、茶色、蓝色、灰色、灰绿色等。组合件产品厚度尺寸有6、9、12mm等规格。

玻璃幕墙的框架大多采用型钢或铝合金型材做骨架，骨架、主体结构和饰面玻璃三者联系在一起。常用的紧固件有膨胀螺栓、铝拉钉、射钉等。连接件大多用角钢、槽钢或钢板加工而成，其形式可根据实际需要而设计（图3-79、图3-80）。

有框玻璃幕墙除常见的将饰面玻璃嵌固在铝合金框内这种固定方式外，还有两种较为独特的固定方式，第一种为隐藏骨架式，这种方式立面上看不出骨架与窗框，是较新颖的一种玻璃幕墙，它的主要特点是玻璃的加工安装方法不是嵌入铝框内，而是用高强度黏合剂将玻璃黏结在铝框上，所以从立面看不见骨架与边框；第二种为骨架直接固定玻璃式，它的特点是不用铝合金边框，仅用特制的铝合金连接板，连接板周边与骨架用螺栓锚固，然后将玻璃黏结在铝合金板上，其骨架用铝合金型材和型钢均可。

图3-79 玻璃幕墙

图3-80 玻璃幕墙

图3-79 | 图3-80

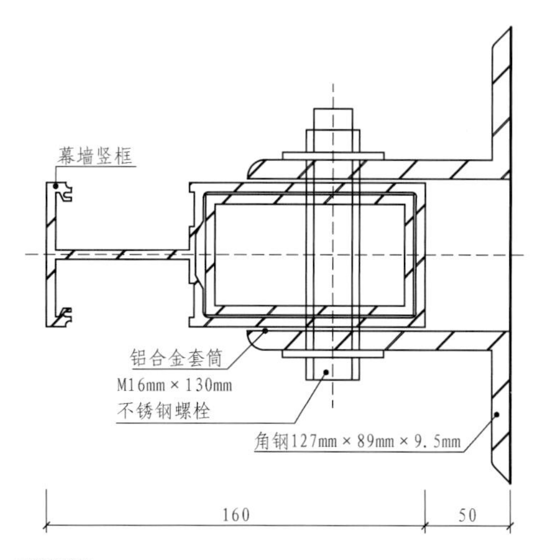

图3-81 立柱固定节点构造

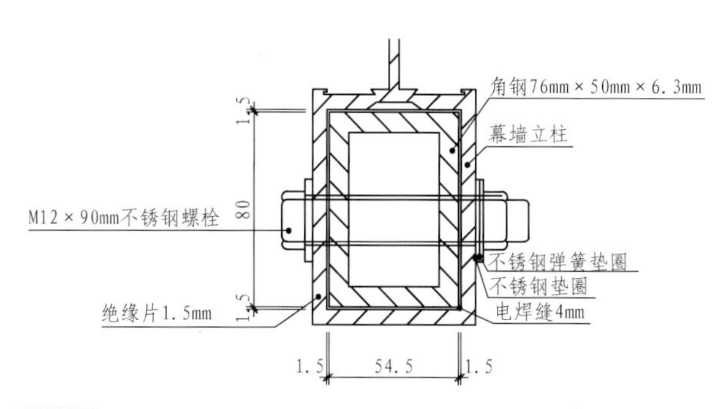

图3-82 立柱接长构造

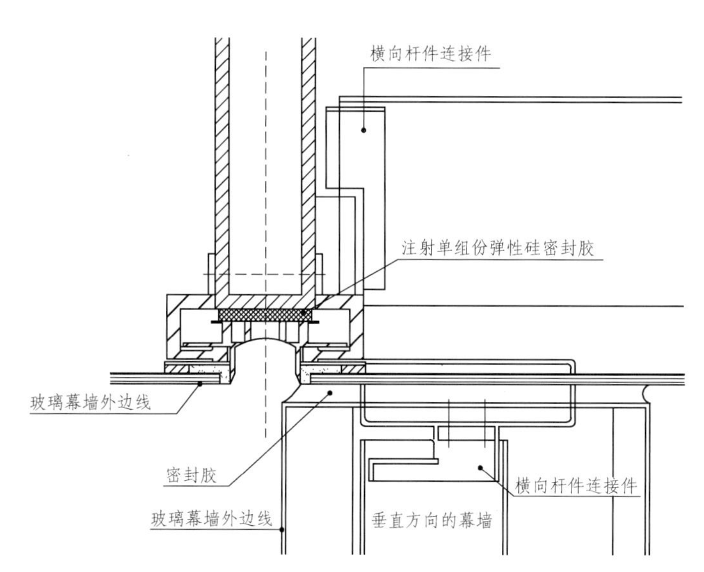

图3-83 横向杆件穿杆连接示意

1. 型钢骨架框架

型钢骨架框架由各种型钢钢材构成，骨架的各种连接件和紧固件，也均用型钢钢材。常用的型钢有角钢、方钢管、槽钢、工字钢、钢板等。型钢的特点是强度高、价格低、易加工、易焊接，但必须有防锈、防腐措施。

用型钢骨架框架安装固定玻璃幕墙时，玻璃应嵌固在铝合金框内，然后将铝框与型钢骨架固定。由于型钢骨架强度高，因此骨架与墙的连接锚固点间距可以适当加大，形成敞开的空间。

型钢骨架框架适宜大跨度、大幅立面的建筑，在施工时应予以防锈、防腐处理，常用的有刷漆或外包铝合金薄板，板厚度不大于1mm。刷漆应该按高级油漆工艺施工，漆膜应保证有一定的厚度，并保证色彩美观。

2. 铝合金型材框架

铝合金型材框架中的铝合金骨架既可以作为玻璃的嵌固板，又能作为与墙面锚固铁件连接的受力杆件，使骨架与框架合二为一，同时满足两方面的要求，因此这种框架是目前普遍采用的一种形式。铝合金型材的断面尺寸，应根据使用部位和抗风压能力，经过结构计算和方法比较后再做选择。方管横档常用长度为115、130、160、180mm等几种。转角处的立柱与横档，可根据不同的转角尺度做成非矩形截面。

立柱与主体结构之间的连接一般采用连接角钢，采用与预埋件焊接或膨胀螺栓锚固的方式与基体固定，使之能承受较高的抗拔力。固定时一般用两根角钢，将角钢的一条肢与立柱相连，角钢与立柱间的固定，宜采用不锈钢螺栓，以避免在接合部因两种金属间的电化学腐蚀而引起结构的破坏（图3-81）。

较高的玻璃幕墙均有竖向杆件接长的问题，尤其是塑铝骨架，必须用连接件穿入薄壁型材中用螺栓拧紧。其典型的接长如图3-82所示，图中两根立柱用角钢焊成的方管连接，并插入立柱空腹中，最后用M12mm×90mm不锈钢螺栓固定。

横向杆件型材的连接，应在竖向杆件固定完毕后进行。如果是型钢，可用焊接法固定，也可用螺栓或其他方法锚固。焊接中因幕墙面积较大、焊点多，故要排定焊接顺序，防止幕墙骨架的热变形。另一种固定方法，是用一穿插件，将横杆担于穿插件上，然后将横杆两端与穿插担件固定（图3-83）。

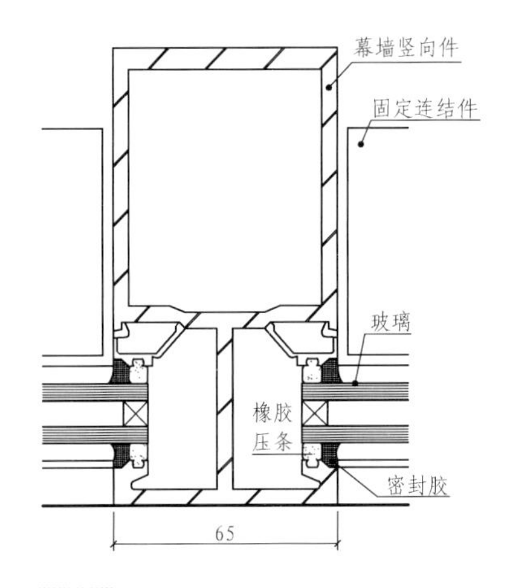

图3-84 双层中空玻璃在立柱上的安装构造

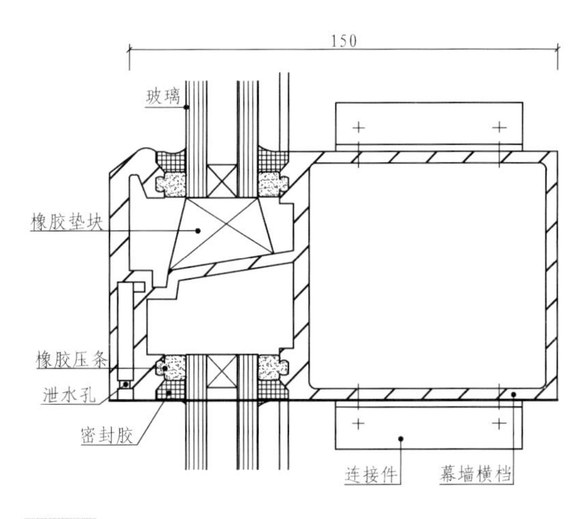

图3-85 铝合金横档上玻璃的安装构造

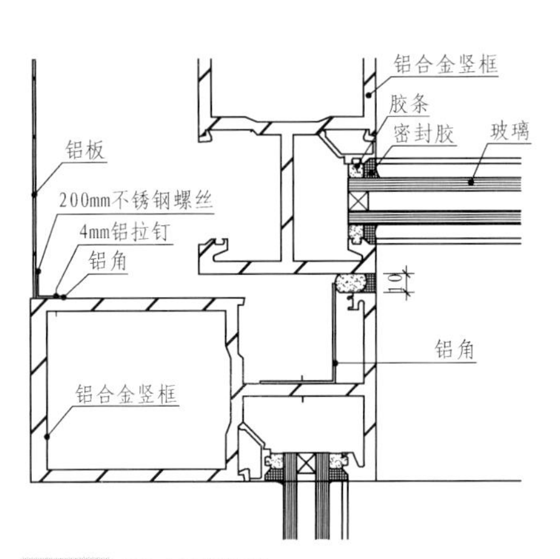

图3-86 90°内转角构造

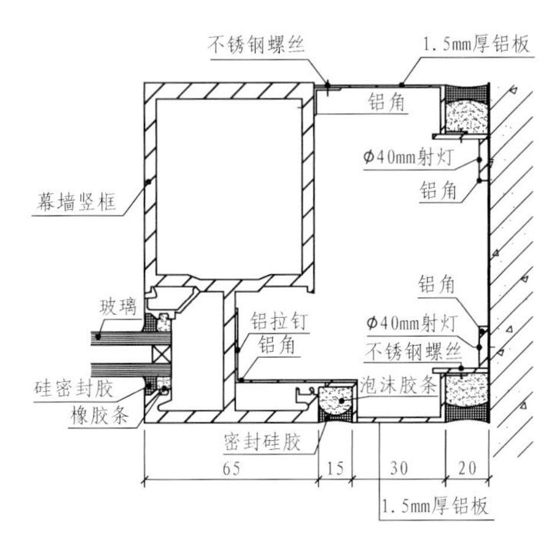

图3-87 玻璃幕墙与其他材料相交处构造

在采用铝合金横竖杆型材时，两者间的固定多用角钢或角铝作为连接件。角钢、角铝应各有一条肢固定横竖杆。在铝合金立柱上固定玻璃，其构造主要包括玻璃、压条和封缝这三个方面。压条常用的有铝合金压条和橡胶压条，其基本构造如图3-84所示。在横档上安装玻璃时，其构造与在立柱上安装玻璃稍有不同，主要是在玻璃的下方设置有定位垫块。另外，横档上支撑玻璃的部位是倾斜的，目的是为了便于排除因密封不严而流入凹槽内的雨水，外侧用一条盖板封住。因此，定位垫块的制作必须与此部位的斜度相适应（图3-85）。

玻璃幕墙的细部节点构造，是一项非常细致而又复杂的工作，它关系到玻璃幕墙能否安全使用。不同类型幕墙的节点细部处理有所差异，以下介绍一些典型做法。

（1）转角的构造处理。转角的构造处理依据转角位置的不同，主要可以分为阴角的构造处理和阳角的构造处理。

1）阴角的构造处理。阴角的构造处理有两种，一种是常见的内转角是90°的阴角处理，其构造特点是，通过两个立柱，按90°拼接，两立柱是垂直布置，接缝部位用密封胶将接口10mm间隙封闭，室内用铝合金板材封闭（图3-86）；另一种是幕墙与其他材料墙面的阴角转角处理，其构造特点是玻璃幕墙靠边的一根立柱与其他材料墙面留一段小的间隙，然后用铝合金板以及密封胶填充间隙，封盖表面。这种间隙既是幕墙与其他材料墙面排块中不是模数尺寸的调节段，又可调节安装中的施工误差，也是幕墙因温度差而设置的伸缩缝（图3-87）。

2）阳角的构造处理。当玻璃幕墙形成90°外转角（称为“阳角转角”）时，其构造也是将两根立柱按90°拼接，呈垂直布管，通常在转角部位用通长铝板做成装饰条封盖处理。装饰条可依不同风格的幕墙，压制成不同的形状（图3-88）。有时表面转角并不全部密封，而是留下一小段间隙，以利伸缩（图3-89）。

当玻璃幕墙阳角转角非90°时，即两立柱之交角大于90°，这时就应将垂直面立柱与非垂直面立柱（又称“斜向立柱”）按特定的角度拼接。如立柱为型钢制作，可以采用焊接固定较为简便；如为铝立柱，则应在立柱挤压成型时，定制转角异型立柱拼接专用转角，空余部位则可用铝合金板与密封材料封紧（图3-90、图3-91）。

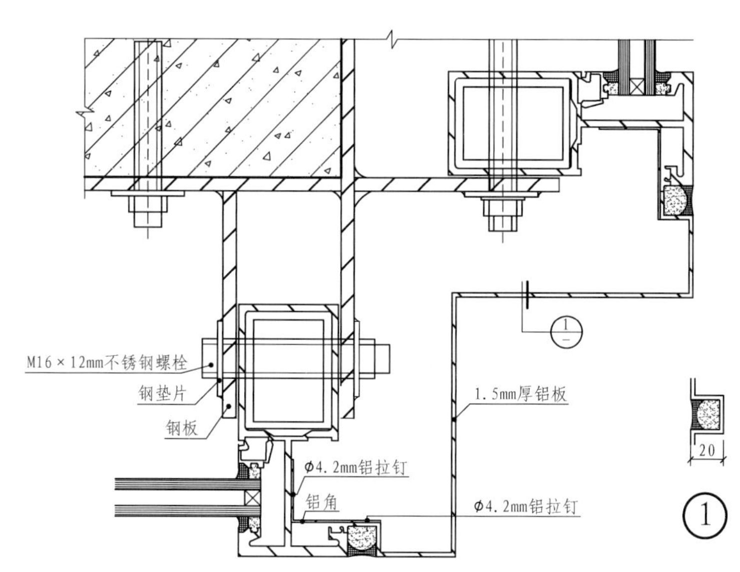

图3-88 90°外转角构造

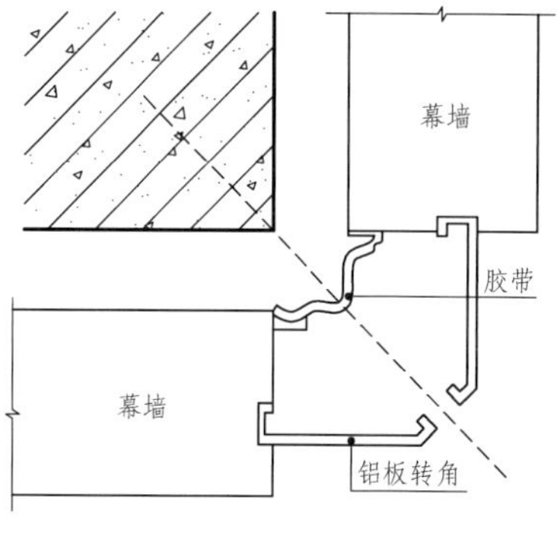

幕墙
胶带
幕墙
铝板转角

图3-89 90°外转角示意

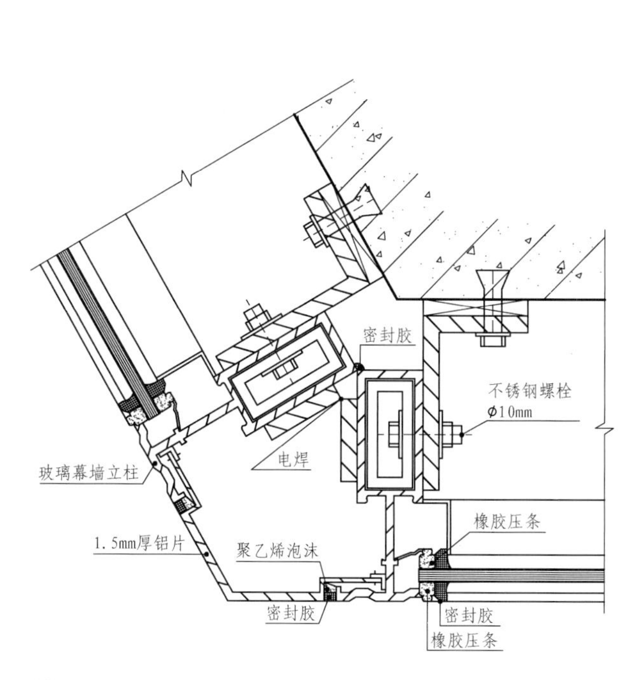

图3-90 墙面转角处理（型钢转角）

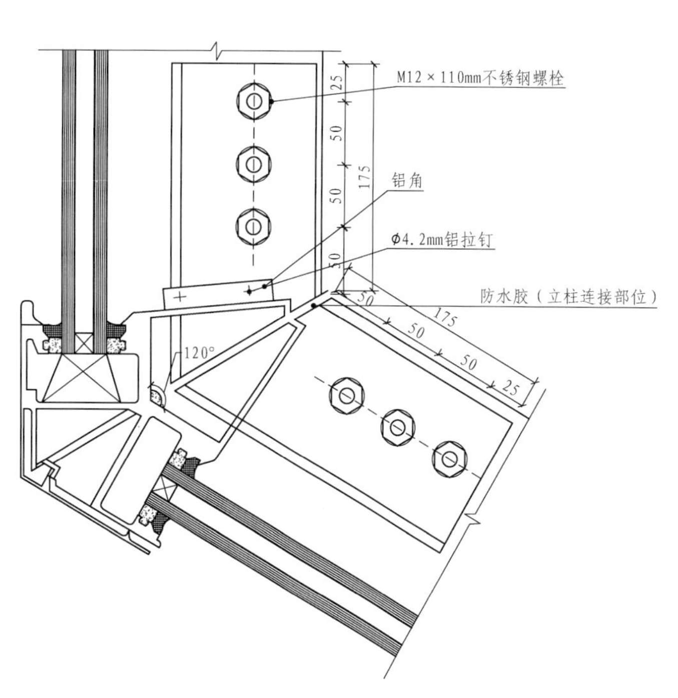

图3-91 墙面转角处理（铝异型立柱）

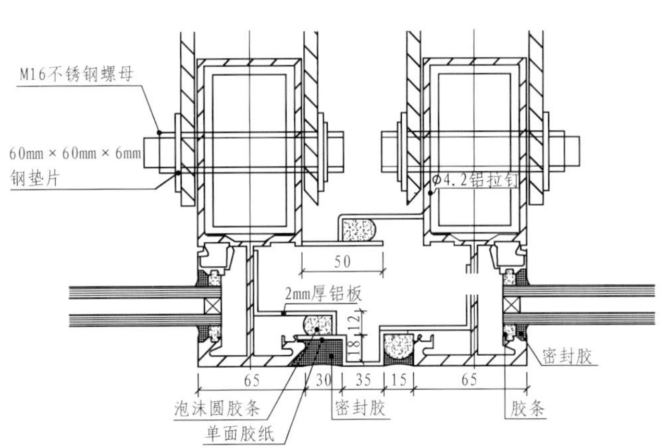

图3-92 常见伸缩缝、沉降缝构造

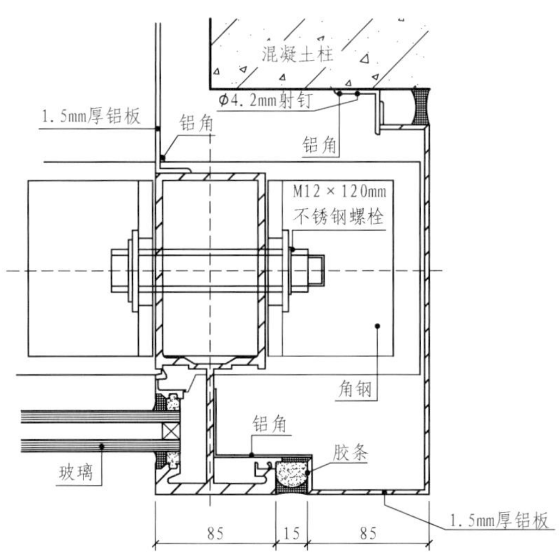

图3-93 立柱收口构造

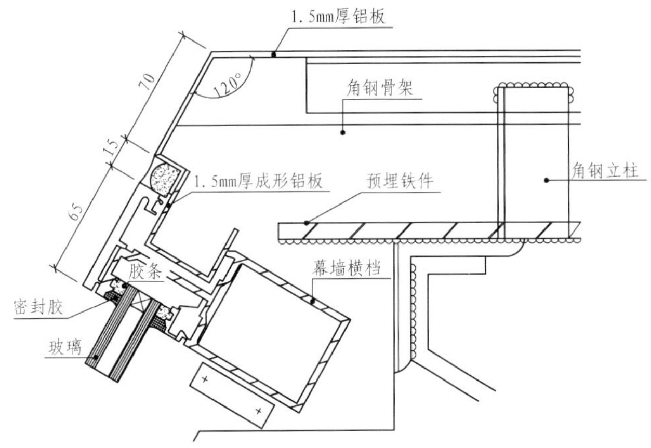

图3-94 幕墙斜面与女儿墙收口构造

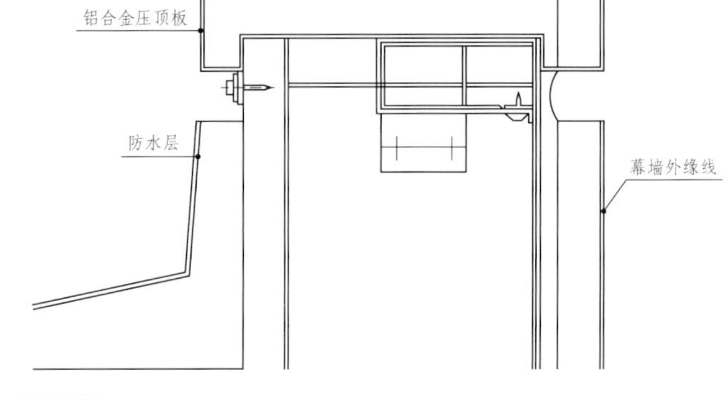

图3-95 幕墙压顶构造示意

（2）沉降缝的构造处理。玻璃幕墙的沉降缝和伸缩缝不仅是结构上安全的需要，还应兼顾美观并满足防水的功能。一般的处理方法是，在沉降缝或伸缩缝两侧各立一根立柱，骨架在此断开，成为两片玻璃幕墙体系，在缝隙内做两道防水密封，用成型的铝板分别固定在各自的立柱上（图3-92）。

（3）收口处理。所谓收口处理，就是幕墙本身一些接头转折部位的遮盖处理，如洞口、两种材料交接处、压项、窗台板和窗下墙等。

第一，幕墙最后一根立柱的小侧面，封闭可采用1.5mm厚成型铝板，将骨架全部包裹遮挡。为防止铝合金与块体伸缩系数不一致，相接处用铰连接，并注入密封胶做后续的防水工作（图3-93）。

第二，女儿墙压顶收口是用通长铝合金成型板固定在横杆上，在横杆与成型板间注入密封胶，压顶的铝合金板用螺栓固定于型钢骨架上（图3-94）。

第三，幕墙压顶收口的构造处理是幕墙渗漏与否的关键，常用一条成型铝合金板（压顶板）罩在幕墙顶面，在压顶型材下铺放一层防水材料（图3-95）。

3. 无骨架玻璃幕墙

无骨架玻璃幕墙多采用强度较高的钢化玻璃或夹层玻璃，玻璃应有足够的厚度，其组成特点是玻璃本身既是饰面材料，又是承重构件，它必须承受自重和风荷载。由于无骨架，玻璃可以采用大块饰面，以便使幕墙的通透感更强，视线更加开阔，立面更为简洁生动。玻璃还可以用特制的弧面玻璃或转角玻璃。因受到玻璃本身强度的限制，此类幕墙一般只用于首层，效果类似高落地窗，但性能远优于落地窗。由于造价昂贵，一般只用于装饰宾馆门厅等重点部位。

这种类型的玻璃幕墙多采用悬挂式构造，即以间隔一定距离设置的吊钩或特殊的型材，从上部将玻璃悬吊起来。吊钩及特殊型材一般是通过螺栓固定在槽钢主框架上，然后再将槽钢悬吊于梁或板底之下。此外，为了增强玻璃的刚度，还需要在上部加设支撑框架，下部加设支撑横档。

这种悬挂式玻璃幕墙除了设有大面积的面部玻璃外，一般还需加设与面部玻璃相垂直的肋玻璃，其作用是加强面玻璃的刚度，保证玻璃幕墙整体在风压作用下的稳定性。肋玻璃的材质同面玻璃的材质一样，都是透明材料，其宽度很小，一般只有十几到几十厘米，对玻璃幕墙的整体效果没有影响。

第八节　墙体特殊节点的装饰构造

对于墙体而言，除去基础的构造外，对于变形缝、窗帘盒、暖气罩、壁橱、勒脚以及线脚、花饰等特殊部位的处理也不可忽视，在施工时对于这些特殊节点的处理也要格外谨慎。

一、变形缝

墙面变形缝可分为伸缩缝、沉降缝和抗震缝，沉降缝一般兼起伸缩缝的作用，伸缩缝和沉降缝的构造处理基本相同。由于内外墙面的使用要求不同，墙面变形缝又可分为内墙变形缝和外墙变形缝。墙体变形缝的构造如图3-96及图3-97所示。

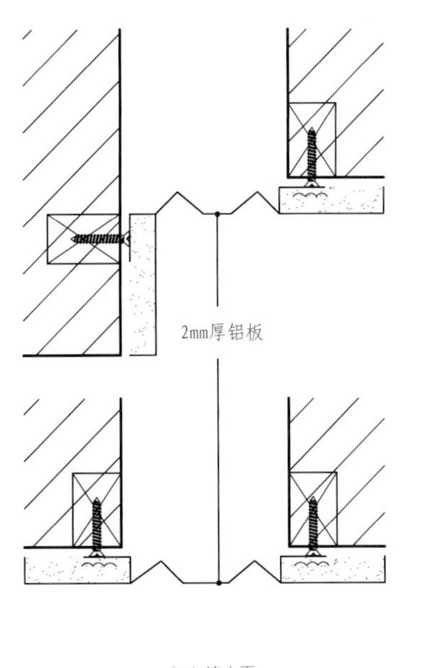

（a）墙内面

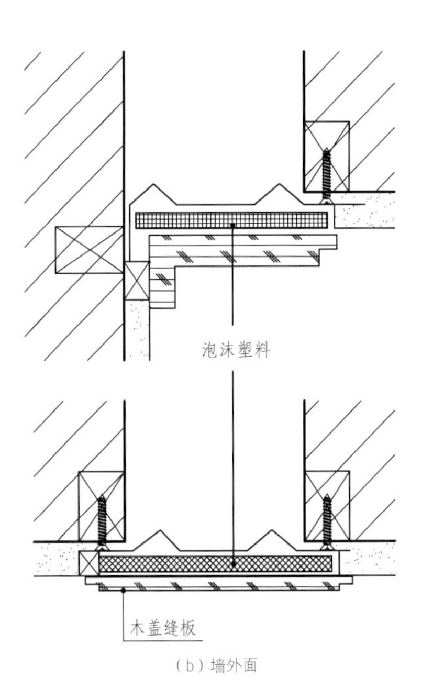

（b）墙外面

图3-96 墙体抗震缝构造

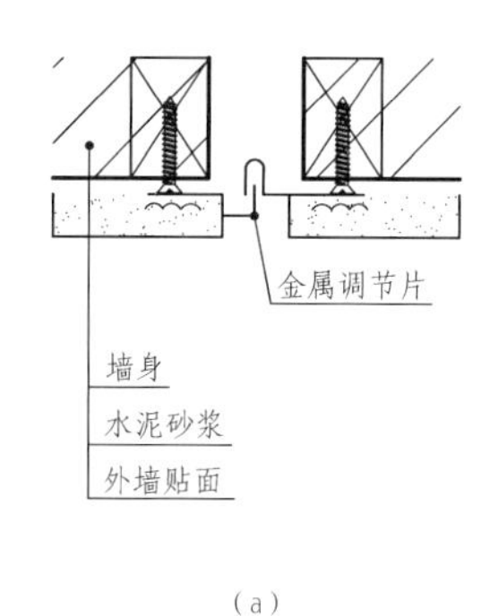

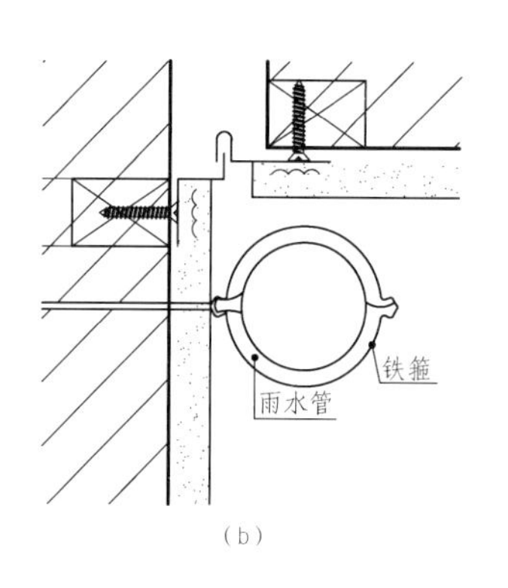

图3-97 墙体沉降缝构造

图3-98 已安装好的窗帘盒

窗帘盒安装可以分为明装和暗装两种，目前使用暗装较多一点，不同类型的窗帘盒要选用不同质地和重量的窗帘，为确保所安装的窗帘盒可以长久使用，安装后需要开合窗帘，进行最后的检验，并注意做好日常的清洁和保养工作。

二、窗帘盒

窗帘盒设置在窗的上口，主要用来吊挂窗帘，并对窗帘导轨等构件起遮挡作用，所以它也有美化居室的作用（图3-98）。窗帘盒的长度一般以窗帘拉开后不影响采光面积为准，一般为洞口宽度+300mm左右（洞口两侧各150mm左右）；深度（即出挑尺寸）与所选用的窗帘材料的厚薄和窗帘的层数有关，一般为120～200mm，保证在拉扯每层窗帘时互不牵动。

吊挂窗帘的方式有软线式、棍式和轨道式三种。

1. 软线式

软线式选用14号铅丝或包有塑料的各种软线吊挂窗帘。软线易受气温的影响产生热胀冷缩而出现松动，或者由于窗帘过重而出现下垂。因此，可在端头设元宝螺丝帽加以调节。这种方式多用于吊挂轻质的窗帘或跨度在1000～1200mm的窗口。

2. 棍式

棍式采用ϕ10钢筋、铜棍、铝合金棍等吊挂窗帘布。这种方式具有较好的刚性，当窗帘布较轻时，适用于1.5～1.8m宽的窗口，跨度增加时，可在中间增设支点。

3. 轨道式

轨道式采用以铜或铝制成的窗帘轨，轨道上安装小轮来吊挂和移动窗帘，这种方式具有较好的刚性，可用于大跨度的窗子。由于轨道上设有小轮，拉扯窗帘方便，因而特别适宜于重型窗帘布。

窗帘盒的支架应固定在窗过梁或其他构件上，当层高较低或者窗过梁下沿与顶棚在同一标高时，窗帘盒可以隐藏在顶棚上，其支架固定在顶棚搁栅上。另外，窗帘盒还可以与照明灯槽、灯具结合成一体。

★ 补充要点

窗帘盒安装注意事项

窗帘滑轨、吊杆等构造不应安装在窗帘盒上，应安装在墙面或顶面上。如果有特殊要求，窗帘盒的基层骨架应预先采用膨胀螺钉安装在墙面或顶面上，以保证安装强度。

三、暖气罩

暖气散热器多设于窗前，暖气罩多与窗台板等连在一起，常用的布罩方法有窗台下式、沿墙式、嵌入式和独立式等几种（图3-99）。暖气罩既要能保证室内均匀散热，又要造型美观，具有一定的装饰效果。暖气罩常用的做法有以下几种。

1. 木材制作

木制暖气罩舒适感较好，一般采用硬木条、胶合板等做成格片状，也可以采用上下留空的形式。

2. 钢、铝材质制作

金属暖气罩具有性能良好、坚固耐用等特点，一般采用钢或铝合金等金属板冲压打孔，或采用格片等方式制成暖气罩。

四、壁橱

壁橱一般设在建筑物的入口附近、边角部位或与家具结合在一起。壁橱深度一般不小于500mm，主要由壁橱板和门板构成，壁橱门可平开或推拉，也可不设置门而只用门帘遮挡（图3-100）。当壁橱兼作两个房间的隔断时，应具备良好的隔声性能，较大的壁橱还可以安装照明灯具。

五、勒脚

外墙接近室外地坪处的表面部分，叫勒脚。由于该部位墙面经常受地面水、雨、雪的侵袭，还容易受外界各种机械力碰撞，如不加保护，很可能使墙体受潮、墙身受损，致使室内抹灰脱落，影响建筑物的正常使用和耐久性。因此，勒脚常用如下几种构造处理方法如表3-8所示。

表3-8　　勒脚常用构造处理方法

序号	方法
1	在勒脚部位墙身加厚60～120mm，再抹水泥砂浆或做水刷石
2	在勒脚部位墙身镶砌天然石材
3	在勒脚部位镶贴石板、面砖等坚固耐久的材料
4	在勒脚部位涂抹20～30mm厚、1：2.5水泥砂浆，或做水刷石饰面

一般民用建筑的勒脚处较多采用水泥砂浆抹面或做水刷石。为了保证抹灰层与砖墙黏结牢固，防止表皮脱壳，可在墙面上留槽使抹灰嵌入，注意勒脚的抹灰要伸入散水。

勒脚的高度与饰面材料的色彩会影响建筑物的立面效果，一般应根据立面处理决定，从防护目的考虑应不低于500mm。勒脚的构造如图3-101所示。

图3-99 置于窗台下的暖气罩

图3-100 平开门式的壁橱

图3-99 | 图3-100

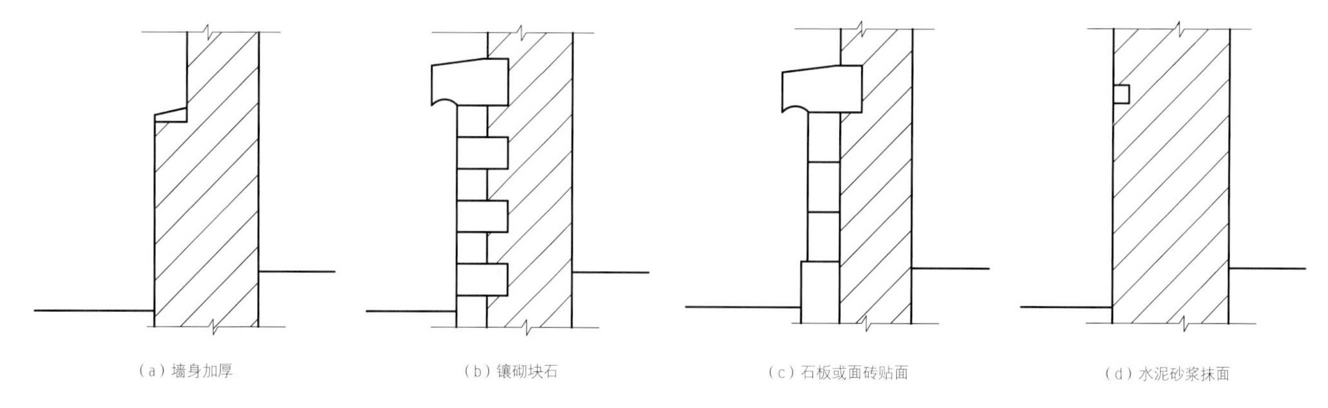

图3-101 勒脚的构造

★ 小贴士

勒脚的设计方式

勒脚的设计方式主要有：抹水泥砂浆、刷涂料勒脚、贴石材勒脚、面砖勒脚等防水耐久的材料。勒脚使用的材料有涂料、砖、石材等。根据《建筑工程建筑面积计算规范》（编号GB/T 50353—2005）规定："单层建筑物的建筑面积，应按其外墙勒脚以上结构外围水平投影面积计算。"

六、线脚与花饰

线脚常用的有抹灰线脚和木线脚两种。花饰是指在抹灰过程中现制的各种浮雕图形。花饰与抹灰线在适用范围、工艺原理等方面均相同，只不过是所用模具因花型不同而有很大变化，材料为石膏浆。下面仅介绍抹灰线做法，花饰制作可模仿此工艺进行。

抹灰线的式样很多，线条有简有繁，形状有大有小，一般可分为简单灰线、多线条灰线。简单灰线通常称为出口线角，常用于室内顶棚四周及方柱、侧柱的上端。多线条灰线，一般是指三条以上、凹槽较深、开头不一定相同的灰线。常用于房间的顶棚四周、舞台口以及灯光装置的周围等。

木角线主要有檐板线脚、挂镜线脚等。木线脚根据室内装饰要求不同而简繁不一。简单的可采用挂镜线脚，而复杂的则可采用檐板线脚或二者兼具。檐板线脚可分为冠顶饰板、上檐板、下檐板、挡板及压条等。木线脚的各种板条一般都固定于墙内木榫或木砖上。

第九节　案例解析：墙面材料与制作

铺装施工技术含量较高，需要具有丰富经验的施工员操作，讲究平整、光洁，是装修施工的重要面子工程，墙面的装饰效果主要通过铺装施工来表现。

一、墙面砖铺装

墙面砖铺装要求粘贴牢固，表面平整，且垂直度标准，具有一定施工难度。

1. 施工图（图3-102、图3-103）

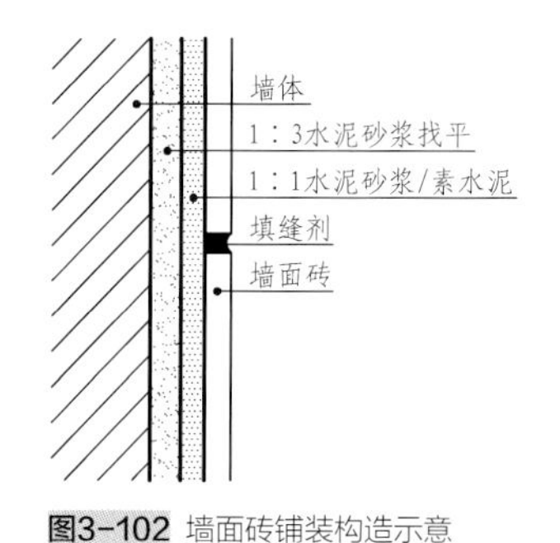

图3-102 墙面砖铺装构造示意

2. 施工流程

（1）清理墙面基层。铲除水泥疙瘩，平整墙角，但是不要破坏防水层，同时，选出用于墙面铺贴的瓷砖浸泡在水中3～5h后取出晾干（图3-104、图3-105）。

（2）配置材料。配置1∶1水泥砂浆或素水泥待用。对铺贴墙面洒水，并放线定位，精确测量转角、管线出入口的尺寸并裁切瓷砖（图3-106）。

（3）施工。将调配好的1∶1水泥砂浆或素水泥均匀涂抹至瓷砖背面，厚度约10mm（图3-107）。

（4）填缝。采用瓷砖专用填缝剂填补缝隙，使用干净抹布将瓷砖表面擦拭干净，养护待干（图3-108）。

在施工过程中，可随时采用水平尺校对铺装构造的表面平整度，随时采用尼龙线标记铺装构造的厚度，随时采用橡皮锤敲击砖材的四个边角，这些都是控制铺装平整度的重要操作方式。现代装修所用的墙砖体块越来越大，如果不得要领，铺贴起来会很吃力，而且效果也会欠佳。因此，在施工过程中，要注意细节，才能保证达到理想的施工效果。

二、乳胶漆涂刷

乳胶漆作为大众普遍会选择的墙面涂刷材料，在施工之前一定要选购适合且质量有保证的产品，乳胶漆的施工比较简单，但必须按照工序一步步的实施，施工之后还需做好基本的清洁

图3-103 墙面砖铺装构造施工

图3-104 墙面砖浸泡

图3-105 墙面砖晾干

图3-106 放线定位

墙面砖铺贴时，为确保施工效果的完整性以及科学性，需使用专业的定位仪进行瓷砖的定位，定位仪所处的位置必须水平，以免测量出来的尺寸有偏差，影响施工效果。

图3-107 涂抹水泥

湿贴瓷砖时，瓷砖背面的水泥要均匀，不宜过厚，否则可能会因自重过大而导致瓷砖脱落

图3-108 填缝擦拭

瓷砖铺贴完成后，需填缝，注意填缝距离在1~2mm，填缝之后要擦拭干净。

图3-103	图3-104
图3-105	图3-106
图3-107	图3-108

和防护工作，当然，后期的保养工作自然必不可少。此外，用户还可根据自身喜好和建筑空间的整体风格来选择乳胶漆的质地和色泽。

1. 工具准备

在施工之前，要将乳胶漆涂刷所用到的工具一一准备好，并检查是否能正常施工（图3-109）。

2. 清理基层

在乳胶漆涂刷之前要将基层清理干净，不论是灰毛坯空间还是已经做过一次腻子的空间，其墙面都必须进行修补，必须保证墙面平整、坚固，表面没有任何粉化、空鼓、起砂以及墙皮脱落等现象（图3-110）

3. 墙面刮腻子

腻子粉的搅拌要均匀，为了保证施工效果，一般建议刮两次腻子，后一次刮腻子要等第一次腻子完全干固后再施工，且两遍腻子的厚度要控制好，不宜太厚。

4. 墙面打磨

刮完腻子后，有些墙面依旧会存在不平整的地方，这时就需要使用砂纸进行人工打磨，修复不平整的区域，一般应在光线充足的情况下打磨，也可以借助太阳灯照明辅助检查平整度（图3-111）。

5. 涂刷乳胶漆

乳胶漆调和完毕后就可以进行涂刷了，一般有排刷、辊刷以及喷涂这三种方法。

（1）排刷。排刷最省涂料，施工时需要一点一点，按照从上往下、从左往右的顺序进行，这样也能保证涂刷均匀（图3-112）。

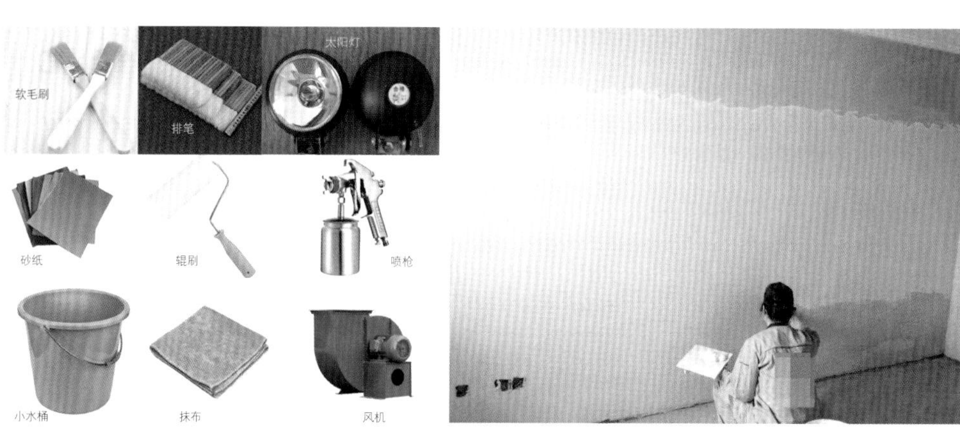

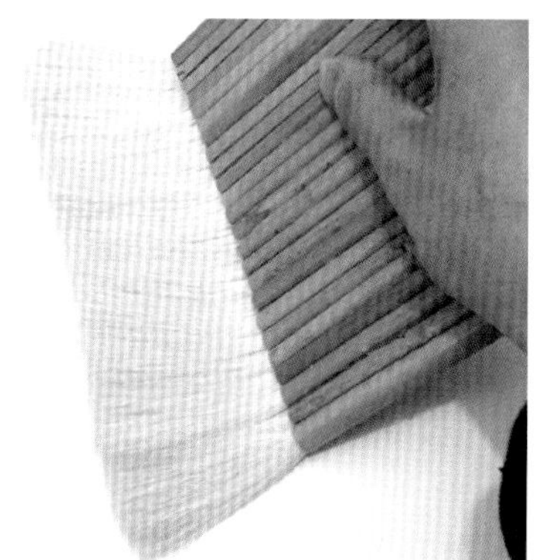

图3-109 工具准备

刷乳胶漆需要用到的工具有软毛刷、排笔、太阳灯、砂纸、辊刷、喷枪、小水桶、抹布以及风机等。

图3-110 基层处理

墙面出现基层不平和坑洼面时，应该使用配套腻子刮平，阴阳角必须弹线来调整水平垂直的角度。

图3-111 墙面打磨

不同的砂纸适用于不同的工艺，打磨要选择合适的砂纸，且需待墙面腻子完全干透后才可进行打磨，注意控制好打磨力度，以免破坏腻子基层。

图3-112 排刷

排刷施工时刷子上不要蘸取过多的乳胶漆，以免乳胶漆掉落身上或出现刷墙“落泪”现象。

图3-109	图3-110
图3-111	图3-112

图3-113 辊刷

辊刷施工时可配合小毛刷施工，小毛刷可用于墙体边角处的细节涂刷。

图3-114 喷涂

喷涂是使用喷枪进行有规律地移动喷涂，施工时要注意接在部位颜色要保持一致、厚薄均匀。

图3-113 | 图3-114

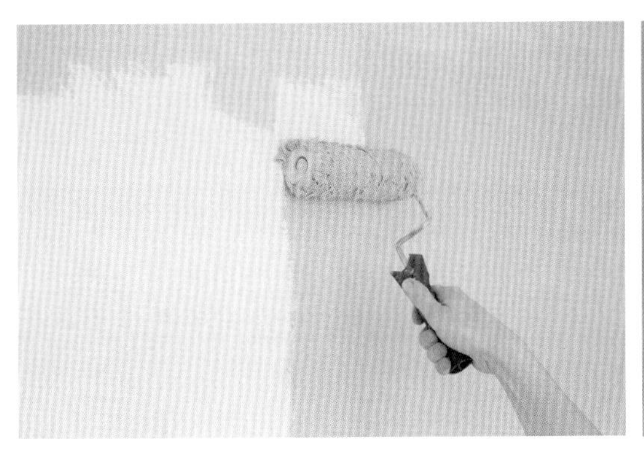

（2）辊刷。辊刷性价比较高，施工比较方便，但施工时可能无法将墙体的边角涂刷到，比较浪费涂料，一般使用毛辊辊涂两遍即可，夏季间隔时间要在2h以上，冬季则需更长的间隔时间（图3-113）。

（3）喷涂。喷涂的施工效果比较自然，施工速度也快，非常省时，但在施工过程中墙面容易出现颗粒，不太好修补（图3-114）。

在涂刷乳胶漆时经常会出现涂刷后起泡、反碱掉粉、落泪、透底、涂层不平滑以及墙面开裂等问题，为了更好地解决这类问题，首先就必须清楚地明白是何种原因造成了该种现象。

首先，在施工时，可充分搅拌涂料，掌握好漆液的稠度，并提前在底腻子层上刷一遍胶水。墙体如果出现透底的情况，则可能是因为涂刷时涂料过稀、次数不够或材料质量差；其次，在施工中应选择含固量高、遮盖力强的产品；最后，如果出现涂层不平滑现象，可在施工后用细砂纸打磨光滑。

本章小结：

墙面装饰分类众多，用户可根据需要选择合适的墙面，不论是抹灰类墙面、涂刷类墙面、贴面类墙面、裱糊类墙面、镶板类墙面、金属墙面，还是玻璃幕墙，都需要选择质量上乘的材料，技艺优异的施工人员，才能达到想要的装饰效果。墙面装饰为整体建筑装饰提供了更多的可能性，不仅装饰了建筑空间，同时赋予了建筑空间更多的功能，同时也使得建筑空间能够更好的与时俱进，获取建筑装饰设计的新篇章。

第四章

顶棚装饰材料与构造

学习难度： ★★★★☆

重点概念： 顶棚的作用、顶棚组成、直接式顶棚、抹灰类吊顶、板材类吊顶、顶棚特殊部位

章节导读： 顶棚，又被称为平顶或天花板，在建筑装饰中属于比较重要的一项工程，而建筑内部空间相对于生活在其中的人来说又是一个六面体，除了地面和面墙四壁外，剩下的只有上部的界面——顶棚。顶棚在建筑装饰中不仅可以起到装饰的作用，同时也能具备多种功能，为建筑装饰设计的发展提供更多的助力。对顶棚形式及构造方法的选择，应从使用要求、安全要求、经济条件和美观等多方面综合考虑。

第一节　顶棚的作用、分类与组成

顶棚主要指室内空间上部的结构层或装修层，为了室内美观及保温隔热的需要，多数设顶棚（吊顶），将屋面的结构层隐蔽起来，以满足室内使用要求。

一、顶棚的作用

1. 提高室内装饰效果

顶棚的高低、造型、色彩、照明和细部处理，对人们的空间感受具有相当重要的影响。处理得当，会有明亮、舒畅、新颖及富有吸引力等感觉，是一种美的享受。如果顶棚处理不当，则会造成压抑、烦躁、心情不畅等感觉（图4-1、图4-2）。由于顶棚处于顶面，所以一般建议选择颜色较浅的材料。

2. 满足使用要求

顶棚本身往往具有保温、隔热、隔声，吸声或反射声音等作用，而且可以增加室内亮度。此处，人们还经常利用吊顶棚内的有限空间来处理人工照明、空气调节、音响以及防火等技术问题。

二、顶棚的分类

根据饰面层与主体结构相对关系的不同，顶棚可分为直接式顶棚和悬吊式顶棚两大类。

1. 直接式顶棚

直接式顶棚，是指在结构层底部表面上直接做饰面处理的顶棚，这种顶棚的做法简便易行、经济可靠，而且基本不占用空间高度，可以为大部分室内空间所采用（图4-3）。

2. 悬吊式顶棚

悬吊式顶棚，又称“吊顶”，它离开结构底部表面有一定的距离，通过悬挂物与主体结构连接在一起，这类顶棚的类型较多，构造比较复杂（图4-4）。

图4-1 高顶棚

一般人流量较多的商场、火车站等区域，设计的顶棚都会比较高，这样能显得空间更开阔。

图4-2 中顶棚

家居中选择顶棚，其具体的高低要依据空间层高而定，切记不宜太低，以免压抑。

图4-3 直接式顶棚

直接式顶棚构造层厚度小，可以充分利用顶界面空间，如果采用合适的处理方法，也能获得比较丰富的装饰效果，且材料用量也较少。

图4-4 悬挂式顶棚

悬挂式顶棚可隐藏管线等设备，施工比直接式顶棚复杂，装饰样式比较多，多用于层高较高、空间较大的区域内。

图4-1	图4-2
图4-3	图4-4

图4-5 整体吊顶

整体吊顶也被称为集成吊顶，它具有良好的实用性和装饰性，且相对比较环保，应用范围较广。

图4-6 活动式装配吊顶

活动式装配吊顶所用的板材可以便捷地摆上和取下，灵活性比较大，造型简洁、美观，多用于厨房。

图4-7 轻钢龙骨吊顶

轻钢龙骨吊顶质地轻，硬度大，一般通过螺杆与楼板相接，目前使用较频繁。

图4-8 木质顶棚

木质顶棚造型整洁、美观，能够有效丰富顶部视觉，凸显特色装饰，同时还具备保温、隔热、吸声、散湿以及调节光线等作用。

图4-9 金属顶棚

金属顶棚造型结构比较独特，造价比较高，且具有抗静电和防灰尘的效果，造型比较多变，耐用性比较好。

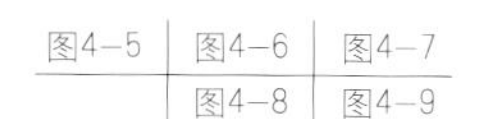

根据结构构造形式的不同，吊顶可分为整体式吊顶、活动式装配吊顶、隐蔽式装配吊顶、开敞式吊顶灯等几种；根据材料的不同，吊顶又有板材吊顶、轻钢龙骨吊顶、金属吊顶等（图4-5～图4-7）。

三、吊顶的基本组成

吊顶在构造上由悬挂部分、支撑结构、基层及面层四个部分组成。

1. 悬挂

吊顶的悬挂，俗称“吊筋”，主要由圆钢或扁钢制成，它的上部与屋面或楼板结构层连接，下部与顶棚的支撑结构连接。

2. 支撑结构

顶棚支撑结构最简便的做法是将顶棚直接用吊筋悬吊于屋顶的檩条或楼板的梁上，以檩条和梁作为顶棚的支撑结构，也有将顶棚悬吊在屋架下弦节点或下弦水平连接杆上的。

当吊顶面积较大或者吊顶形式较为复杂时，应在屋顶或楼板下面设主龙骨（又称“顶棚大梁”）来作为吊顶的支撑结构。主龙骨用吊筋悬吊于屋顶或楼板上，主龙骨间距约2m，吊筋间距不超过2m。主龙骨由方木、圆木、型钢等材料做成，一般垂直于屋架布置。主龙骨与吊筋连接时，可根据不同的材料，采用焊、螺栓、钉及挂钩等方式。

3. 基层

基层是由次龙骨和间距龙骨所构成的吊顶骨架，它所采用的材料为木、型钢以及轻金属等（图4-8、图4-9）。近年来，薄壁轻钢龙骨和铝合金龙骨发展势头较好，所占的市场份额越来越大。木材龙骨由于加工方便和适应性强，仍被不少地方采用。龙骨的布管方式和间距要视面层材料而定，间距一般不超过600mm，主要用吊筋和主龙骨连接。

4. 面层

面层，即吊顶的饰面层，它可以是粉刷层或各类板材等。

★ 补充要点

任何吊顶表面应平整光洁

无论采用哪种材料制作吊顶，最基本的施工要求是表面应光洁平整，不能产生裂缝。当房间跨度超过4m时，一定要在吊顶中央部位起拱，但是中央与周边的高差不得超过20mm。特别需要注意的是吊顶材料与周边墙面的接缝，除了纸面石膏板吊顶外，其他材料均应设置装饰角线来掩盖饰面。

第二节 直接式顶棚

直接式顶棚是在屋面板、楼板等的底面进行直接喷浆、抹灰或粘贴墙纸等而达到装饰的目的，这类顶棚的装饰构造较为简单，应用得也比较早。一些使用功能较为单纯、空间尺度比较小的房间，如旅馆客房等，经常采用直接式顶棚（图4-10、图4-11）。

由于直接式顶棚的价格低廉，在要求不高的大量民用建筑中，如住宅、教室、普通办公室等，都采用直接式顶棚；在空间比较大、比较重要的公共场所，采用结构构件兼作装饰构件所形成的直接式顶棚，往往能取得出人意料的效果。例如，排列有序的井字楼盖、密肋楼盖、网架屋顶等，都能给人以韵律美。

目前，倾向于把不适用吊挂件，直接在楼板底面铺设固定搁栅后面做成顶棚，这种顶棚也归类于直接式顶棚，如直接式石膏装饰板顶棚等。直接式顶棚的构造一般与内墙饰面的抹灰类、涂刷类、裱糊类基本相同。

一、直接式抹灰顶棚

在上部屋面板或楼板的底面上直接抹灰的顶棚，称为“直接抹灰顶棚”。直接抹灰顶棚常用的抹灰材料，主要有纸筋灰抹灰、石灰砂浆抹灰及水泥砂浆抹灰等。其具体做法是先在顶棚的基层即楼板底上，刷一遍纯水泥浆，使抹灰层能与基层很好地黏合，然后用混合砂浆打底，再做面层。要求较高的房间，可在底板增设一层钢板网，在钢板网上再做抹灰，这种做法强度高、结合牢，不易开裂脱落。抹灰面的做法和构造与抹灰类墙面装饰相同。

图4-10 直接式顶棚应用于旅店

图4-11 直接式顶棚运用于教室中

图4-10 | 图4-11

图4-12 结构顶棚

结构顶棚可广泛用于体育建筑及展览厅等公共建筑，装饰重点在于巧妙地组合照明、通风、防火、吸声等设备，以显示出顶棚与结构韵律的和谐，形成统一的、优美的空间景观。

二、喷刷类顶棚

喷刷类装饰顶棚是在上部屋面或楼板的底面上直接用浆料喷刷而成的，它常用的材料，主要有石灰浆、大白浆、色粉浆、彩色水泥浆及可赛银浆等。

对于楼板底较平整又没有特殊要求的房间，可以选用这些浆料直接在楼板底嵌缝后喷刷，其具体做法可参照喷刷类墙面饰面的装饰。若墙面上设置挂嵌线时，挂嵌线以上墙面与顶棚的饰面做法应当一致。

三、裱糊类顶棚

有些要求较高的室内顶棚面层，还可以采用贴墙纸、贴墙布以及用其他一些织物直接裱糊而成。这类顶棚比较适用于住宅等小空间室内。裱糊类顶棚的具体做法与墙面的裱糊类装饰相同。

四、结构顶棚

将屋盖结构暴露在外，不另做顶棚，称为结构顶棚（图4-12）。例如，网架结构，构成网架的杆件本身很有规律，有结构本身的艺术表现力。若能充分利用这一特点，有时还能获得优美的韵律感。再如，拱结构屋盖，它本身具有规律性的优美曲面，可以形成富有韵律的拱面顶棚。

★ 补充要点

吊顶起伏不平的原因

（1）水平线弹出不准确。在吊顶施工前，墙面四周未准确弹出水平线，或未按水平线施工导致吊顶起伏不平。

（2）吊杆高度未调整。吊顶中央部位的吊杆未往上调整，不仅未向上起拱，而且还因中央吊杆承受不了吊顶的荷载而下沉，从而导致吊顶起伏不平。基层制作完毕后，吊杆未仔细调整，局部吊杆受力不匀，甚至未受力，木质龙骨变形，轻钢龙骨弯曲未调整导致吊顶起伏不平。

（3）龙骨受力不均。吊杆间距大或龙骨悬挑距离过大，龙骨受力后产生了明显曲度，也会引起吊顶起伏不平。

（4）接缝、防潮不到位。接缝部位刮灰较厚造成接缝突出，以及表面石膏板或胶合板受潮后变形均会导致吊顶起伏不平。

第三节　抹灰类吊顶

抹灰类吊顶表面平整光洁，整体感好，也被称为“整体式吊顶”，要求表面大面积平滑或有比较特殊的形体，如曲面、折面时，往往非抹灰类吊顶莫属。

当抹灰类吊顶的主龙骨和次龙骨采用方木时，主龙骨断面尺寸由结构计算确定，中距不超过1.5m；次龙骨（单向或双向布置）断面为40mm×40mm×60mm，中距为400～600mm。当采用型钢时，主龙骨用槽钢，断面大小按结构计算，中距约1.5～2.0m；次龙骨用角钢，型号为25mm×16mm×3mm或20mm×20mm×3mm，中距为400～600mm。悬吊主龙骨的吊筋采用ϕ10～ϕ16钢筋，一般情况下每1m²抹灰顶棚至少要安装3根吊筋。

抹灰类顶棚的面层做法有板条抹灰、板条钢板网抹灰、钢板网抹灰等几种。

一、板条抹灰吊顶

板条抹灰一般采用木质龙骨。板条的截面尺寸以10mm×30mm为宜，灰口缝隙8～10mm。板条接头处不得空悬，宜错开排列，以免板条变形而造成抹灰开裂。板条抹灰一般采用纸筋灰作面层粉刷，其做法与纸筋灰内墙面相同。

板条抹灰吊顶的构造简单，但粉刷层受震易开裂掉灰，且不防火，通常适用于要求不高的一般建筑。板条抹灰吊顶的构造如图4-13所示。

★ 补充要点

界面基层处理

在涂饰面层油漆、涂料之前，应当对涂饰界面基层进行处理，目的在于进一步平整装饰材料与构造的表面，为涂饰乳胶漆、喷涂真石漆、铺贴壁纸、墙面彩绘等施工打好基础。界面基层处理比较简单，只是重复性工作较多，需要耐心、静心操作。

二、板条钢板网抹灰吊顶

为了提高板条抹灰顶棚的耐火性，使灰浆与基层接合得更好，可在板条上加钉一层钢丝网，钢丝网的网眼不可大于10mm（图4-14）。这样，板条的中距可由前者的38～40mm加宽至60mm。

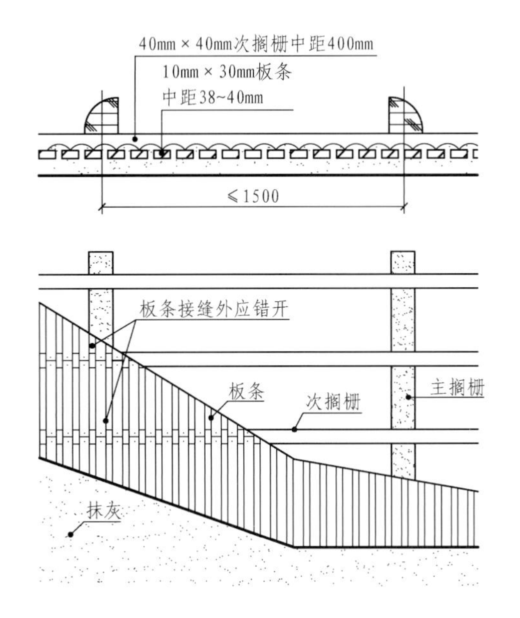

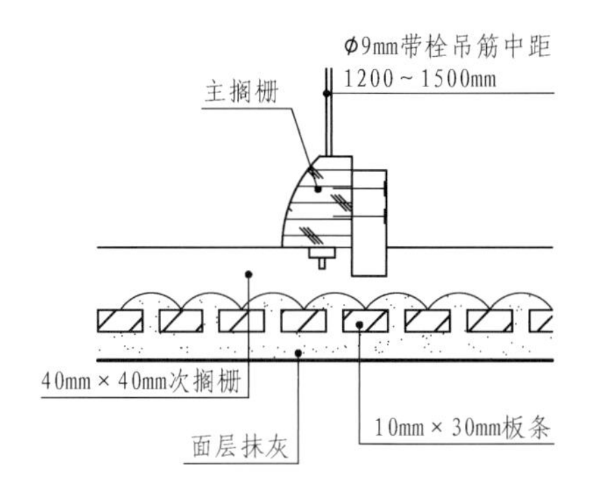

图4-13 板条抹灰吊顶构造

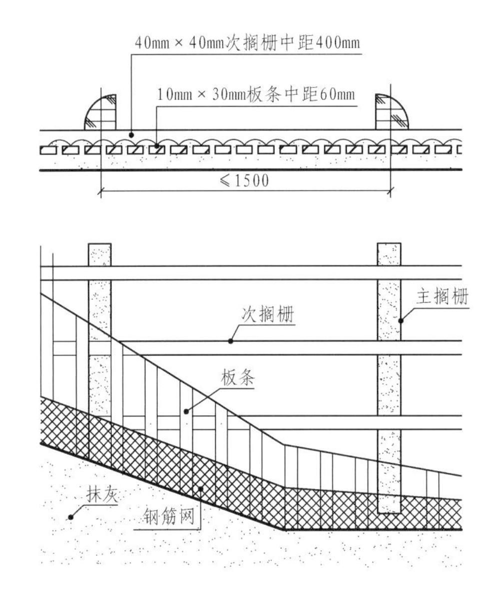

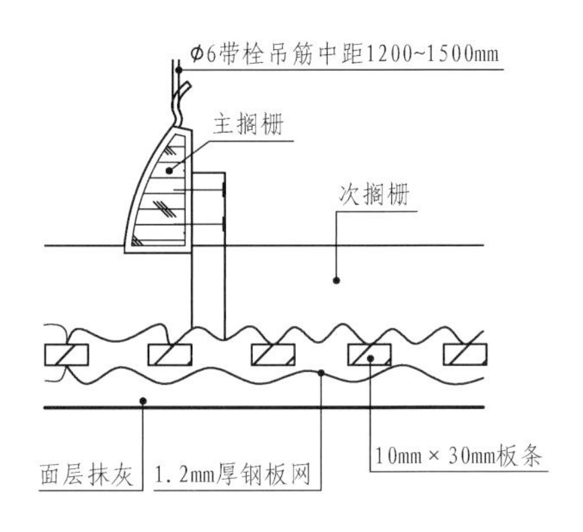

图4-14 板条钢板网抹灰吊顶构造

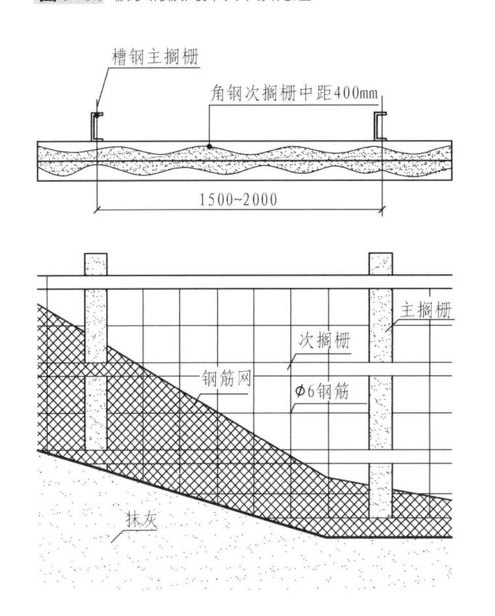

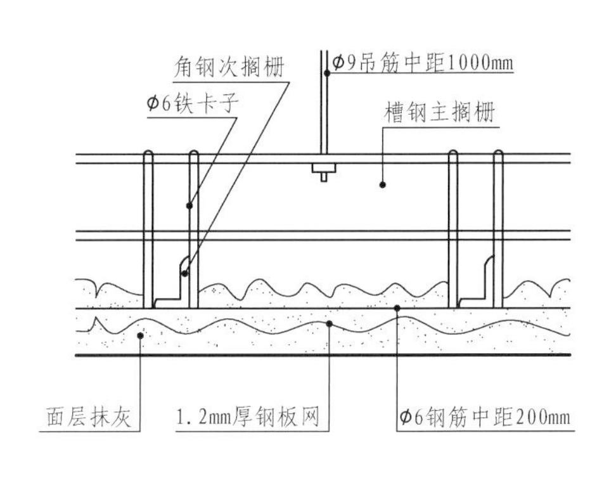

图4-15 钢筋网抹灰吊顶构造

三、钢板网抹灰吊顶

钢板网抹灰吊顶一般采用槽钢为主龙骨，角钢为次龙骨，其施工方法是先在次龙骨下加一道中距为200mm的ϕ6钢筋网，再铺钢板网。钢板网应在次龙骨上绷紧，相互间搭接间距不得小于200mm，搭口下面的钢板网应与次龙骨钉固或绑牢，不得空悬。

钢筋网通常采用水泥砂浆抹灰饰面，由于其龙骨和面层均用金属材料，因此其耐久性、防震、防火均较好，多用于高级建筑。钢板网抹灰吊顶的构造如图4-15所示。

★ 小贴士

顶层抹灰施工方法——找规矩

顶棚抹灰通常不做标志块和标筋，而用目测的方法控制其平整度，以无明显高低不平及搭接痕迹为准。先根据顶棚的水平面，确定抹灰的厚度，然后在墙面的四周与顶棚交接处弹出水平线，以此作为抹灰的水平标准。

第四节　板材类吊顶

根据面层选用的材料及常用构造处理方法的不同，板材类吊顶可分为植物板材吊顶、矿物板材吊顶和金属板材吊顶三大类（图4-16～图4-18）。

一、植物板材吊顶

1. 板材的种类

用于吊顶的植物板材有木板、胶合板、硬质纤维板、装饰软质纤维板、装饰吸音板、木丝板、刨花板等。

（1）木板。运用木板制作顶棚有温暖、亲切的感觉，加工也比较方便，在一些取材方便的地区较为常见。木顶棚一般多为条板，常见规格为90mm宽，1500～6000mm长度不等。成品有光边、企口和双面槽缝等几种。通常有企口平铺、离缝平铺、嵌缝平铺和鱼鳞斜铺等多种形式（图4-19）。其中，离缝平铺的离缝为10～15mm，在构造上除可钉结外，常采用凹槽边板，用隐蔽夹具卡住，固定在龙骨上，这种做法有利于通风和吸声，为了加强吸声效果，还可以在木板上加铺一层矿棉吸声毯。

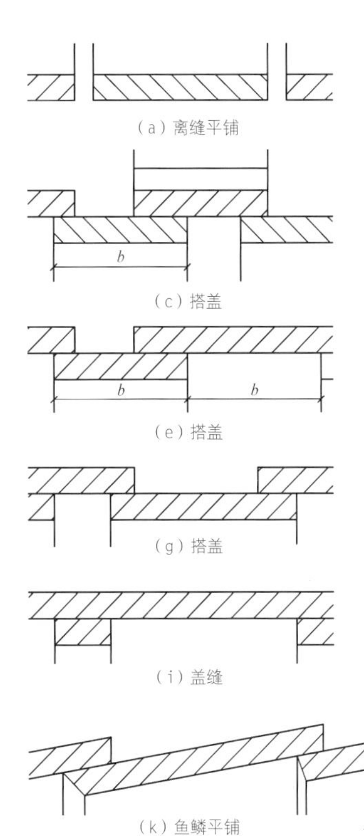

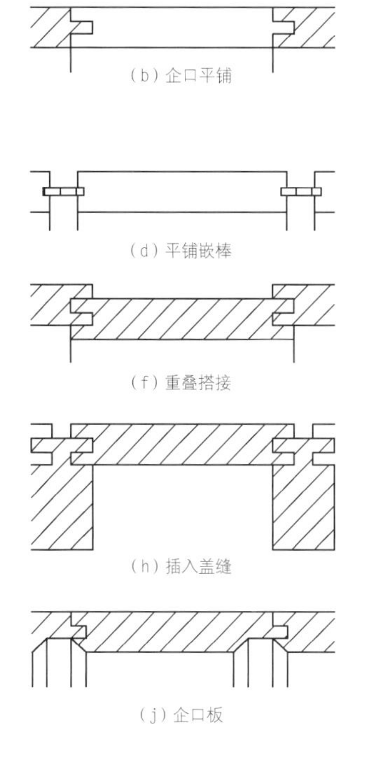

图4-16 植物板材吊顶

图4-17 矿物板材吊顶

图4-18 金属板材吊顶

图4-19 木板顶棚的结合形式

图4-16 | 图4-17 | 图4-18
图4-19

（2）胶合板。根据夹数的不同，胶合板可分为三夹、五夹、七夹和九夹。根据使用胶料的不同，胶合板可分为酚醛胶板、脲醛胶板、血胶板以及豆粉胶板。酚醛胶板耐水、耐热、抗菌，且可用于湿热状态；脲醛胶板耐水、抗菌、不耐热，可用于潮湿状态；血胶板耐湿、不耐水、不耐热、不抗菌，一般用于室内；豆粉胶板不耐湿、不耐水、不耐热、不抗菌，只能在室内干燥状态下使用。表4-1是各种人工合成植物板材的常见规格。

表4-1　　各种人工合成植物板材规格　　mm

板材名称	图示	规格及特点
胶合板		规格：915×1830×（3~4）（三夹）；915×1830×（5~7）（五夹）；1220×1830×5~7（五夹） 特点：能有效提高木材利用率，产品不易收缩、变形，价格比较经济
硬质纤维板		规格：915×1830×4；1050×2200×4；1150×2350×4 特点：具有耐潮、抗菌、不受虫害侵蚀等优点
软质纤维板		规格：1200×2440×（13、16、19、25） 特点：具有容重轻、结构松软、多空略有弹性、遇潮不变形等优点，是一种吸声、隔热、防潮的轻质材料
装饰软质纤维板		规格：305×305×15 特点：具备软质纤维板的特性，同时装饰性好
装饰吸音板		规格：305×305×（10、13、16）；500×500×13 特点：吸声、隔热和装饰性比普通软质纤维板好，图案花纹较丰富
木丝板		规格：610×1830×25 特点：具有隔热、吸声、保温、防水、防潮等优点，吊顶、墙面均可用。
刨花板		规格：1500×1000×16；2100×1250×19；3050×915×19 特点：隔热、吸声性能较好，表面平整，可进行各种贴面

（3）硬质纤维板。硬质纤维板是由木材碎料或树枝经过切片、纤维分离、施胶、成型、热压而成的板材。

（4）软质纤维板。软质纤维板是用边角木料、稻草、甘蔗渣、麦秆、麻类植物纤维，经切碎、软化处理，打浆、加压成型后干燥而成。

（5）装饰软质纤维板。装饰软质纤维板是在软质纤维板上涂发泡塑化的聚氯乙烯树脂，也被称为泡沫型装饰软质纤维板。

（6）装饰吸声板。装饰吸声板，是指在软质纤维板表面用树脂贴钛白纸后，按图案钻孔（孔不穿透整个板）而成的钻孔吸声棉，因而也称"钻孔吸音棉"。

（7）木丝板。木丝板是用木丝、水泥、硅酸钠（水玻璃）加压而成的。

（8）刨花板。刨花板是用木材碎料经蒸煮、干燥、施胶、热压而成的，可用于吊顶和墙面。

2. 基层布置

基层的龙骨必须结合板材的规格进行布置。龙骨中距最小尺寸为305mm×305mm，最大尺寸为600mm×600mm，超过600mm时，中间应加小龙骨（即间距龙骨）。

3. 细部处理

（1）板面处理。板面按需要可喷色浆、油浆（光滑表面、小拉毛或立粉油漆等），亦可裱糊塑料纸或绸缎。此外，当需做吸声构造时，可在板材表面钻孔，并在上部铺设吸声材料，如矿棉、玻璃棉等。板材钻孔可按各种图案进行，孔眼直径和间距由声学要求来确定。

（2）板缝处理。板缝拼接处一般处理成立槽缝或斜槽缝，也可以不留缝槽，用纱布或绵纸粘贴缝痕。几种板缝的做法如图4-20所示。

（3）吊顶端部处理。吊顶端部可结合照明灯具、空调风口、音响器材等设备设施的布置需要和空间造型处理的需要，将其吊顶顶端制作成各种形式，和总体可以取持平、下沉或内凹三种关系（图4-21）。如果吊顶端部与大面持平，一般需在与墙面交接处加做装饰线脚等收口处理。

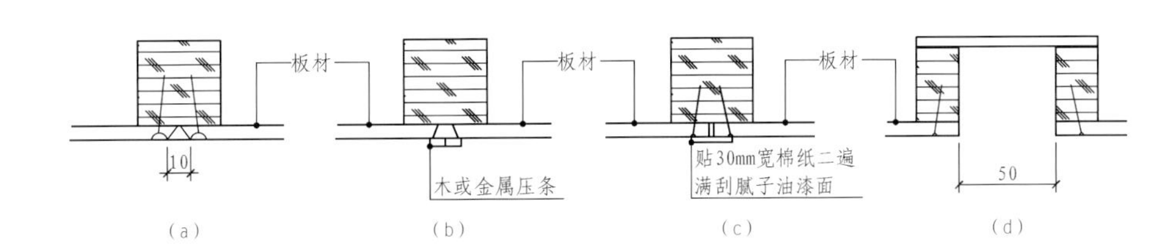

图4-20 板缝做法示例

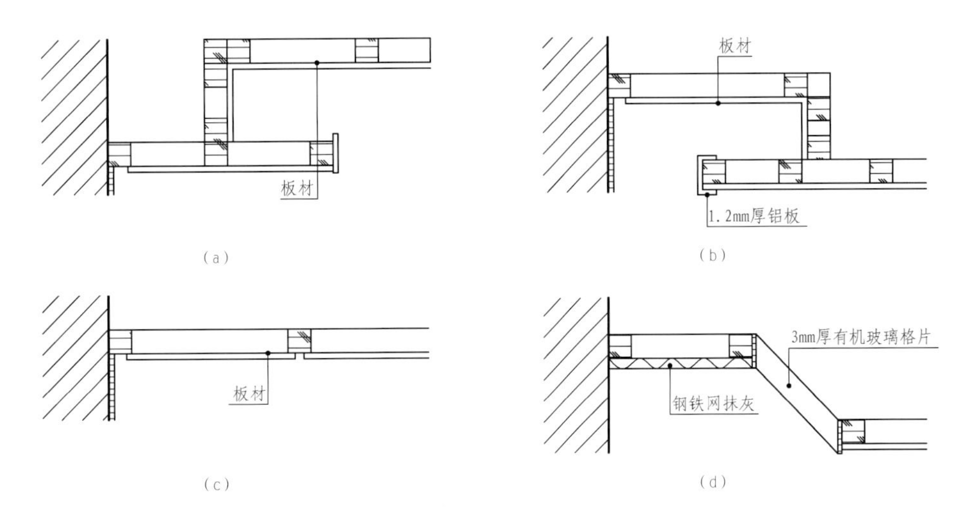

图4-21 板材吊顶端部处理

★ 小贴士

胶合板层数一般为奇数

一般胶合板在结构上都要遵守两个基本原则，一是对称；二是相邻层单板纤维互相垂直。因此胶合板的层数就应该是奇数，所以胶合板通常都做成3、5、7层等奇数层数。胶合板各层的名称是：表层单板称为表板，里层的单板称为芯板；正面的表板叫面板，背面的表板叫背板；芯板中，纤维方向与表板平行的称为长芯板或中板，在组成腔台板板坯时，面板和背板必须紧面朝外。

二、矿物板材吊顶

矿物板材吊顶用石棉水泥板、石膏板、矿棉板等成品板材作面层，金属龙骨基层，其优点是防火性好，可用于防火要求较高的建筑。

1. 石棉水泥板吊顶

石棉水泥板强度高、耐久、防火性好，可用于防火、防潮及有一定防震要求的建筑，其产品规格为1200mm×800mm×（3～50）mm，用于吊顶的板厚一般为4～8mm。

主龙骨采用12号槽钢，间距2m，次龙骨一般用T型钢窗料，间距800～1200mm。吊筋为钢筋或弯勾螺栓；龙骨及板材布置主要有以下两种方式。

（1）龙骨外露的布置。双向设置次龙骨，板材放在龙骨的翼缘上，用开销卡住，次龙骨全部外露，形成方格形的顶面。这种布置方式构造简单，施工方便，便于铺设保温材料。

（2）不露龙骨的布置。双向设置次龙骨，板材用平头螺丝钉在龙骨下面，形成整片光平的顶棚表面，板缝可紧密拼接，也可部分格缝，螺丝钉用腻子刮平，顶棚面做油漆或其他饰面。图4-22为不露龙骨的布置。

2. 石膏装饰吸声板吊顶

用于顶棚装饰的石膏板，主要有纸面石膏装饰吸声板和普通石膏装饰吸声板两种。

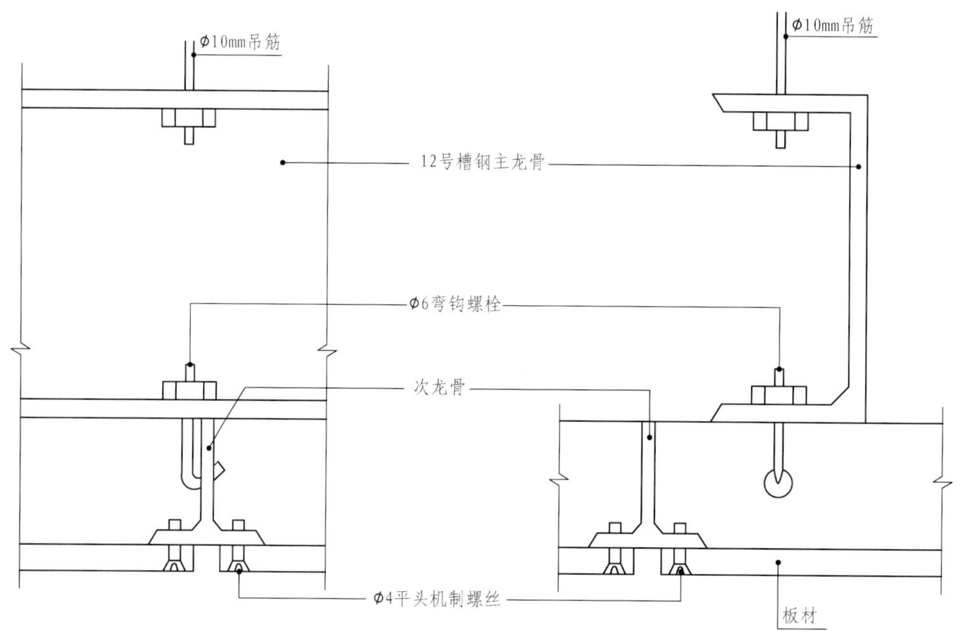

图4-22 不露龙骨的布置方式

（1）纸面石膏装饰吸声板。纸面石膏装饰吸声板，是以建筑石膏为主要原料，加入纤维及适量添加剂做板芯，以特制的纸板为护面，经过加工制成的。

纸面石膏装饰吸声板分有孔和五孔两类，并有各种花色图案，它具有良好的装饰效果。由于两面都有特制的纸板护面，因而强度高、挠度较小，具有轻质、防火、隔声、隔热等特点，抗震性能良好，可以调节室内温度，施工简便，加工性能好。纸面石膏装饰吸声板适用于室内吊顶及墙面装饰，一般规格为600mm×600mm，厚度为9mm或12mm。

（2）普通石膏装饰吸声板。普通石膏装饰吸声板，是以建筑石膏为主要原料，加少量增强纤维、胶粘剂、改性剂等，经搅拌、成型、烘干等工艺制作而成，它具有轻质、高强、防潮、不变形、防火、阻燃、可调节室温等特点，加工性能好，可锯、可钉、可刨、可黏结，施工操作方便。

普通石膏装饰吸声板品种较多，有各种平板、花纹浮雕板、穿孔及半穿孔吸声板等。常见的规格为300mm、400mm、500mm、600mm见方，厚度为9～12mm。

（3）构造方式。石膏装饰板吊顶采用薄壁轻钢龙骨作搁栅，可节省大量木材。不上人的吊顶多用ϕ6钢筋或带螺栓的ϕ9钢筋作为吊筋，吊筋间距为900～1200mm，再用各种吊件将次搁栅吊在主搁栅上，次搁栅间距根据装饰板面料规格来确定。

板材固定在次龙骨上，其固定方式有以下三种。

1）挂结方式。板材周边先加工成企口缝，然后挂在倒T形或工字形次龙骨上，故又称“隐蔽式”。

2）卡结方式。板材直接放在次龙骨翼缘上，并用弹簧卡子卡紧，次龙骨露于顶棚面外。

3）钉结方式。次龙骨和间距龙骨的断面为卷边槽形，以特制吊件悬吊于主龙骨下，板材用平头螺钉钉于龙骨上，龙骨底预钻螺钉孔。

其他用作吊顶的石膏板材及矿棉板材均可采用上述构造方式安装。

3. 矿棉板和玻璃棉板吊顶

矿棉板是以矿棉为主要原料，加入适量的黏结剂、防潮剂和防腐剂，经加压、烘干、饰面而成的一种新型吊顶装饰材料。玻璃棉板则是以玻璃棉为主要原料，同样加入适量黏结剂、防潮剂和防腐剂，经热压加工成型。

矿棉板和玻璃棉板质轻、吸声、保温、不燃、耐高温，特别适合于有一定防火要求的顶棚，它可以作为吸声板，直接用于顶棚或与其他材料结合使用，成为吸声顶棚。这两种板材多为方形或矩形，方形时边长300～600mm，厚度12～50mm不等，可直接安装在金属龙骨上。这种安装方式，分龙骨可见、部分可见和全隐蔽三种。

龙骨可见是将方形或矩形板材直接搁置在格子形组合的倒T形龙骨的翼缘上；龙骨全隐蔽是将板材侧面制成卡口，卡入倒T形龙骨的翼缘中；龙骨部分可见是将板材的侧面做成倒L形搁置。这种安装形式的安放和取下均较方便，有利于顶棚上部空间内的设备和管线的安置及修理。

这类矿物板顶棚还可以在倒T形龙骨上双层或单层垂直安装，形成格子形吊顶，以满足声学、通风和照明的一些要求，另一种是双歧穿孔的带翼缘龙骨的矿棉板顶棚，还可以利用龙骨的穿孔作为通风的顶棚，从而省去了常见的单个风口，使顶棚的造型更为简洁明快。

三、金属板材吊顶

金属板材吊顶是用轻质金属板材，如铝板、铝合金板、薄钢板、镀锌铁皮等做面层的吊顶（图4-23）。常见的板材有压型薄钢板和铸轧铝合金型材两大类。薄钢板表面可作镀锌、涂塑和涂漆等防锈饰面处理；铝合金板表面可作电化铝饰面处理。这两类金属板都有打孔或不打孔的条式、矩形、方形以及其他形式的塑材。此外，还有打孔或铸成的各种形式的网格板，其中有方格、条格、圆孔等各种大小和不同造型等结合的网络板。

★ 补充要点

塑料扣板帽钉安装注意要点

塑料扣板的固定材料是帽钉，帽钉安装在木龙骨底面，不宜在同一个部位同时钉入多个帽钉，因为塑料扣板被固定后，应当随时能拆卸下来，对吊顶内部进行检修。帽钉只是起到临时固定的作用，不能和气排钉相比。安装帽钉时用大拇指将其按入木龙骨即可，不能用铁锤等工具钉接，以免破坏塑料扣板。

图4-23 金属板顶棚

金属板顶棚自重小，色泽美观大方，不仅具有独特的质感，而且平、挺，线条刚劲而明快，构造简单，安装方便，耐火以及耐久性都较好，应用比较广泛。

顶棚采用金属板材做面层材料时，搁栅可用0.5mm厚铝板、铝合金或镀锌铁皮等材料制成，吊筋采用螺纹钢套接，以便调节定位。金属板材的吊顶所用的搁栅、板材和吊筋，均应涂防锈油漆。

1. 金属条板顶棚装饰构造

用铝合金和薄钢板线轧成的槽形条板，有窄条、宽条之分，中距有50、100、120、150、200、250、300mm多种，离墙缝约16mm。根据条板类型和顶棚龙骨布置方法的不同，可以有各式各样的、变化丰富的效果。

根据条板与条板间相接处的板缝处理形式，可将其分为两大类，即开放型条板顶棚和封闭型条板顶棚。开放型条板顶棚离缝间无填充物，便于通风。也有上部另加矿棉或玻璃棉垫，作为吸声顶棚之用，还可在条板上打孔，以加强吸声效果。封闭型条板顶棚在离缝间，可另加嵌缝条或条板单边有翼盖没离缝。

轻金属槽形条板表面可以烧成搪瓷或烤漆、喷漆。轻金属龙骨根据板材形状做成夹齿，以便与板材连接。如果板宽超过100mm，板厚超过1mm，则多采用螺钉等来固定。

2. 金属格子式顶棚装饰构造

金属格子式顶棚装饰构造能为照明、吸声和通风创造良好的条件，在格条上面设置灯具，可以在一定角度下减少眩光；在竖向条板上打孔，或者在格条上再做一水平吸声顶棚，可改善吸声效果。

近年来，轻金属网格板被较多地应用，其造型多种多样，可以是纯粹的方格网，也可以由条格、方格、圆格等几何形组合，在工厂里定型铸造而成。在一些层高比较低、人流比较多的公共建筑，用网格板做顶棚既不会减少空间容积，没有压抑感，又达到了装饰的效果（图4-24）。

图4-24 金属格子式顶棚应用

金属格子式顶棚可应用于改变了用途又没有足够层高的旧房改造装饰中，还可适用于自选商场、舞厅之类的对顶棚没有过高要求的大空间内。

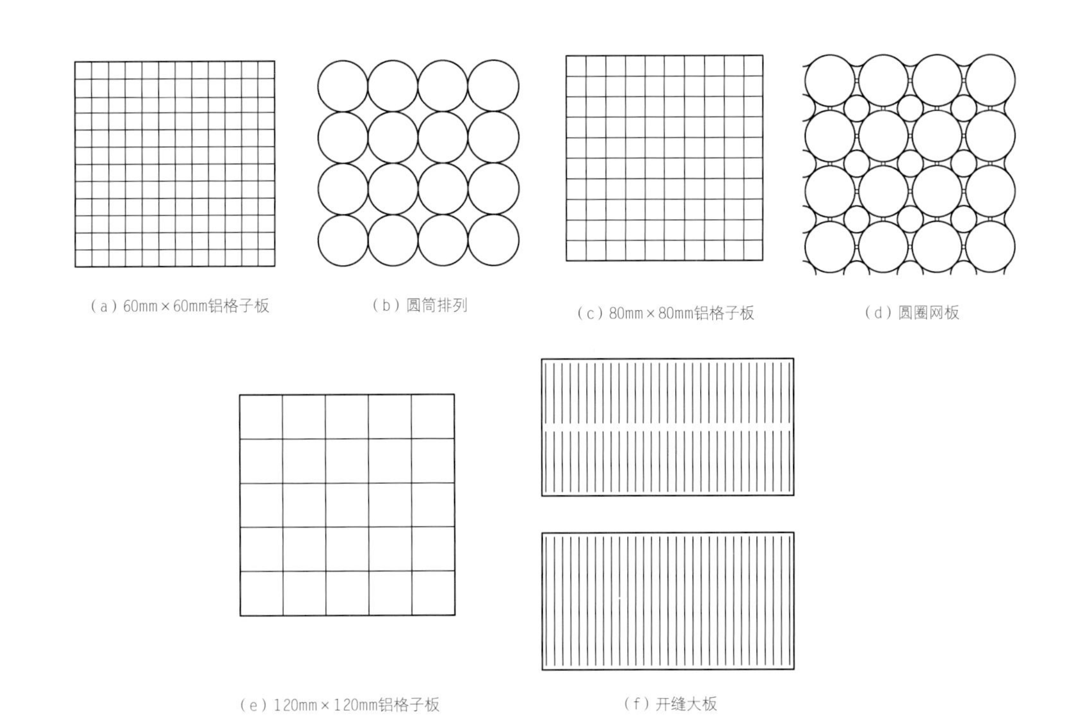

图4-25 轻金属网格板

网格板的构造非常简单，它可以卡扣在龙骨上或直接搁置在倒T形龙骨上，图4-25为网格板的几种花饰。

3. 金属方板顶棚装饰构造

金属方板顶棚，在装饰效果上别具一格，而且在顶棚表面设置的灯具、风口、喇叭等，与方板的协调性好，使整个顶棚表面组成有机整体。另外，采用方板吊顶时，与柱、墙边的处理较为合理，也是其一大特点。如果将方板吊顶与条板吊顶相结合，更可取得形状各异、组合灵活的效果。当金属方板顶棚采用开放型结构时，还可兼起吊顶的通风效能。因此，近年来金属方板顶棚的应用有日益增多的趋势。

金属方板安装的构造分搁置式和卡入式两种。搁置式多为T形龙骨，方板四边带翼，搁置后形成格子形离缝；卡入式的金属方板卷边向上，形同有缺口的盒子，一般边上轧出凸出的卡口，卡入有夹簧的龙骨中。方板可以打孔，上面衬纸，再放置矿棉或玻璃棉的吸声垫、形成吸声顶棚。方板亦可压成各种纹饰，组合成不同的图案。

第五节　顶棚特殊部位

顶棚特殊位置一般包括吸顶灯具以及吊顶检修孔、上人孔及通风孔，这些特殊部位与顶棚的使用效果和装饰效果息息相关，需要十分重视。

一、吸顶灯具

安装在顶棚上的灯具，可分为明装吸顶灯、暗装吸顶灯和暗装槽灯，灯具的形式和布置，应结合顶棚设计统一考虑。

1. 明装吸顶灯

明装吸顶灯是将灯泡、灯管明露于顶棚外，其优点是光效高，利于三色，构造简单，维修方便，造价低，缺点是会产生眩光（图4-26）。

2. 暗装吸顶灯

暗装吸顶灯是将日光灯管或白炽灯泡隐蔽在灯罩内，它具有光线柔和、无眩光、形式丰富多彩、装饰效果好等优点，但其构造较复杂、造价高（图4-27）。

3. 暗装槽灯

暗装槽灯是将光源装在顶棚暗槽内的一种灯光装置。暗装槽灯借槽内的反光面，将灯光反射至顶棚表面，从而使室内得到柔和的光线，它较之吸顶灯通风散热好、维修方便。暗槽灯常沿大厅吊顶四周布置、配合吸顶灯使用。

二、吊顶检修孔、上人孔、通风孔构造

吊顶及吊顶内的各类设备，会在使用过程中损坏或出现故障，所以必须经常做例行检查或维修，吊顶也必须经常保持良好的通风以利散湿、散热，以免其中的构件、设备等发霉腐烂。

★ 补充要点

吸顶灯的种类

吸顶灯常用电光源有白炽灯、圆形节能荧光灯、2D形节能荧光灯和直管形荧光灯等（白炽灯因光效低已逐渐被淘汰）。灯罩有玻璃罩、玻璃棒、玻璃片、有机玻璃罩和格栅罩、格栅反射罩等。其中玻璃罩按形状不同又分圆罩、方罩、长形罩、直筒形罩和各种花色造型罩；按工艺不同又分为透明、乳白、磨砂、彩色和喷金等几种。各种灯型因其结构不同，发光情况也不同，大致可分为下向投射型、散光（漫射）型及全面照明型等几种（图4-28、图4-29）。

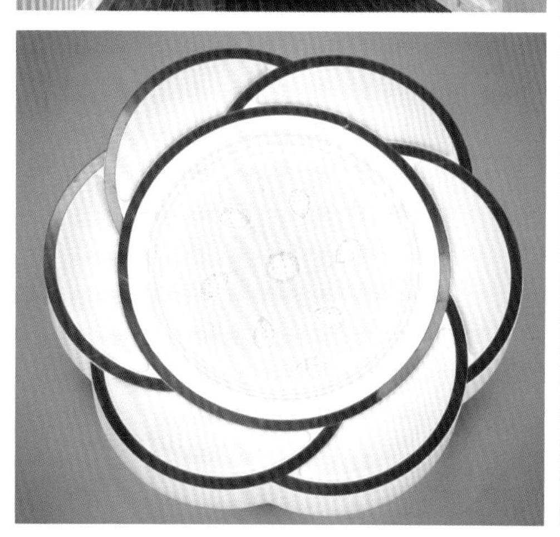

图4-26 明装吸顶灯

明装吸顶灯具有比较强的亮度，安装比较简单，价格也比较实惠，适宜用于空间较大的区域。

图4-27 暗装吸顶灯

暗装吸顶灯实用性强，安装比较复杂，但对人眼伤害不大，综合性价比与明装吸顶灯相比较好。

图4-28 吸顶灯灯罩

图4-29 吸顶灯灯罩

图4-26	图4-27
图4-28	图4-29

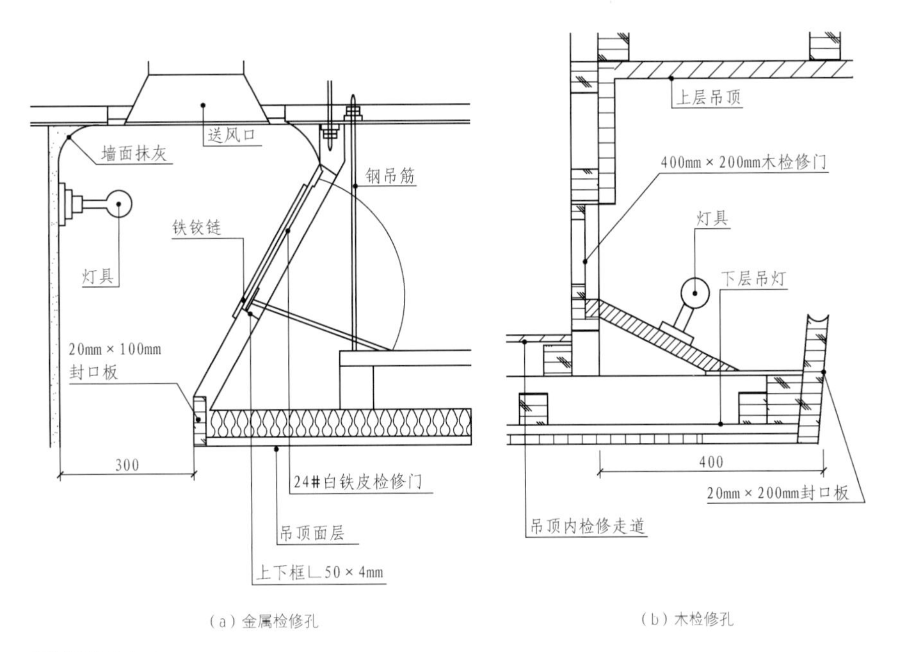

（a）金属检修孔　　（b）木检修孔

图4-30 检修孔

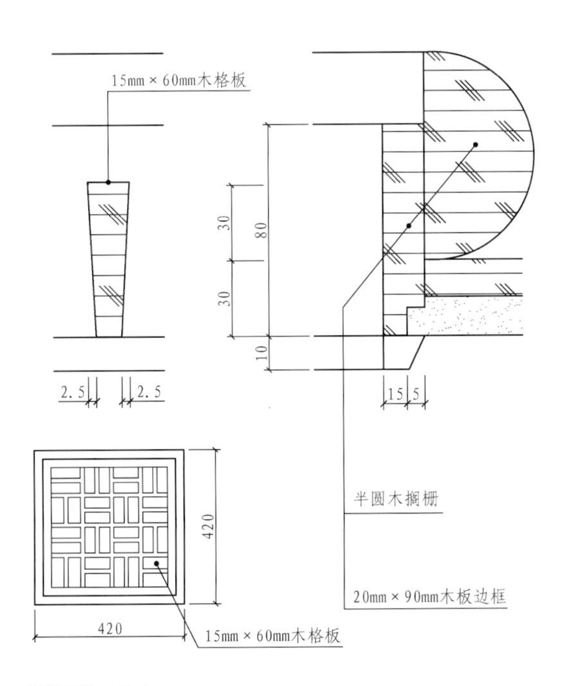

图4-31 通气孔

在吊顶上设置的这些孔洞，既要满足使用要求，又要尽量隐蔽，使吊顶完整统一。吊顶上人孔的尺寸一般不小于600mm × 600mm。吊顶上的检修孔一般用于对设备中一些容易出故障的节点进行检修，它的尺寸相对较小，只要能操作即可。图4-30是吊顶设在灯槽处的检修孔构造，由于设在侧壁下部或向内倾斜，所以不容易被发现。图4-31为设在假壁的吊顶通气孔，由于它没有其他功能，所以可以做成固定格栅状，并用钢板网做衬底。

第六节　案例解析：顶面材料与制作

本节主要就石膏板吊顶与成品吊顶的施工做一个具体的讲解。

一、石膏板吊顶施工

在客厅、餐厅顶面制作的吊顶面积较大，一般采用纸面石膏板制作，因此成为石膏板吊顶，石膏板吊顶用于外观平整的吊顶造型。石膏板吊顶一般由吊杆、骨架、面层三部分组成。吊杆承受吊顶面层与龙骨架的荷载，并将重量传递给屋顶的承重结构，吊杆大多使用钢筋。骨架承受吊顶面层的荷载，并将荷载通过吊杆传给屋顶承重结构。面层具有装饰室内空间、降低噪音、界面保洁等功能。

1. 施工图（图4-32）

2. 施工流程

（1）放线定位、钻孔。在顶面放线定位，根据设计造型在顶面、墙面钻孔，安装预埋件（图4-33）。

（2）安装吊杆、制作龙骨。安装吊杆于预埋件上，并在地面或操作台上制作龙骨架（图4-34、图4-35）。

（3）调整龙骨平整度。将龙骨架挂接在吊杆上，调整平整度。

（4）龙骨防火、防潮处理。对龙骨架作防火、防虫处理。

（5）钉头防锈处理。在龙骨架上钉接纸面石膏板，并对钉头作防锈处理，进行全面检查（图4-36、图4-37）。

图4-32
图4-33 | 图4-34 | 图4-35

图4-32 石膏板吊顶构造示意

图4-33 放线定位、钻孔

放线需准确，钻孔时要控制好孔径和孔间距。

图4-34 制作龙骨架

次龙骨之间的间距要控制好，各部分连接件需安装牢固。

图4-35 制作龙骨架

螺钉之间要拧紧，龙骨与龙骨之间要保持纵向平行，不可有安装曲折的现象。

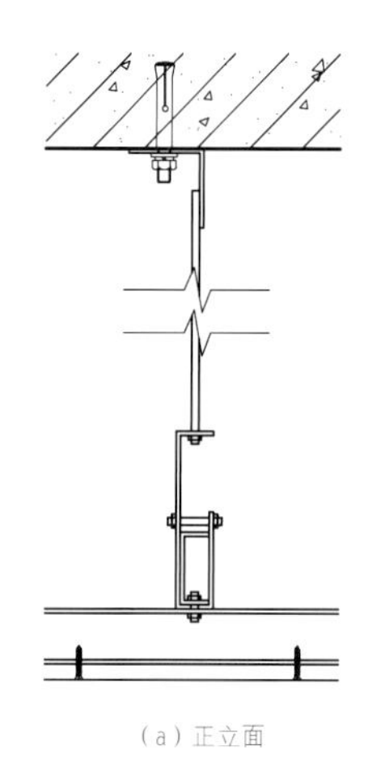

（a）正立面

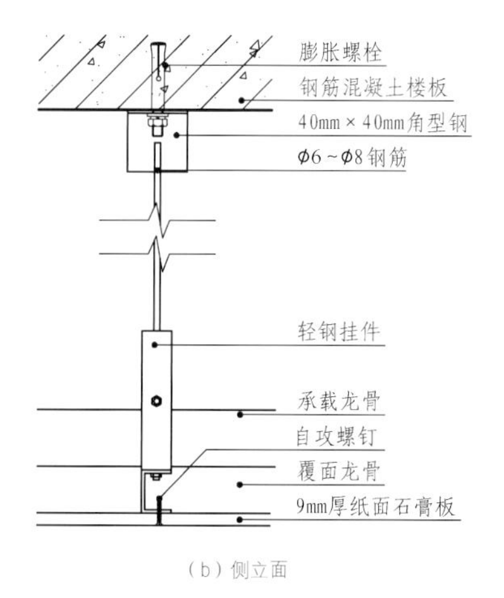

（b）侧立面

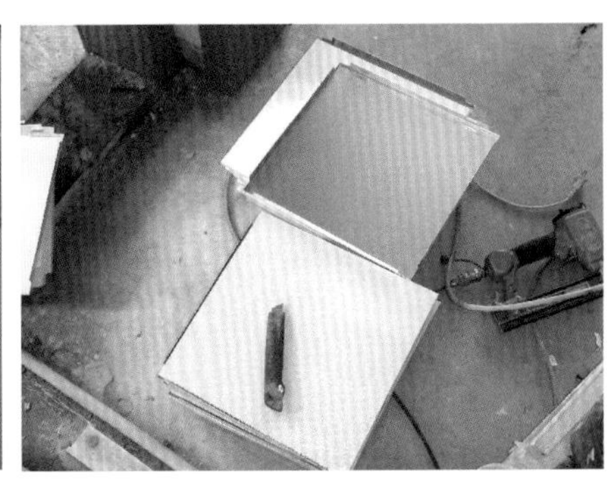

图4-36 | 图4-37 | 图4-38
图4-39

图4-36 石膏板覆面

施工后要对石膏板表面的钉眼做遮盖处理，并确保钉入程度相同。

图4-37 石膏板覆面

石膏板与龙骨之间要贴合紧密，多余部分要裁切干净，并注意保持吊顶的整洁性。

图4-38 材料准备

准备好相应的材料，并检查材料是否齐全，成品吊顶是否有任何破损，相关配件是否与吊顶相匹配等。

图4-39 安装吊杆

吊杆之间的间距要控制好，吊杆与顶棚固定处的螺丝一定要拧紧，吊杆安装后要做平整度实验，以免后期安装龙骨不平整导致吊顶起翘。

在吊顶施工前，墙面四周未准确弹出水平线，或未按水平线施工；吊顶中央部位的吊杆未往上调整，不仅未向上起拱，而且还因中央吊杆承受不了吊顶的荷载而下沉；吊杆间距大或龙骨悬挑距离过大，龙骨受力后产生了明显的曲度等，这些都会引起吊顶起伏不平。

此外，基层制作完毕后，吊杆未仔细调整，局部吊杆受力不匀，甚至未受力，木质龙骨变形，轻钢龙骨弯曲未调整也会导致吊顶起伏不平；接缝部位刮灰较厚造成接缝突出，同样会形成吊顶起伏不平。当然，表面石膏板或胶合板受潮后变形也有可能会导致起伏不平。因此，既要把控吊顶的质量，又要注意安装时的细节，这样才能使吊顶美观大方。

二、成品吊顶施工

目前使用成品吊顶的区域比较多，成品吊顶使用方便，耐用性也比较好，施工时需严格按照要求来进行，施工后的保养措施也必须做到位，以保证良好的施工效果与长久的施工效应。

1. 相关材料准备

在施工之前要准备好需要的材料与工具，一般是选择规格为300mm×300mm尺寸规格的铝合金吊顶材料，龙骨材料需要准备脚线轻钢、吊顶配件等，还需准备固定吊线，调节钢杠、钩子、螺丝以及切割机等（图4-38）。

2. 定位、钻孔

施工时根据楼层的标高水平线，使用量尺竖向测量至顶棚设计标高，并在顶板上弹出龙骨位置线，将顶棚的标高水平线弹在墙面上。

3. 安装脚线

安装成品吊顶之前需要先安装脚线，这是因为龙骨要根据脚线标准来安装，脚线的长度也要测量好，可以根据施工空间的尺寸来测量，脚线要紧贴着瓷砖边缘，并且平整度高，最好是在安装后，用水平尺检验一下。

4. 安装吊线

吊线要依照房间的面积尺寸来决定安装位置，安装需要用电钻打孔，一般30mm的孔深即可，将吊线打入孔中，确保牢固性，可以调节螺丝来保证它的平整度。

5. 安装主龙骨吊杆

在顶棚弹好标高水平线以及龙骨的位置线以后，可以确定吊杆下方的标高，然后按照龙骨位置以及吊挂的间距，把吊杆无螺栓丝的一端用膨胀螺栓固定在楼板下，吊杆一般是用6m的钢筋（图4-39）。

图4-40 成品吊顶施工

在安装吊顶时，要随时参考相邻的吊顶，以便安装不好时及时调整位置。

图4-41 成品吊顶施工

安装吊顶时要考虑到顶部水管与吊顶之间的关系，并做好相应的处理。

图4-42 成品吊顶施工

安装吊顶后还需安装铝边条，一般铝边条的规格是25mm×25mm。

图4-43 成品吊顶施工

墙角边缘处的吊顶安装要注意裁剪，可将脚线的金属扣掰下抵住吊顶边缘，防止其起拱。

图4-40	图4-41
图4-42	图4-43

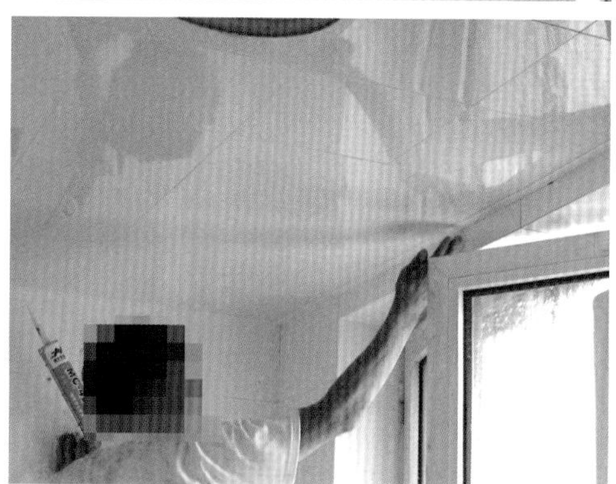

6. 安装主龙骨

做好前面的工作后，可将吊杆的螺母配装搭配好，在主龙骨上预先将吊挂件安装好，然后将组装好的吊挂件的主龙骨，按照分档线位置把吊挂件插入相应的吊杆螺栓，再柠好螺母，接好主龙骨，再把连接件装好，注意调整。

7. 安装次龙骨

按照已经弹好的次龙骨分档线，放次龙骨的三角吊挂件，采用木龙骨，一般布置次龙骨的间距为600mm，按设计规定的主龙骨间距，将次龙骨通过三角挂件，吊挂在主龙骨上，如果次龙骨的长度需要多根延续接长时，可以用次龙骨连接件，在吊挂次龙骨的同时相接，调直固定。

8. 安装吊顶

龙骨安装后就可以安装吊顶了，只需将铝合金吊顶四周的边缘全部塞入龙骨的夹缝中，然后往上托卡住固定好即可（图4-40~图4-43）。

本章小结：

顶棚装饰与构造施工简单却也复杂，在施工时要根据吊顶的类别不同选择不同的施工方式，并做好相对应的细节处理。此外，所有的顶棚装饰施工结束之后都必须做好吊顶成品保护，施工顶棚部位如果有已安装的门窗，已施工完毕的地面、墙面以及窗台等，应注意保护，防止污损，各类吊顶在使用过程中也需严格管理，保证不变形、不受潮、不生锈，一旦发现有设施出现损坏的，要及时更换或修复，确保施工的正常进行。

第五章

其他装饰材料与构造

学习难度： ★★☆☆☆

重点概念： 隔墙、花格、特殊门窗、柜台家具

章节导读： 其他装饰构造也有很多，比如隔墙、花格、柜台等构造，也是装修中比较重要的部分，这些装饰构造在装修中起到锦上添花的效果。随着生活水平的提高，这些细节的装饰构造越来越受到人们的重视。本章介绍其他几种比较常见的装饰构造。

第一节　隔墙

隔墙与隔断的作用基本相似，所以对它们有着一些共同的要求，如要求自重轻，厚度薄，少占空间，且用于厨房、厕所等特殊房间时应有防火、防潮或其他能力，还要便于拆除而又不损坏其他构配件等。

常用的隔墙（包括隔断），根据其材料和构造方法的不同，可分作立筋式隔墙、块材隔墙和板材隔墙等几类。

一、立筋式隔墙

立筋式隔墙是由木筋骨架或金属骨架及墙面材料两部分所构成。根据墙面材料的不同来命名不同的隔墙，如板条抹灰隔墙、钢丝网抹灰隔墙和人造板隔墙等。凡是先立墙筋，后钉各种材料，再进行抹灰或油漆等饰面处理的隔墙，均可归入立筋式隔墙。

1. 板条抹灰隔墙

板条抹灰隔墙，又称“灰板条墙”，它具有质轻、装拆方便等特点，故应用较广，但其防火、防潮、隔声性能较差，并且耗用木材较多。

板条抹灰隔墙由上槛、下槛、墙筋（立筋）、斜撑（或横档）及板条等木构件组成骨架，然后再进行抹面（图5-1）。

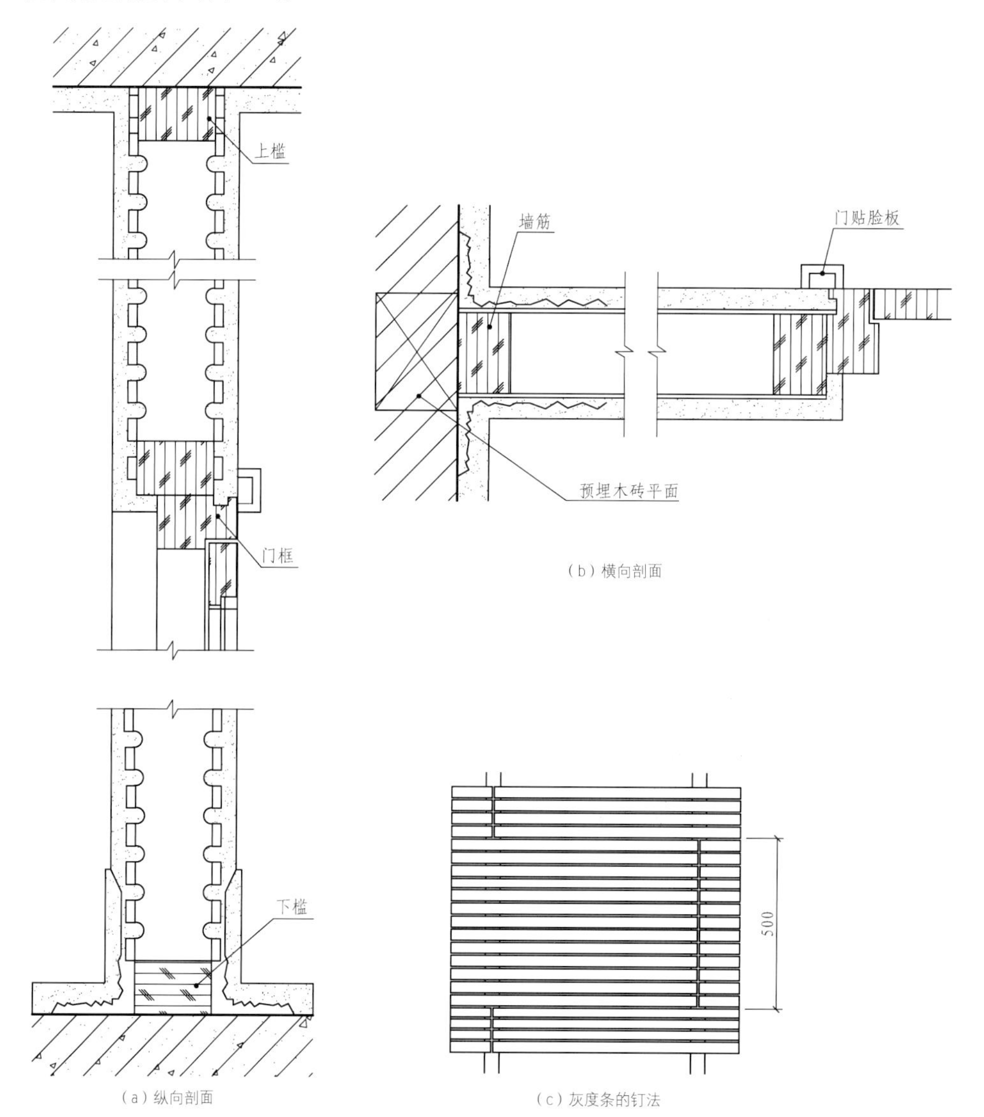

图5-1 板条抹灰隔墙

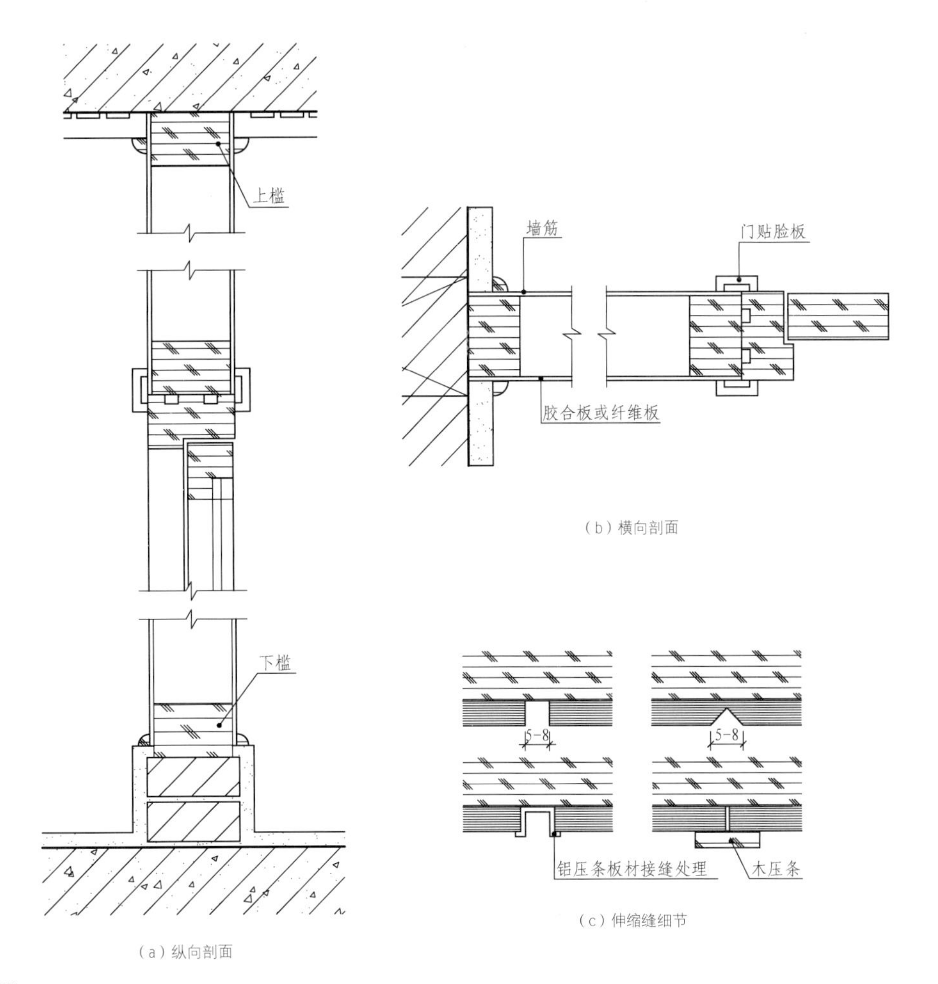

图5-2 胶合板或纤维板隔墙

板条抹灰隔墙的具体做法是先立边框墙筋，撑住上、下槛，并在上、下槛中间每隔400mm或600mm竖立一根墙筋，上槛、下槛、墙筋的截面尺寸均为50mm×70mm或50mm×100mm，根据空间不同层高来选择，再用同样断面的木材在墙筋间，至少每隔1500mm设一个斜撑，两端撑紧、钉牢，以增加强度。

骨架做成后，在其两面各钉板条，以便抹面，板条的尺寸有1200mm×24mm×6mm和1200mm×38mm×9mm两种。其中，前者居多，用于间距为400mm的墙筋；后者，则用于间距为600mm的墙筋。板条横钉在墙筋上，板条之间要留出7~10mm的空缝，使灰浆挤到板条缝的背面，“咬”住板条墙。考虑到板条的湿胀干缩的特点，其接头处要留出3~5mm的伸缩余地，同时板条接头每隔500mm左右要错开一档墙筋，避免胀缩集中在一条线上，并在灰板墙与砖墙相接处加钉钢丝网，每侧宽200mm左右，减少抹面层出现裂缝的可能。为了防水防潮和保证抹灰泥砂浆踢脚的质量，下部可先砌2~3皮黏土砖，与图5-2近似。

灰板墙内如设门窗时，门框、窗框两边须设墙筋。灰板墙由于质轻，壁薄、拆除方便，一般的钢筋混凝土空心楼板就足够承受它的质量而不需要采取加强措施，灵活性较大，所以目前仍然是应用很广的一种形式，但从节约木材的角度来看，应该少用或不用。

为了提高耐火、防潮效能，隔墙常做成钢丝网隔墙，钢丝网隔墙的骨架同灰板墙制作相同。钢丝网规格不一，一般均采用拉空式钢板网（网孔成斜方），尺寸为600mm×1800mm，厚薄不同。薄的钢板网一般钉在板条外，唯有板条间缝可以放宽至10~20mm，厚者可以直接钉在墙筋上，但墙筋间距应按钢板网规格排列，然后在钢板网上再抹水泥砂浆或做其他面层。

2. 人造板隔墙

人造板有胶合板、纤维板、石膏板等。人造板隔墙的骨架与灰板墙相同，但墙筋与横档的间距均应按各种人造板的规格排列（图5-2）。人造板接缝应留有5mm左右的伸缩余地，并可采用铝压条或木压条盖缝。

用于隔墙的胶合板有1830mm×915mm×4mm（三夹板）和2135mm×915mm×7mm（五夹板）；硬质纤维板有2200mm×1050mm×4mm和2350mm×1150×5mm等。

石膏板规格为3000mm×800mm×12mm和3000mm×800mm×9mm等，石膏板可锯、钻，用镀锌螺丝固定在木骨架上。为了节约木材，可采用薄壁钢槽骨架，用电钻钻孔后，再用螺钉固定（图5-3、图5-4）。板面刮腻子后刷油漆、刷浆或贴塑料墙纸。

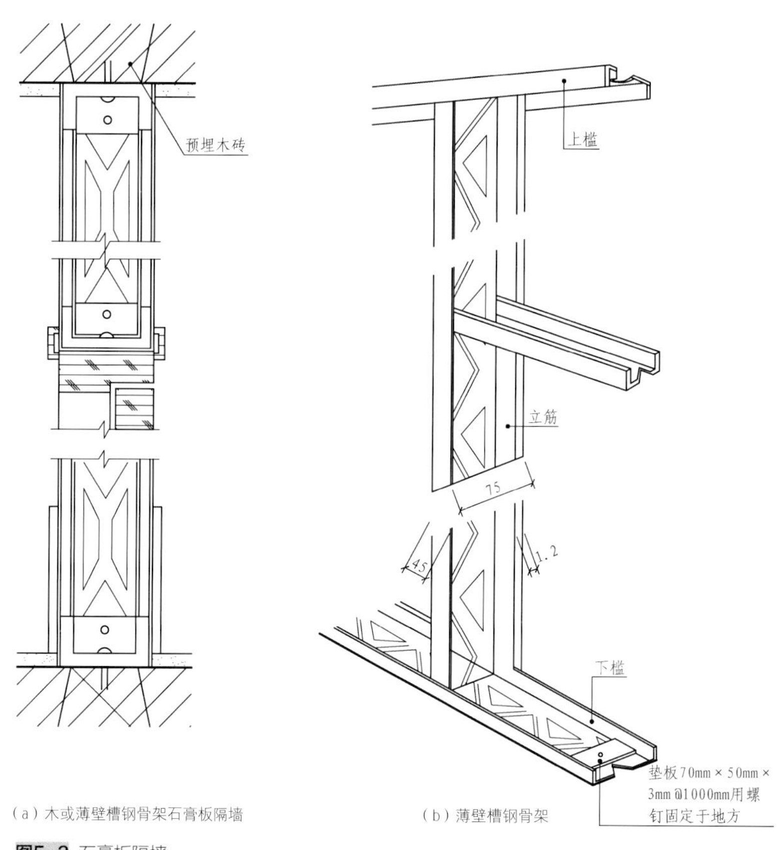

图5-3 石膏板隔墙

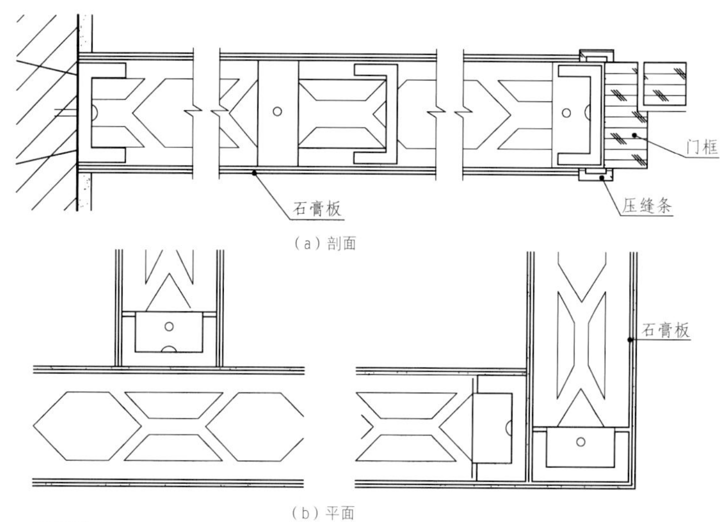

图5-4 石膏板隔墙

★ 补充要点

木龙骨石膏板隔墙开裂的原因

木龙骨石膏板隔墙开裂主要是由于木龙骨含水率不均衡，完工后易变形，造成石膏板受到挤压以致开裂。同时，石膏板之间接缝过大，封条不严实也会造成开裂。

石膏板不宜与木质板材在墙面上发生接壤，因为两者的物理性质不同，易发生开裂。墙面刮灰所用的腻子质量不高，致使石膏板受潮不均开裂。此外，建筑自身的混凝土墙体结构质量不高，时常发生物理性质变化，如膨胀或收缩，这些都会造成木龙骨石膏板隔墙开裂。

二、块材隔墙

块材隔墙可用普通砖或多孔砖等砌筑，其优点是耐久和耐湿性较好，但是自重较大。

1. 砖隔墙

砖隔墙用普通砖顺砌为半砖墙，侧砌为1/4砖墙，可采用25号或50号砂浆砌筑。

当半砖隔墙高度超过3m，长度超过5m时，每隔8～10皮砖砌入ϕ4mm钢筋一根。隔墙上部与楼板相接处，用立砖斜砌，使墙和楼板挤紧。隔墙上有门时，要用预埋铁件，或用带有木楔的混凝土预制块，使门框固定在砖墙上。

1/4砖隔墙一般用于不设门洞的次要房间，如厨房之间的隔墙。若用于有门洞的隔墙时，则须将门洞两侧墙垛放宽到半砖后，或用钢筋混凝土小立柱加固（图5-5）。

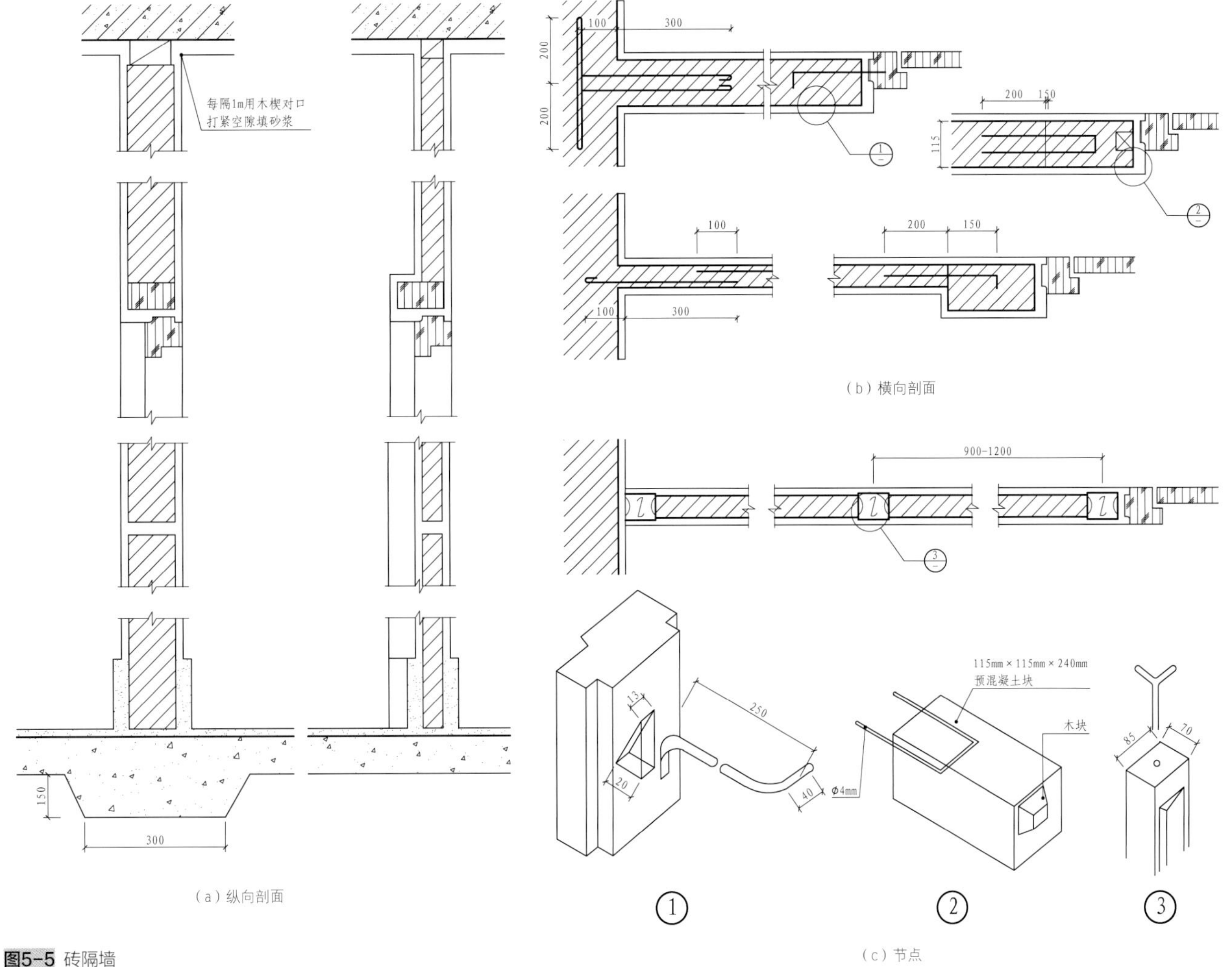

图5-5 砖隔墙

2. 空心砖隔墙

空心砖的形状与规格较多，有黏土烧制的空心砖和水泥炉渣空心砖等。

（1）黏土空心砖隔墙。黏土空心砖隔墙采用前述190mm×190mm×90mm的空心砖，用25号砂浆侧立面砌，再加固两面抹灰各15mm，墙厚为120mm。每隔600mm高，砌入ϕ4mm或ϕ6mm钢筋，两头弯钩，并伸入隔墙100mm，以增强其稳定性。

（2）水泥炉渣空心砖隔墙。水泥炉渣空心砖隔墙，也应采取加强稳定性的措施。在与外墙连接处，或在门窗洞口两侧要砌黏土砖加固。为了防潮、防水，下部先砌3～5mm皮黏土砖。

黏土空心砖隔墙及水泥炉渣空心砖隔墙应用整砖砌筑，不够整砖时宜用实心黏土砖填充，避免用空心砖。在空心砖墙上安装卫生设备时，应在离地1m范围内用实心砖砌筑，并预留木砖。

三、板材隔墙

板材隔墙，是指其单板高度相当于房间的净高，面积较大，并且不依赖骨架，直接装配而成的隔墙。例如，碳化石灰板隔墙、加气混凝土板隔墙等。

1. 碳化石灰板隔墙

碳化石灰板隔墙在安装时，板顶面与上层楼板连接，可用木楔打紧；两块板之间，可用水玻璃黏结剂连接。水玻璃黏结剂的重要配合比为水玻璃：磨细矿渣：细砂：泡沫剂＝1：1：1.5：0.01（图5-6）。然后，再在墙表面先刮腻子，再刷砂浆或贴塑料墙纸。

2. 加气混凝土板隔墙

加气混凝土是由水泥、石灰、砂、矿渣、粉煤灰等，加发气剂铝粉，经过原料处理、配料、浇筑、切割及蒸压养护等工序制成的，其容重为$500g/m^2$，抗压强度为$30～50kg/cm^2$，保温效能好，并具有可钉、锯、刨等优点。

加气混凝土隔墙板的规格为长2700～3000mm，宽600mm，厚100mm。隔墙板之间可用水玻璃矿渣黏结砂浆（水玻璃：磨细矿渣：砂=1：1：2）或107胶聚合水泥砂浆（1：3水泥砂浆加入适量107胶即聚乙烯醇缩甲醛）黏结，灰缝力求饱满均匀，灰缝宽度控制在2～3mm。

3. 纸蜂窝板隔墙

纸蜂窝板是用浸渍纸以树脂粘贴成纸芯、再经张拉、浸渍酚醛树脂、烘干固化等工序制成的。纸芯形如蜂窝，两面贴以面板（如纤维板、塑料板等），四周镶木框做成墙板，其规格有3000mm×1200mm×50mm及2000mm×1200mm×43mm等。安装时，两块板之间可用木、塑料压条或金属嵌条连接固定（图5-7）。

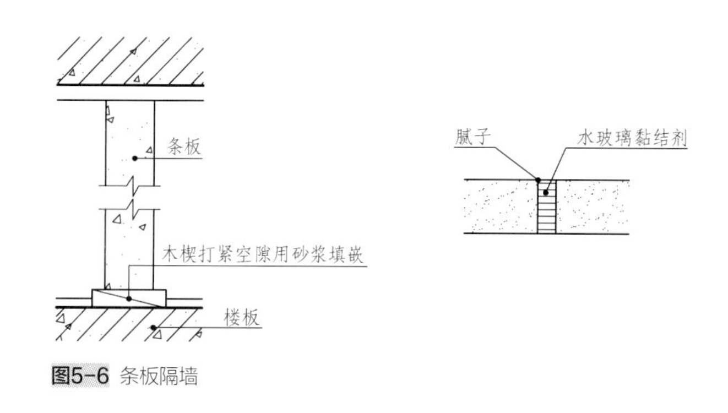

图5-6 条板隔墙

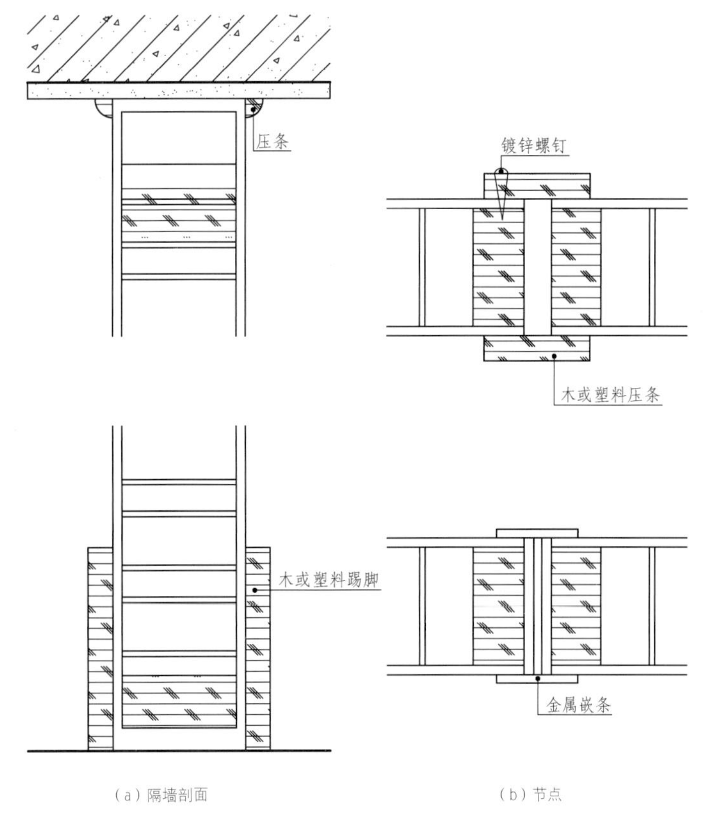

图5-7 纸蜂窝板隔墙

上述立筋式隔墙、块材隔墙和板材隔墙，为常用的几种基本构造类型。此外，还有水磨石钢筋混凝土隔断，用于盥洗室等处；木板隔断以及玻璃隔断，用于既要分隔又要采光之处。各地农村、山区利用当地材料来做的隔墙，主要有草龙墙、芦苇墙、竹编墙等，它们分别以草龙、芦苇、竹编为骨架，经过两面抹灰而成。

★ 小贴士

隔墙与隔断的区别

隔墙和隔断都用于分隔室内空间，都是非承重墙，但两者有区别，隔墙高度需要到顶，而隔断高度可到顶或不到顶；隔墙一经设置，往往具有不可更改性，至少是不能经常变动，而隔断则有时比较容易移动和拆除，具有灵活性，可随时连通和分隔相邻空间；隔墙完全分隔空间，而隔断则制造一种相邻空间、似隔非隔的效果。

第二节　花格

花格用在建筑空间中有一种既分又合的效果，它既可以分隔、限定空间，又能使两边空间存在一定的交流。所以，它经常被用于室外空间的围墙、隔墙等处，或室内空间的隔断以及交通过渡空间，如门厅、楼电梯厅等附近。花格同时也是一种建筑装饰品，可以起到丰富、活跃空间的效果。例如，它经常与花坛绿化结合，放在出入口附近，起一种点缀作用。

根据所用材料的不同，花格可分为砖瓦花格、玻璃花格、混凝土及水磨石花格、竹木花格以及金属花格。

一、砖瓦花格

砖瓦是较为普遍的地方材料，其价格低廉、施工简便，砖瓦用做花格在我国已有悠久的历史。

1. 砖花格

砖花格用于围墙隔墙栏板等处，采用标准砖较多，有时也用空心砖或望砖（图5-8）。砖花格具有朴素大方的风格，厚度有120mm和240mm两种。120mm厚的花格墙，高度和宽度宜控制在1500mm×3000mm范围内，240mm厚的可达2000mm×3500mm。

用做砌筑花格、花墙的砖，要求质地坚固，大小一致、平直方整，一般多用1：3水泥砂浆砌筑。花格砌筑后可以在表面进行勾缝处理，做成清水勾缝花格或加以抹灰饰面处理。

2. 瓦花格

瓦花格采用蝴蝶瓦砌筑，由于蝴蝶瓦厚度小，呈弧形，可以构成生动雅致、纤细优柔的形态，具有小尺度的特点，多用于小型庭院（图5-9）。由于瓦的强度较小，组成花格面积不宜过大，常与墙面组成漏窗形式，多用1：（2.5～3）的水泥砂浆砌筑连接。

瓦花格在传统式样建筑中，还被用于屋脊作压脊花饰，以白灰麻刀或清灰砌结，高度不宜过大，顶部宜加钢筋砖带或混凝土压顶。

二、玻璃花格

玻璃花格是我国传统装饰构件之一，也被称为琉璃花格，其色泽丰富多彩，经久耐用（图5-10）。过去，玻璃花格多为名门贵族所用，普通百姓不能问津。玻璃花格多被用于围墙，栏杆、漏窗等部位，其构件及花饰可按设计进行烧制，成品古朴高雅，但造价较高，且安装时易破损，目前一般多用于公共场合。

玻璃花格一般用1：2.5水泥砂浆砌筑，在必要的位置上采用镀锌铁丝或钢筋锚固，然后用1：2.5水泥砂浆填实。

玻璃花格可采用平板玻璃进行各种加工，如磨砂、银光刻花、夹花、喷漆等，也可采用玻璃厂生产的玻璃砖、玻璃管、压花玻璃、彩色玻璃等。

1. 磨砂玻璃

将平板玻璃表面用小块玻璃板，夹以金刚砂进行打磨，打磨时加少量水，使表面成为透光而不透视线的乳白色。

2. 银光刻花玻璃

银光刻花玻璃的制作程序如下：

（1）涂沥青。先将玻璃洗净，干燥后涂上一层厚沥青漆。

（2）贴锡箔。待沥青漆干至不粘手时，将锡箔贴在沥青漆上，要求粘贴平整。

图5-8 砖花格

砖花格必须与实墙、柱连接牢固，此外，砖花格可平砌或砌出凹凸变化。

图5-9 瓦花格

瓦花格较砖花格美观，形态各异，应用范围较广，气质典雅。

图5-10 玻璃花格

用玻璃制作花格具有一定的透光性，表面易清洁而光滑，色彩鲜艳明亮，多用于室内隔断、门窗扇等部位。

图5-8 | 图5-9 | 图5-10

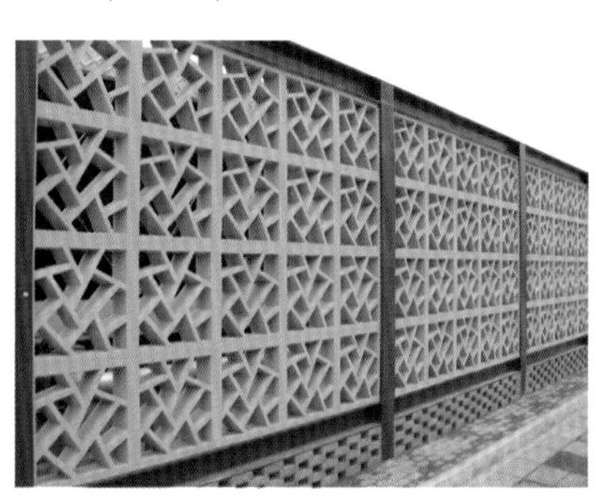

（3）贴画纸。将绘制好设计图样的打字纸，用浆裱糊在锡箔上。

（4）刻纹样。待贴画干透，用刻刀将纹样刻出，并将需要腐蚀的部分铲掉，再用汽油或煤油将该处的沥青洗净。

（5）腐蚀。用木框封边，涂上石蜡，用1：5浓度的氢氟酸倒于需要腐蚀的玻璃画面，按需要深度控制腐蚀时间。

（6）洗涤。倒去氢氟酸，用水冲洗数次，待将锡箔及漆用小铁铲铲去后，再用汽油拭净，最后用清水冲洗干净。

（7）磨砂。根据磨砂方法，将玻璃未腐蚀部分磨砂。

3. 夹花玻璃

夹花玻璃是在两片玻璃中间夹以各种剪纸花样。

三、混凝土及水磨石花格

混凝土与水磨石均为水泥制品，因此又可称为"水泥制品花格"。水泥制品花格可浇捣成各种不用造型的单体，如三角形、方形、长方形、竖筋等构件进行组合，拼接灵活，坚固耐久，适用于室外大片围墙、遮阳、栏杆等。

1. 混凝土花格

混凝土花格与水磨石花格制作时要求模板表面光滑，如选用木模板应进行刨光，或包以铁皮，使构件表面光洁（图5-11）。为了便于脱模，模板上应涂脱模剂，如废机油等。较复杂的花格模板，最好做成可活动拆卸和拼装的形式，浇捣时用1：2水泥砂浆一次浇成。若花格厚度大于25mm时可用C20细石混凝土，均应浇注密实。在混凝土初凝时脱模，不平整或有砂眼处用纯水泥浆修光。

花格用1：2.5的水泥砂浆拼砌，但拼装最大高度与宽度均不应超过3m，否则需加梁柱固定。混凝土花格表面可用油性或水性涂料上色。

2. 水磨石花格

要求较光洁的花格可用水磨石制作（图5-12）。材料可选用1：（1.25～2）的水泥、石渣，石渣粒径为2～4mm，进行捣制并经过3次打磨，每次打磨后用同样水泥浆满批填补麻面，再进行三道抛光，待花格拼装完工后再用醋酸或草酸洗净，并进行上蜡，所以蜡可由光蜡、硬脂酸、甲醛配置。

图5-11 混凝土花格

图5-12 水磨石花格

图5-11 | 图5-12

★ 小贴士

镂空花格隔断的使用技巧

镂空花格隔断应选在面积较大的空间使用；镂空花格隔断的材质最好为木制品；镂空设计应充满美感；应避免展示物品的杂乱；隔断易沉积灰尘，因此要注意定期清洁；根据居室空间与实际需要选择镂空花格隔断的大小与高度。

四、竹、木花格

竹、木花格多用于小型庭院中的围墙、花窗、隔断。

作为花格网的竹子应质地坚硬、直径匀称、竹身光洁。在使用前，应进行防腐、防蛀处理。表面可涂清漆，或烧成斑纹、斑点，刻花，刻字。

竹子的组合方法是以销钉为主，可用销、套、塞、穿等构造。

木花格多用各种硬木或杉木制作。由于木材加工方便、制作简单，构件断面可做得纤细，又可雕刻成各种花纹，自重小，方便装卸，常用于室内的活动隔断、博古架、门罩等。

木花格根据不同使用情况，可采用榫接和胶接并用，较大构件也需加钉或螺栓连接固定，其形式与构造，可参见图5-13。

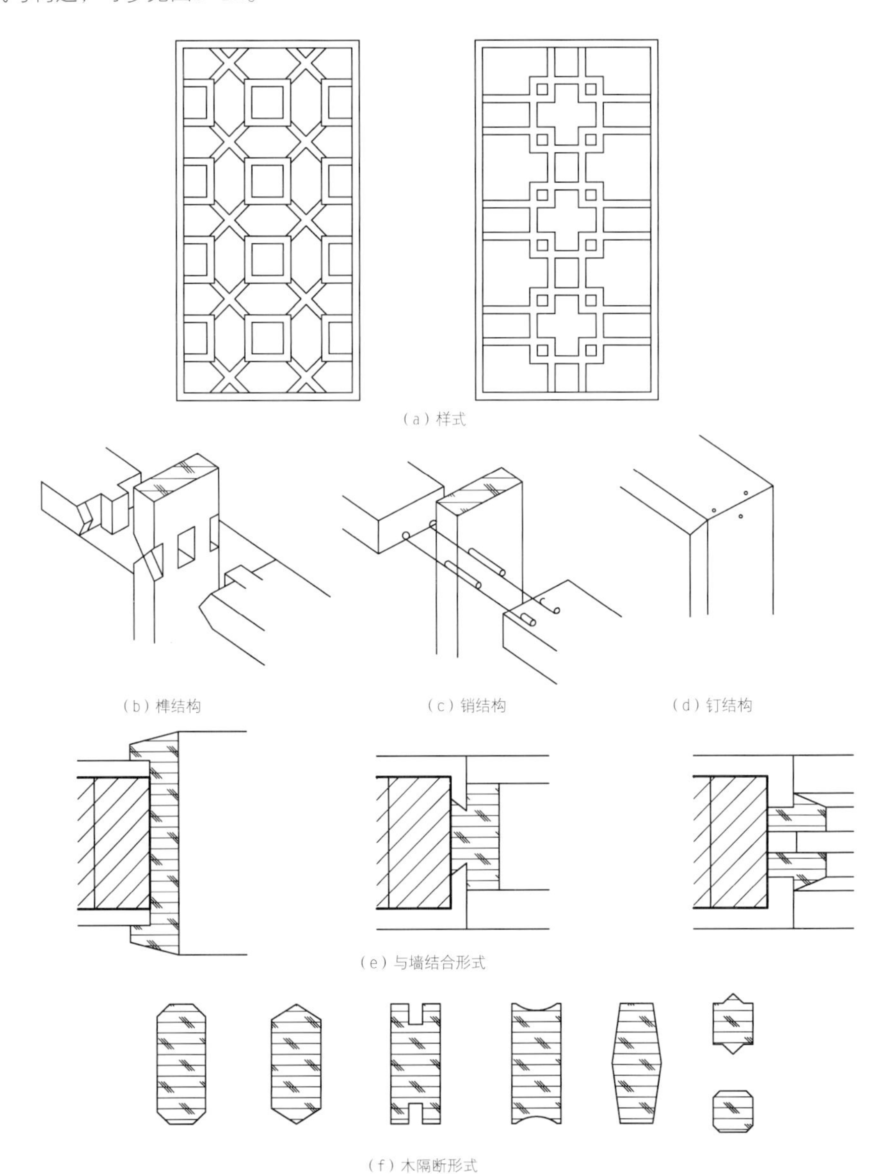

图5-13 木花格

图5-14 金属花格样式

金属花格样式十分丰富，具有比较好的装饰效果。

图5-15 金属花格屏风

金属花格可用作屏风，具备观赏性和隔断性，同时还可用于窗户上。

图5-14 | 图5-15

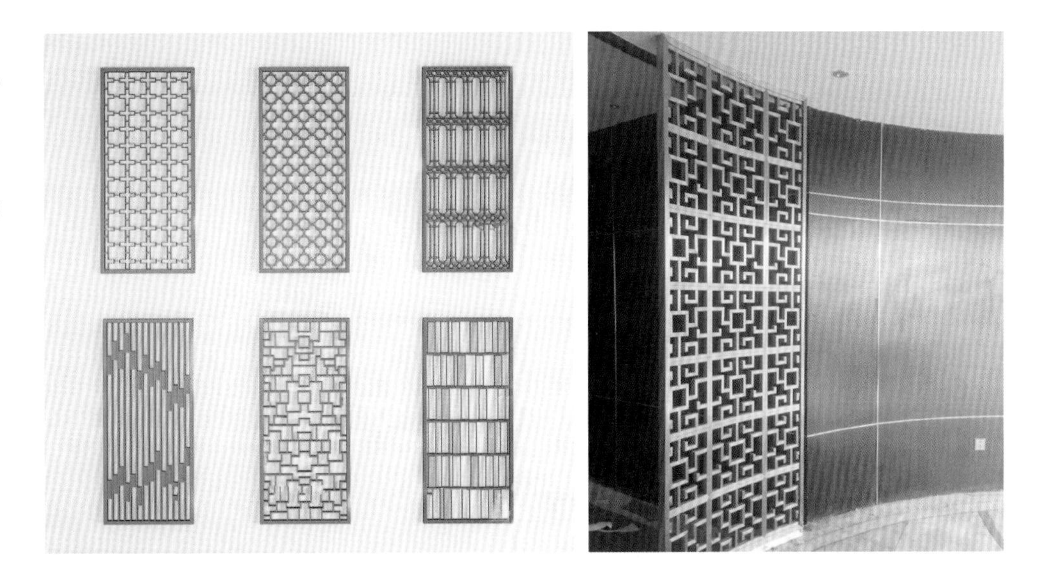

五、金属花格

金属花格是较为精致的一种花格，适用于室内外，可用于窗栅、门扇、门罩、围墙、栏杆等（图5-14、图5-15）。制作金属花格的方法有如下两种。

1. 浇铸成型

如铸铁、钢、铝合金等，可借助模型，浇铸成整幅的花式，多用于大型复杂的花格。

2. 弯曲成型

采用型钢、扁钢、钢管、钢筋等作构件，弯曲拼装而成，可以构成几何图案，也可以构成整幅的花式。

金属花格可嵌入硬木、有机玻璃、彩色玻璃，使其更加丰富多彩、变化无穷。金属花格表面可以进行油漆、烤漆、镀铬、镏金等处理，更显鲜艳夺目、富丽堂皇。

金属花格的拼接与安装多用焊、铆或螺钉等方法。

★ 补充要点

花格形式丰富多样

花格在形式上可以是整幅的自由花式，更多的是采用既有变化又有规律的几何图案。这些花式或图案可以是整齐的平面式样，也可以组成富有阴影的立体形态。做遮阳用的花格，应根据日照的方位来决定其深度。设计成幅的花式，既要考虑分块制作的灵活性，又不能影响拼接后的整体效果。几何图案可划分成简单的构件，既方便预制装配，又可组合成变化多端的样式，在组合中能产生匀称的虚实对比效果。构件应根据材料特性，或成纤巧体态，或成粗壮风格。

第三节 特殊门窗

本节主要介绍几种特殊用途的门窗构造，主要包括隔声门、保温门、防火门、密闭窗和橱窗等。

一、隔声门

隔声门常用于室内噪声允许级较低的房间中，如播音室、录音室等处。隔声的要求是在室内、外噪声级基础上，经过一般围护结构或隔声、吸声设施后，使室内噪声级减少至允许噪声级之内。

门扇隔声效果与所用材料有关。原则上，门扇自重越重隔声效果越好，但过重则开启不便，且易于损坏。一般的隔声门窗常采用多层复合结构，复合结构不宜层次过多，厚度过大和重量过重。合理利用空腔构造及吸声材料，都是增加门扇隔声能力较好的处理方法。门扇的面层以采用整体板材为宜，因为企口板干缩后将产生缝隙，对隔声性能产生不利影响。图5-16是几种复合结构门扇的构造组成与隔声量。

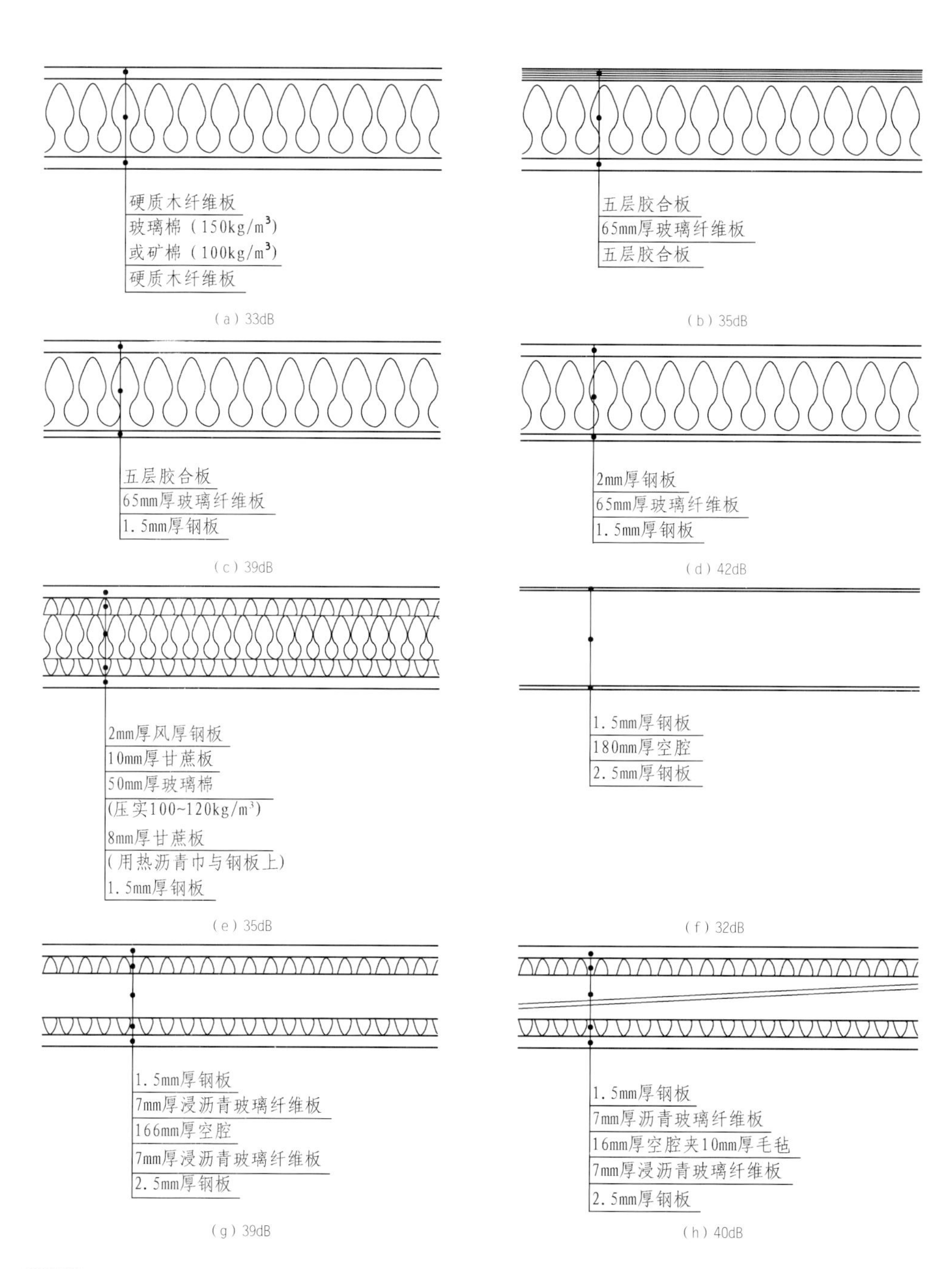

图5-16 复合门扇的隔声量

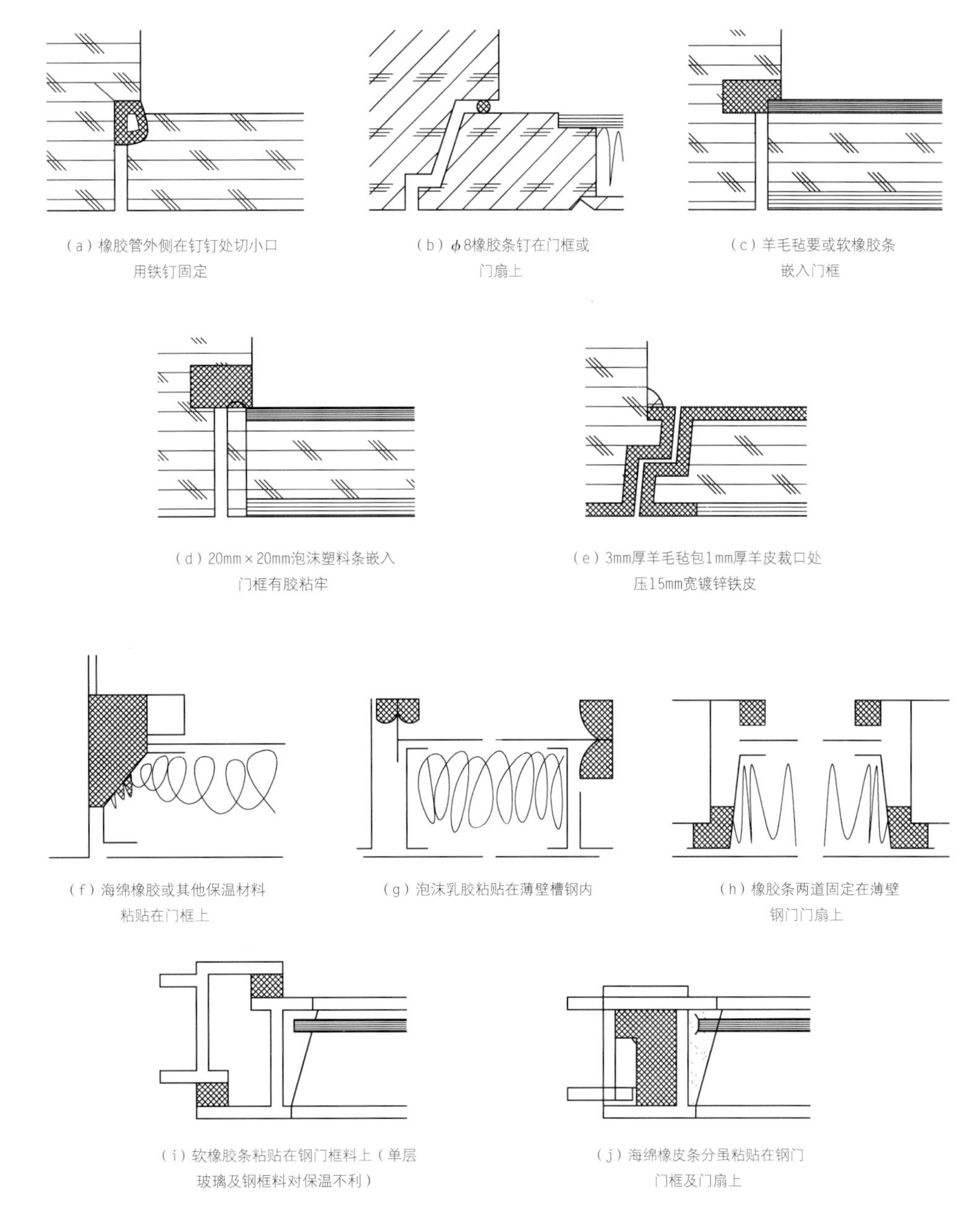

(a) 橡胶管外侧在钉钉处切小口用铁钉固定

(b) ϕ8橡胶条钉在门框或门扇上

(c) 羊毛毡要或软橡胶条嵌入门框

(d) 20mm×20mm泡沫塑料条嵌入门框有胶粘牢

(e) 3mm厚羊毛毡包1mm厚羊皮裁口处压15mm宽镀锌铁皮

(f) 海绵橡胶或其他保温材料粘贴在门框上

(g) 泡沫乳胶粘贴在薄壁槽钢内

(h) 橡胶条两道固定在薄壁钢门门扇上

(i) 软橡胶条粘贴在钢门框料上（单层玻璃及钢框料对保温不利）

(j) 海绵橡皮条分虽粘贴在钢门门框及门扇上

图5-17 门框与门扇接缝处理

门缝处理要求严密和连接，并要注意五金安装处的薄弱环节。门扇安装可用门框或不用门框直接装于墙边，并用扁担铰链（折页）连接。沿墙转角可设方钢，以增加坚固和密闭程度。门扇与门框或门扇与墙的连接处，也可采用各种不同方式（图5-17）。

由于门扇经常开关，对双扇门中间门梃企口接缝，以及下冒头离地间缝隙的密合处理最为重要（图5-18、图5-19）。下冒头密合处理的各种方案，务使门扇开闭时既能活动，停止时又能保持密合为宜。

隔声门的隔声效果与门窗的隔声量、门缝的密闭处理直接有关。门扇构造与门缝处理要互相适应，整个隔声门的隔声效果又应与安装隔声门墙体结构的隔声性能互相适应。由于使用要求以及具体条件不同，可在同一门框上做两道隔声门，亦可在建筑平面布置中设置具有吸声处理的隔声间，或利用门斗、门厅及前室作为隔声间。

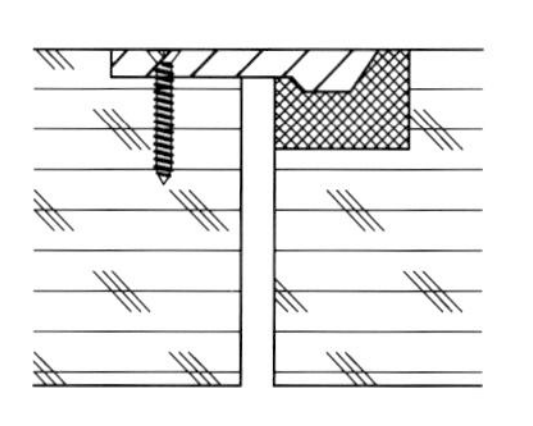

（a）海绵橡胶粘贴在门扇上，用另一扇上的异性扁钢压紧

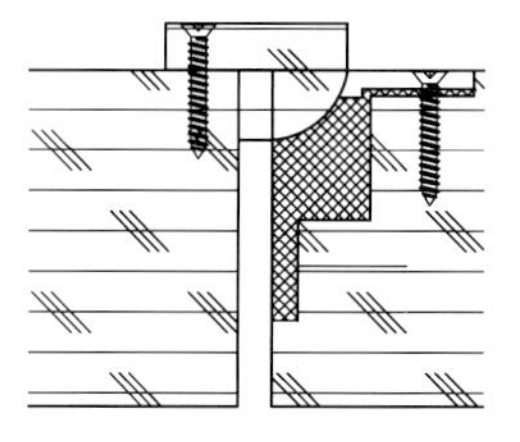

（b）20mm×30mm海绵橡胶条外包化学纤维布，用20mm×2mm钢板在两侧压紧

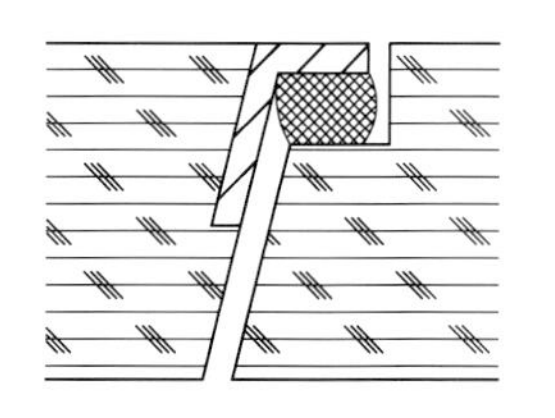

（c）海绵橡胶条固定在门扇上，2mm厚钢板压缝，板面要求平滑

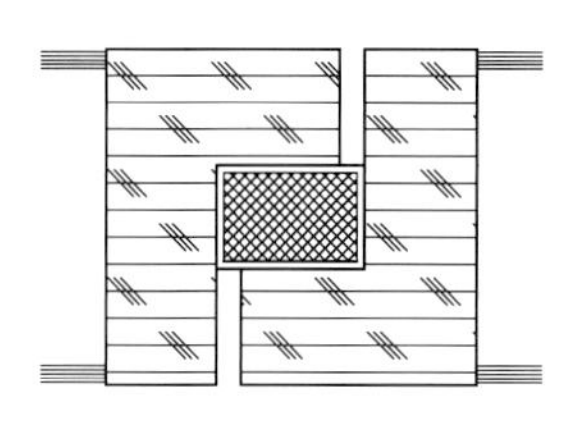

（d）羊皮包毡条用25mm长铁钉钉牢，中距50mm，固定在两个门扇上

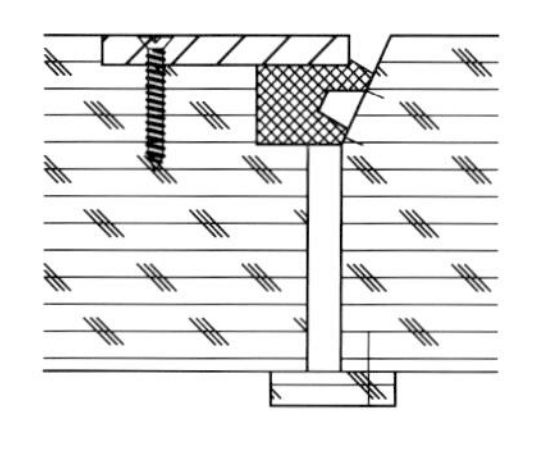

（e）一扇用2mm厚钢板将海绵橡胶压牢，另一扇钉26#镀锌铁皮压牢

图5-18 对开门窗接缝处理

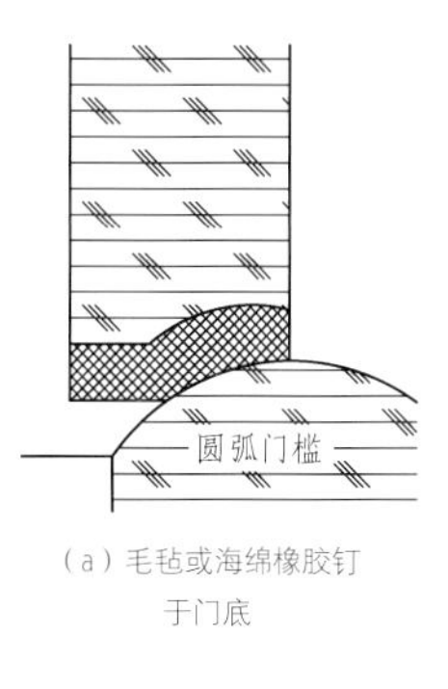

（a）毛毡或海绵橡胶钉于门底

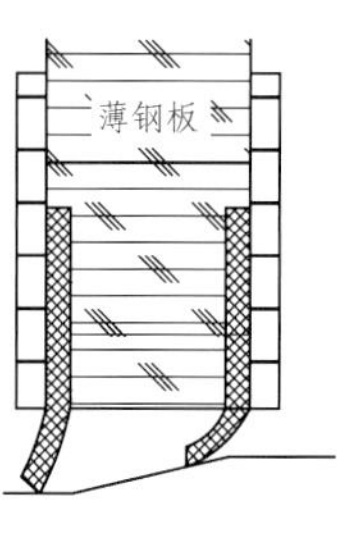

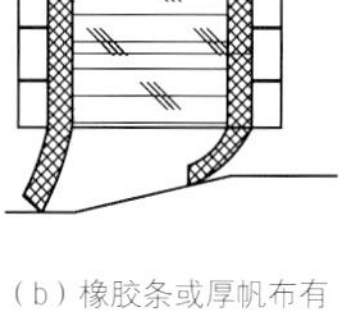

（b）橡胶条或厚帆布有薄钢板压牢

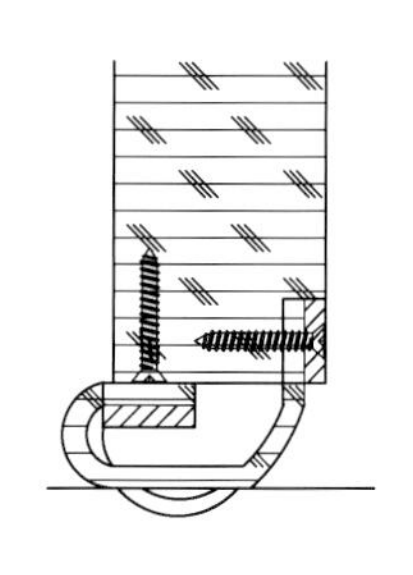

（c）橡胶带用扁钢固定，先固定底部

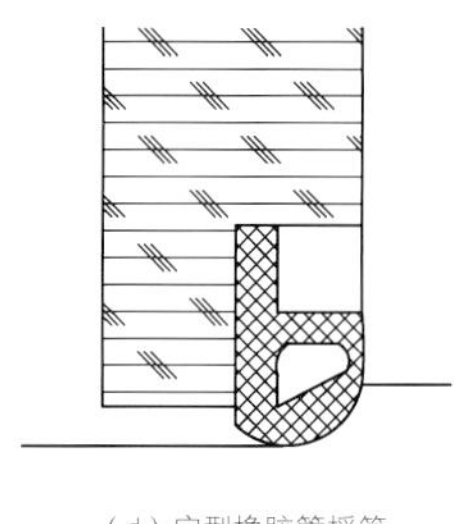

（d）定型橡胶管摇篮木条压牢

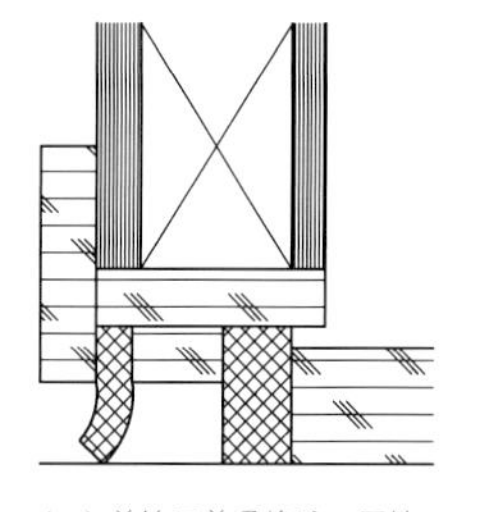

（e）盖缝用普通橡胶，压缝用海绵橡胶

图5-19 门顶接缝处理

★ 补充要点

门缝应填设密闭材料

门缝的平口、斜口、多层平口或斜口等方式，合缝处需填设密闭材料。填料方式应注意密合程度，外露及损坏情况，以便检修。斜口易于压紧，但填料边在转角处易于损坏，平口对填料是否紧密不易了解，也不像斜口那么紧密，以多层铲口密闭式较为理想。

二、保温门

保温门门扇在构造上，应着重解决好避免空气渗透和提高门扇的热阻问题。保温门门窗的缝隙是引起空气渗透，造成巨大热损失和传递噪声的主要途径。通过门窗间隙产生对流所造成的热损失，占建筑物全部热损失的10%～35%。保温门同隔声门一样都必须做密合处理，其构造做法也基本相同。图5-20为人造革面保温门构造。

保温门一般多采用质轻、疏松多孔的小容重材料，分层叠合，或者在门扇内部采用空腔构造，使扇内空气呈静止状态，以达到保温效果。但是，空气层不宜过大，一般20～30mm较为有利，最大不得超过50mm。门扇的具体构造层数及厚度，应根据热工要求，通过计算决定。图5-21为几种不同构造的门扇热阻值。

★ 补充要点

保温门与防火门比较

保温门是卷帘门的升级版本，产品升级的同时既保留了卷帘门的方便，又比卷帘门的外观更时尚，更大气，保温门（以保温效果第一位）由帘板、座板、导轨、支座、卷轴、箱体、控制箱、卷门机、限位器，门楣、手动速放开关装置、按钮开关和保险装置13个部分组成，一般安装在不便采用墙分隔的部位。

防火门是专门用于符合消防规范防止和减小火灾损失的专用门，分为甲、乙、丙级。设在防火分区间、疏散楼梯间、垂直竖井等，具有一定耐火性的防火分隔物。除具有普通门的作用外，更具有阻止火势蔓延和烟气扩散的作用，可在一定时间内阻止火势的蔓延，确保人员疏散。

三、防火门

为了减少火灾在建筑物内蔓延，不论是民用建筑还是工业建筑，均应根据防火规范规定的允许长度和面积而划成几个区域，并设置防火墙和防火门。不论哪一等级建筑的防火墙，都应

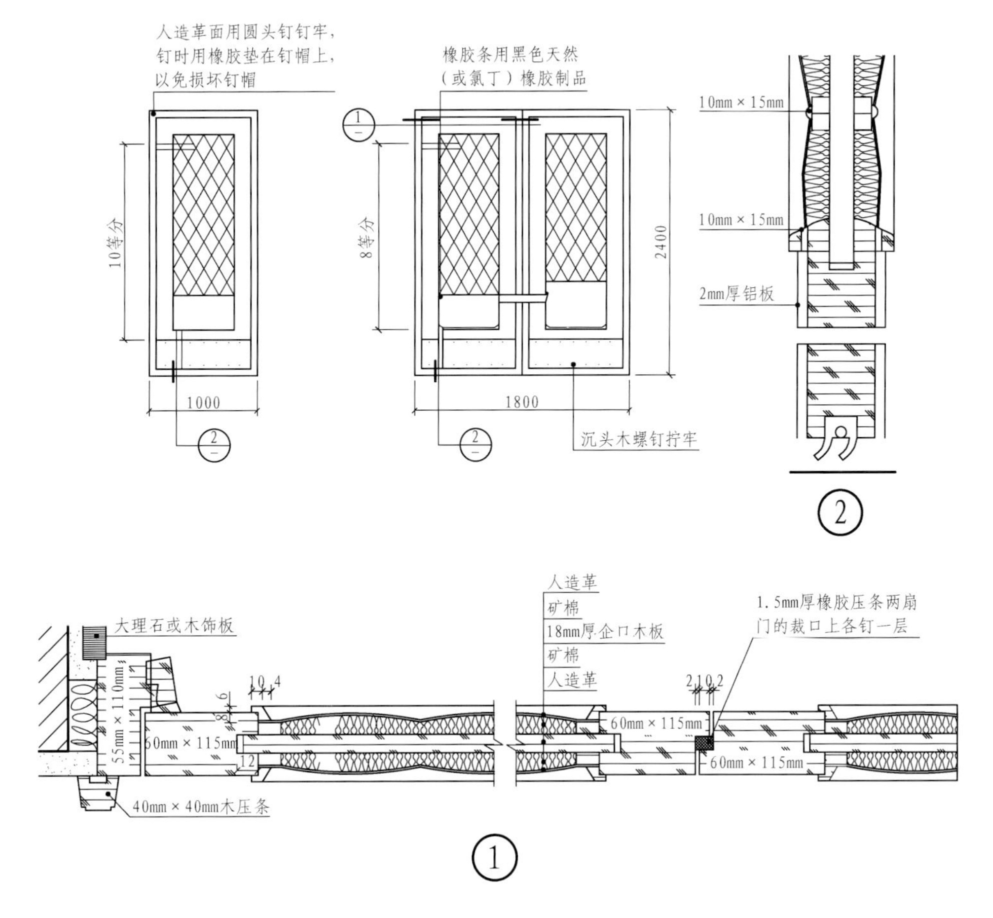

图5-20 人造革面保温门构造

规定其耐火极限均不得小于4h，至少设相当于240mm厚的砖墙。防火门有不同的构造，其耐火极限分为2.0、1.5、0.75、0.42h等，分别应用于不同等级的建筑和满足生活、生产、贮藏等方面的需要。

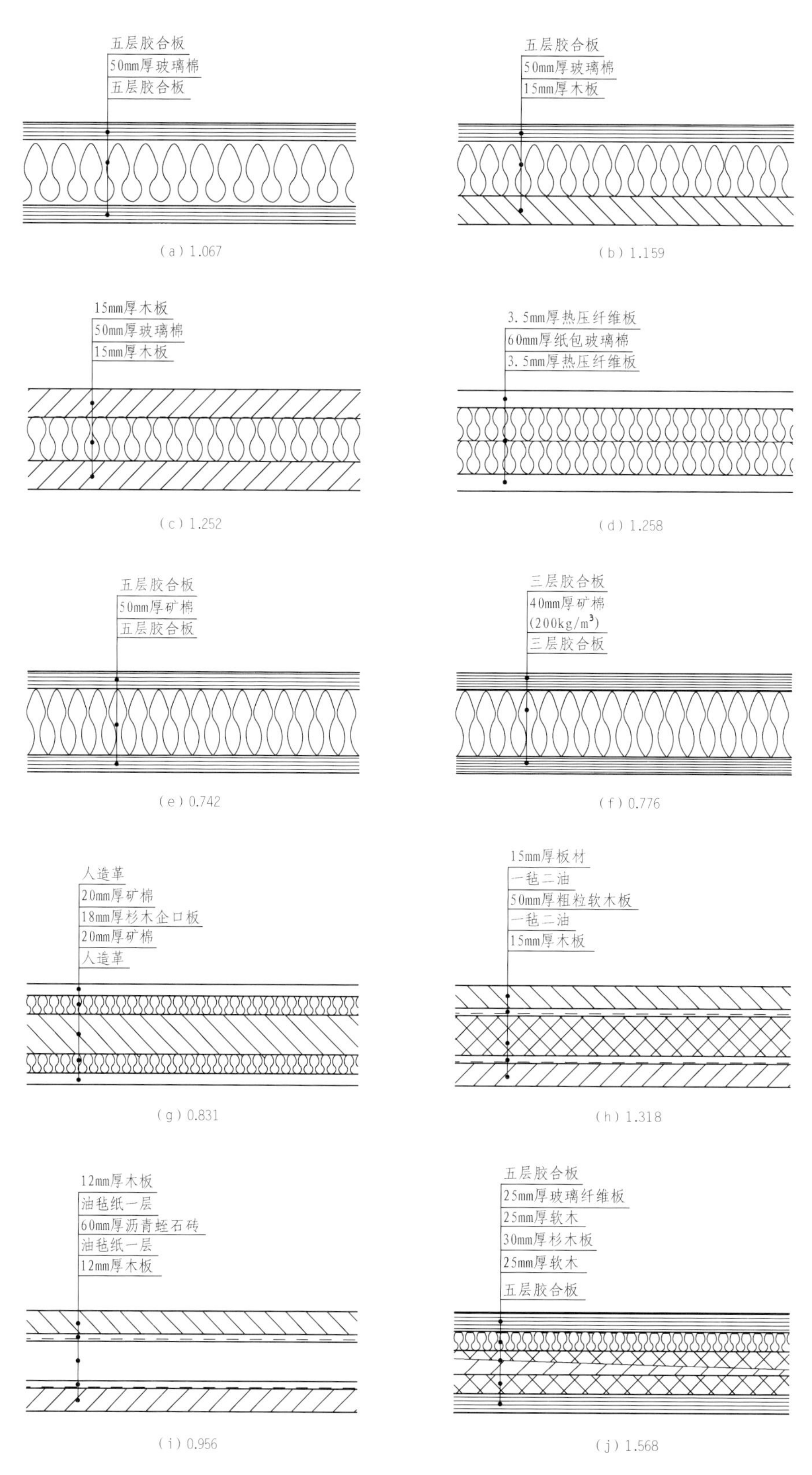

图5-21 不同构造门扇的热阻值

1. 耐火极限值

耐火极限2.0h的防火门，一般适用于贮存可燃物品的耐火性能较高的建筑物内，如钢筋混凝土结构的库房；耐火极限1.5h的防火门，一般适用于贮存可燃物品的耐火性能较低的建筑物内，如砖木结构的库房，以及生产使用可燃物品的耐火性能较高的建筑物内，如钢筋混凝土结构的车间；耐火极限1.0h的防火门，一般适用于公共建筑和生产使用可燃物品的耐火性能较低的建筑物内，如砖木结构的车间。总之，建筑等级越高，生产或贮存物品危险越大，则越需要用耐火极限较高的防火门。几种防火门的构造层次及耐火极限如图5-22所示。

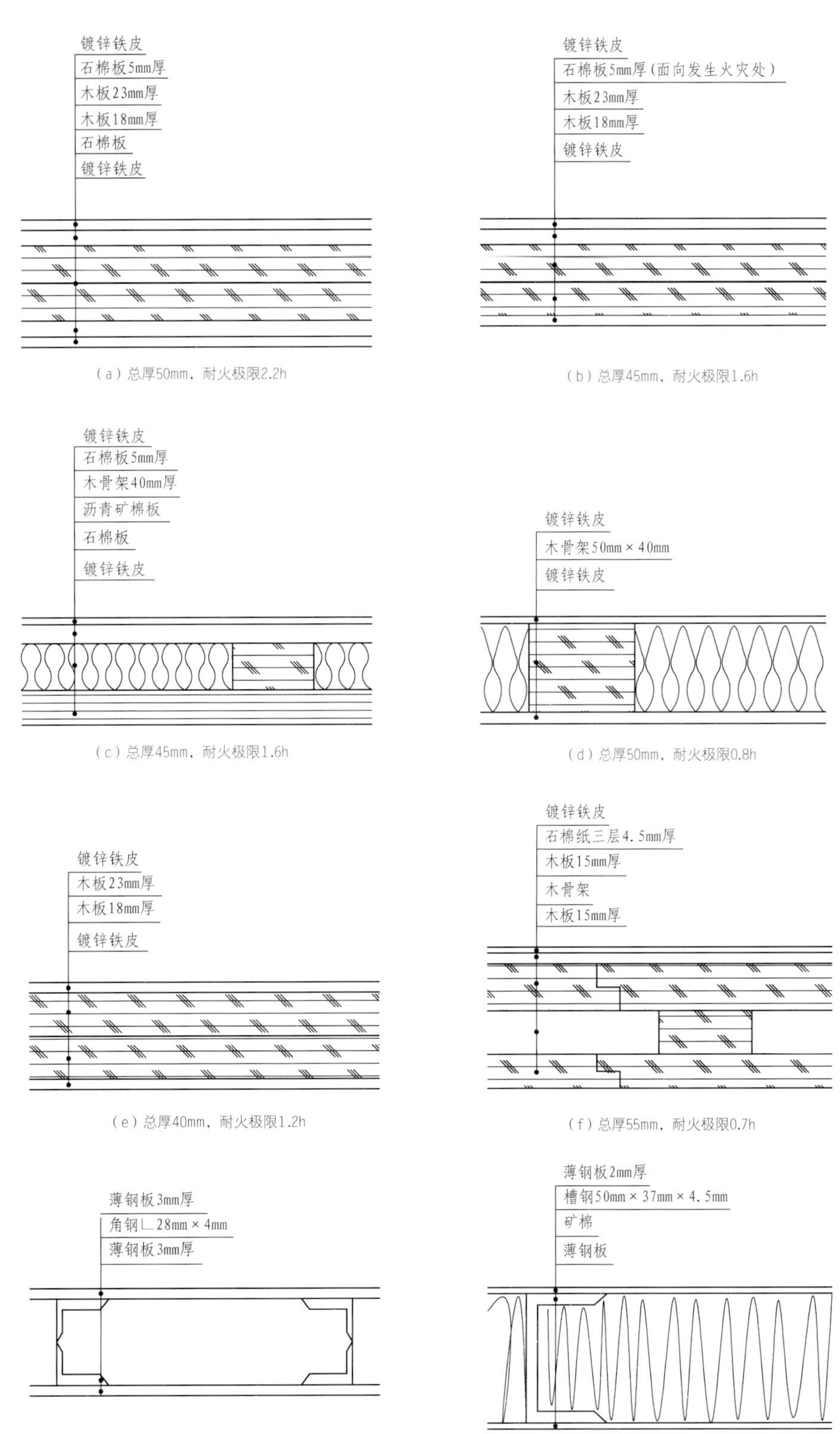

图5-22 各种防火门的构造组合及耐火极限

2. 构造

防火门的构造可分为一般开关和自动关闭两种方式。一般开关的如平开式、弹簧门和推拉式等。

自动防火门常悬挂于倾斜的铁轨上，门宽应较门洞每边大至少100mm以上，门旁另设平衡锤，用钢缆将门拉开，挂在门空荡的一边。钢缆另一端装置易熔性合金片，以易熔性材料焊接，连于门框边上。

3. 分类（表5-1）

表5-1 防火门分类

类别	构成
钢质防火门	用钢质材料制作门框、门扇骨架和门扇面板，门扇内若填充材料，则填充对人体无毒无害的防火隔热材料，并配以防火五金配件所组成的具有一定耐火性能的门
钢木质防火门	用钢质和难燃木质材料或难燃木材制品制作门框、门扇骨架、门扇面板
木质防火门	用难燃木材或难燃木材制品作门框、门扇骨架、门扇面板
其他材质防火门	采用除钢质、难燃木材或难燃木材制品之外的无机不燃材料，或部分采用钢质、难燃木材、难燃木材制品制作门框、门扇骨架、门扇面板，门扇内若填充材料，则填充对人体无毒无害的防火隔热材料，并配以防火五金配件所组成的具有一定耐火性能的门

四、密闭窗

密闭窗一般用于防尘、保温、隔声等要求的房间，由于窗缝是灰尘侵入、噪声传播、热量损失的主要途径之一，为能取得防尘、保温、隔声效果，在构造上应尽量减少窗缝，包括墙与窗框之间、窗框与玻璃之间的缝隙。同时对缝隙必须采取密闭措施，一般是用有弹性的垫料嵌填，使关闭紧密。常用的嵌填材料有毛毡、厚绒布、帆布包内填矿棉或玻璃棉等松散材料、橡皮、海绵橡皮、氯丁海绵橡皮、硅橡皮、聚氯乙烯塑料、泡沫塑料等材料（图5-23）。

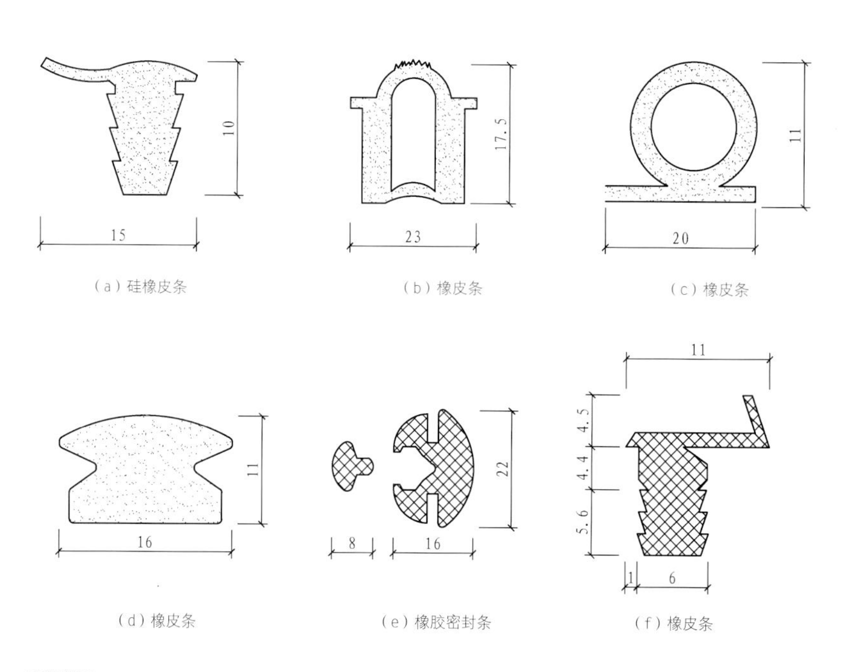

图5-23 常见嵌缝条形式

图5-24 沿街橱窗

橱窗的安全和保护问题，最简单的做法是在木框橱窗的上、下槛处设槽，以便装置束板（排列的木板）或轻型排门或折门。

密闭安装因钢、木窗材料和构造的不同而方式各异，大致可分为贴缝式（钢窗居多）、内嵌式以及垫缝式三种。由于单层玻璃窗的保温、隔热、隔声性能均较差，因此，密闭窗大多采取增加窗扇或玻璃层数的做法，做成双层窗或双层、多层中空玻璃、以保证密闭效果。

隔声窗的双层玻璃间距为80～100mm，在窗四周应设置有良好吸收作用的吸声材料，或将其中一层玻璃斜置，以防止玻璃间的空气层发生共振现象，以保证隔声效果良好。

五、商业橱窗

橱窗构造设计时，应注意以下几点。

1. 橱窗的尺度

橱窗的尺度主要是商品陈列面的高度和橱窗深度，必须依据陈列品的性质和品种而定。陈列面高度一般为300～800mm，橱窗深度为600～2000mm。

2. 橱窗的防雨和遮阳

橱窗同样还需具备一定的防雨和遮阳功能，以免橱窗内的商品受到损坏。

3. 与营业厅通风、采光的关系

橱窗所设计的通道要能与营业厅中的通风通道相对应，并要注意采光角度。

4. 凝结水问题

注意橱窗上的凝结水，容易对橱窗造成不佳的视觉效果。

5. 橱窗灯光的布置

沿街橱窗一般依两柱或砖墩间设置，也有在外廊内设立的（图5-24）。橱窗框料有木、钢、铝合金、不锈钢、塑料等品种，其尺寸根据橱窗大小和安装玻璃有无墙料而定。用于橱窗的玻璃一般厚6mm，分块应按厂家生产规格设计，玻璃间可平接，过高时可用铜或金属夹逐段相连，也可加设中槛（横档）分隔。安装时如果玻璃较大最好采用橡皮、泡沫塑料、毛毡等填条，以免破碎。

橱窗窗框的固定方法，除砖墩可预埋木砖外，其余钢筋混凝土柱或过梁内应逐段预埋铁件，与窗框的铁件相焊接；或预埋螺母套管，然后将螺栓穿过套管与窗框旋牢，且不得于柱内或梁内预埋任何木块。至于下槛则可用预埋螺栓，但仅限木橱窗。

★ 小贴士

防火门必不可少

防火门是消防设备中的重要组成部分，是社会防火中的重要一环。防火门应安装防火门闭门器，或设置让常开防火门在火灾发生时能自动关闭门扇的闭门装置（特殊部位使用除外，如管道井门等）。也就是说除了一些特殊的部位，如管道井门这些不需要安装闭门器外，其他的部位都是需要安装防火门闭门器。

第四节　柜台家具

柜台一般用于商业、服务业，它是服务人员接待顾客，同顾客进行交流的地方。由于使用场合与使用要求的不用，使柜台的种类变得日益繁多，如商店用的柜台有百货食品柜、小卖货柜、水果土产货柜、冷饮柜、收款柜等；菜场里有为适合出售各类菜而设立的多样柜台；宾馆里有各类接待服务台和酒吧柜台等。

一、酒吧柜台

酒吧柜台是酒吧的中心，它的布置形式有直线型、转角形、半岛形、中心岛形等（图5-25）。柜台宽度为550～750mm，柜台高度客人一侧为1100～1150mm，服务员一侧为750～800mm。吧台的长度按需要设计。

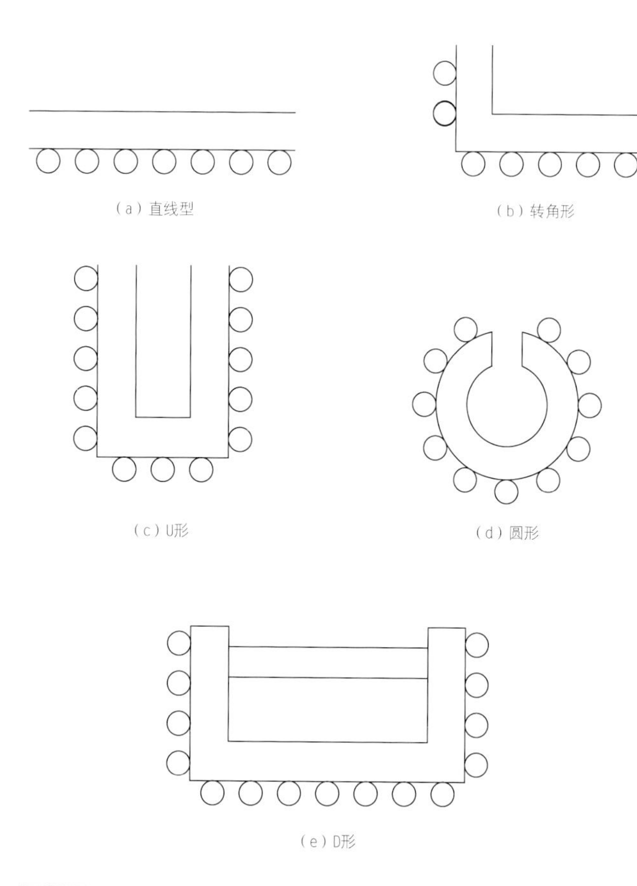

图5-25 酒吧柜台的形式

★ 小贴士

酒吧吧台所需物件

作为一套完善的吧台设备，应包括酒吧用酒瓶架、三格洗涤槽或自动洗杯机、水池饰物配料盘、储冰抽啤酒配出器、饮料配出器、空瓶架及垃圾筒等。此外，吧台还应包括下列设备，如收款机、瓶酒储藏柜，瓶酒、饮料陈列柜，葡萄酒、啤酒冷藏柜，饮料、配料、水果饰物冷藏柜及制冰机以及杯储藏柜等。

图5-26 零售柜台

图5-27 接待服务台

图5-26 | 图5-27

二、零售柜台

一般零售柜台兼有商品展览、商品挑选、服务人员与顾客交流等功能，所以柜台常用玻璃做面板，比较通透，骨架可采用木、铝合金、型钢、不锈钢等制作（图5-26）。一般高度为950mm，台面宽根据经营商品的种类决定，普通百货柜为600mm左右。

三、接待服务台

宾馆等的接待服务台主要用作问询交流、接待、登记等，由于兼有书写功能，所以比一般柜台略高，为1100～1200mm（图5-27）。接待服务台由于总是处于大堂等显要位置，所以装饰档次也较高，所用的材料及构造做法都须考虑周全。柜台上端的天棚经常局部降低，与柜台及后部背景一起组成厅堂内的视觉中心。

★ 补充要点

柜台尺度

柜台构造的功能不一，形态各异，构造做法也变化多端，但不管如何，它们都必须符合人体的基本尺度，它们的造型、色彩、质感都必须与室内整体协调统一。随着时代的发展，柜台构造也越来越具有创新性，一些大胆新颖的柜台构造随之出现，给人视觉上造成很大的冲击。

第五节　案例解析：构造材料与制作

本节主要介绍窗帘盒以及成品门的安装施工。

一、窗帘盒安装施工

窗帘盒是遮挡窗帘滑轨与内部设备的装饰构造。窗帘盒一般有两种形式，一种是房间内有吊顶的，窗帘盒隐蔽在吊顶内，在制作顶部吊顶时就一同完成了；另一种是房间内无吊顶，窗帘盒固定在墙上，或与窗框套成为一个整体。无论哪种形式都可以采用木芯板与纸面石膏板制作。

1. 施工图（图5-28）

2. 施工流程

（1）清理基层，放线定位。根据设计造型在墙、顶面上钻孔，安装预埋件（图5-29）。

（2）木工制作木龙骨、窗帘盒。根据设计要求制作木龙骨或木芯板窗帘盒，并作防火处理，安装到位，调整窗帘盒尺寸、位置、形状。

（3）线条收边。在窗帘盒上钉接饰面板与木线条收边，对钉头作防锈处理，将接缝处封闭平整（图5-30）。

（4）安装、固定窗帘滑轨。安装完毕后，全面检查窗帘滑轨的顺畅度与窗帘盒的接缝处是否平整（图5-31、图5-32）。

图5-28 窗帘盒构造示意

图5-29 木龙骨基础

在制作木龙骨之前要确保基层的整洁性，并做好龙骨基础处理，钻孔距离要控制好。

图5-30 石膏板封闭

石膏板封闭需紧密，高度也需一致，安装后可拉线检查，并注意做好后期的处理。

图5-31 窗帘滑轨凹槽

窗帘滑轨凹槽施工完毕后可安装窗帘滑轨，并感受滑轨的流畅度。

图5-32 窗帘盒制作完毕

窗帘盒制作完毕后可安装窗帘，并开启、关闭窗帘，检查施工效果。

图5-28	
图5-29	图5-30
图5-31	图5-32

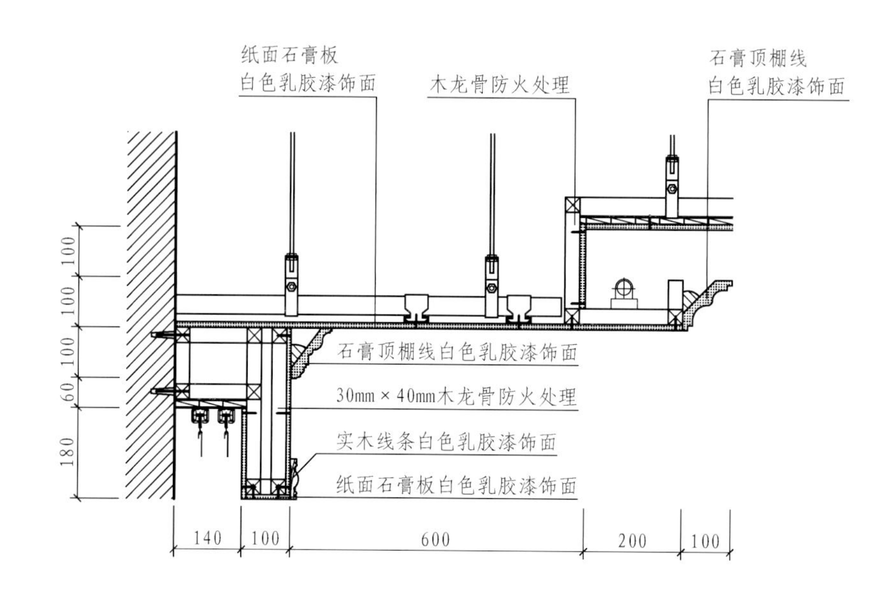

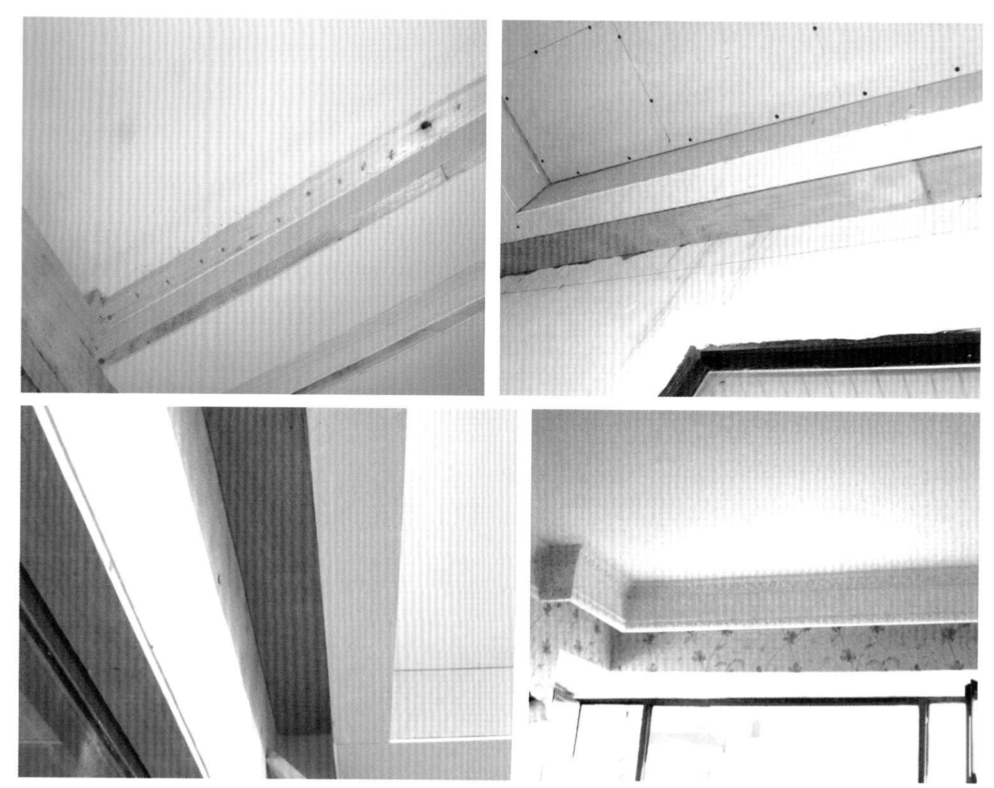

图5-33 测量、定位

使用定位仪进行门框门边垂直线，中线及门框下皮标高控制线的定位，并做好记录。

图5-34 裁切

依据需要划线裁切附框材料

图5-35 打胶

附框安装后需于墙体木方处填补发泡胶

图5-33 | 图5-34 | 图5-35

窗帘滑轨、吊杆等构造不应安装窗帘盒上，应安装在墙面或顶面上。如果有特殊要求，窗帘盒的基层骨架应预先采用膨胀螺钉安装在墙面或顶面上，保证安装强度。要注意，窗帘盒要和窗帘的色调，花纹相协调，才能达到美观大方的效果。在注重窗帘盒材料与施工的同时，更应该照顾到视觉上的感受。

二、成品门安装施工

成品门安装主要可按照弹线定位→门洞口处理→安装附框→门框就位和临时固定→门框固定→门框与墙体间隙处理→门框清理→门扇安装→五金配件安装→调试→成品保护的施工流程来进行，施工时要做好每一步的细节处理，力求达到最好的施工效果。

1. 弹线定位

根据现场实际情况，成品门的实际尺寸以及门的开合方向，按照要求在门洞口上弹出门框安装位置线，照线立口（图5-33）。

2. 门洞口处理

安装前应仔细检查门洞口的尺寸，确保其不偏位，并按要求进行剔凿或抹灰处理，入户门上如果有管线穿过，则管线四周均用1：2.5砂浆塞堵密实。

3. 安装成品门附框

附框安装时需要先在墙上弹出竖向控制线，并严格按线进行，框与主体之间的缝隙要用发泡胶打严（图5-34、图5-35）。

4. 门框就位和临时固定

门框就位后，应仔细检查门框的垂直度、水平度及对角线，并按设计要求调整安装高度，左右间隙大小与上下位置也应保持一致，尺寸核实后，再将门框用对拔木楔在门框四个角初步定位，并固定于门洞口内。门框安装时，不能用锤子直接接触门体，应该使用软物品，如橡胶板、多层纸板等将其隔开，以确保门体油漆完好无损。

5. 门框固定

门框位置调整结束，可在门框预留的固定点位置用直径F14的钻头钻孔，并用M12膨胀螺栓固定。固定前必须进行核验，以保证安装尺寸正确，门框上口尺寸允许误差应不大于1.5mm，对角线允许误差不大于2mm。在确定前后、左右、上下六个方向位置准确后，再将膨胀螺栓用扳手拧紧（图5-36、图5-37）。

6. 门框与墙体间隙处理

门框与墙体的连接要牢固可靠，缝隙表面可留5～8mm深的槽口，内嵌密封胶。需要注意的是，填缝发泡在凝固之前，不可在门框上进行任何作业，以免发泡松动，影响密封质量。

7. 门扇安装

安装门扇时，扇与扇，扇与框之间要留有适当的缝隙，一般情况下两侧的缝隙应不大于4mm，上下的缝隙应不大于3mm，双扇门中间缝隙应不大于3mm，钢质门安装必须开关轻便。

8. 五金配件安装

安装五金配件、门把手以及其他装置时，需按照五金配件的使用说明进行安装，并用配套的自攻螺钉拧入，严禁将螺钉用锤子直接打入，以免影响门体质量（图5-38～图5-40）。

9. 调试

安装完的成品门应进行调试，调试时，要针对常出和可能出问题的环节进行重点控制。例如立缝、中缝、水平缝的细节处理，以及框扇高低差的处理等。在调试时因尽量保持成品门的完整性，确定没有问题后再进行分项工程验收，一旦发现问题要及时返修，然后再报验，直至合格（图5-41）。

10. 成品保护

安装结束之后，严禁将成品门型材表面的塑料胶纸撕掉，门框以及门扇表面还需贴保护膜，门框的上下槛以及两侧应用胶带纸和薄膜保护好，避免产品表面被划伤。

图5-36 钻孔

孔径和孔距一定要控制好，以免门体安装不平，影响最后的施工效果。

图5-37 细节处理

门框安装后要检查门框四角处，确保门框安装完整、平齐。

图5-38 五金配件

检查五金配件是否齐全，是否有损坏，是否是配套产品。

图5-39 门框钻孔

根据使用说明和需要为门锁钻孔，可先划线定位，再进行后续操作。

图5-40 配件安装

按照说明书进行配件安装，螺丝注意拧紧、拧平。

图5-41 成品门调试

成品门安装之后要进行开合实验，检验成品门以及门锁的顺畅度，方便后期使用。

图5-36	图5-37
图5-38	图5-39
图5-40	图5-41

本章小结：

建筑装饰中所涉及的所有构造都需设计师们对其有一个具体的了解，不论是材料的特性，还是由该种材料可以制作成何种构造，或是不同构造的安装与施工，这其中的细节，方方面面都需要仔细研究。此外，除去常见的构造外，许多没有被使用到的构造也需要设计师们对其有所了解，所谓“知己知彼，百战百胜”，只有充分了解这些构造的细节处理方法，才能获得更好的施工效果。

参考文献

[1] 吴民. 建筑装饰构造与材料[M]. 天津：天津大学出版社，2011.
[2] 钱晓倩. 建筑材料[M]. 杭州：浙江大学出版社，2013.
[3] 装饰装修协会天花吊顶材料分会. 建筑用集成吊顶应用指南和案例精选[M]. 北京：中国建材工业出版社，2013.
[4] 赵俊学. 建筑装饰材料与应用[M]. 北京：科学出版社，2016.
[5] 史志伟. 建筑立面装饰材料设计[M]. 南京：江苏科学技术出版社，2015.
[6] 伍孝波，王辉，刘进波. 常用建筑材料进场复试速查手册[M]. 北京：化学工业出版社，2013.
[7] 廖树帜，张邦维. 实用建筑材料手册[M]. 长沙：湖南科技出版社，2012.
[8] 刘新红，贾晓林. 建筑装饰材料与绿色装修[M]. 郑州：河南科学技术出版社，2014.
[9] 高峰，朱洪波. 建筑材料科学基础[M]. 上海：同济大学出版社，2016.
[10] 孙文迁，王波. 铝合金门窗设计与制作安装[M]. 北京：中国电力出版社，2013.
[11] 李继业，周翠玲，胡琳琳. 建筑装饰装修工程施工技术手册[M]. 北京：化学工业出版社，2017.
[12] 尚敏. 建筑材料与检测[M]. 北京：机械工业出版社，2018.
[13] 倪安葵. 建筑装饰装修施工手册[M]. 北京：中国建筑工业出版社，2017.
[14] 杜赟. 建筑装饰工程施工[M]. 上海：上海科学技术出版社，2018.
[15] 王秀静，冯美宇. 建筑装饰设计[M]. 北京：科学出版社，2018.